中等职业教育教学改革创新规划教材
数控技术应用专业教学用书

数控车削编程与加工

主　编　张新香　秦福强
副主编　闫志彩
参　编　王开良　贾春兰　张英臣　韩维启

机械工业出版社

本书采用基于工作过程的项目式教学的编写体例，项目的选取以企业产品为基本依据，从易到难、循序渐进。在教学内容的安排上坚持知识学习与技能训练一体化，强调实践与理论的有机统一，技能上力求满足企业用工需要，理论上做到适度、够用。教材中所选用的图例直观形象、易教易学，内容紧扣主题，定位准确。

本书包括数控车削基础与机床基本操作、数控车削初级技能编程与加工、数控车削中级技能编程与加工三大模块，共十三个项目，详细介绍了FANUC数控车床的编程方法和零件的加工工艺，主要包括简单零件和复杂零件的加工工艺分析、编程、机床操作以及零件的加工与检验等方面的内容。

本书可作为中等职业学校数控技术应用专业教材，也可作为职业技术院校机电一体化、机械制造类专业教材及中级数控车工职业技能培训和职业技能鉴定的辅助教材，还可作为相关行业的岗位培训教材或自学用书。

本书配套有电子课件，凡选用本书作为授课教材的教师，均可登录www.cmpedu.com以教师身份注册下载，或来电咨询：010-88379193。

图书在版编目（CIP）数据

数控车削编程与加工/张新香，秦福强主编．—北京：机械工业出版社，2015.3（2025.2重印）
中等职业教育教学改革创新规划教材　数控技术应用专业教学用书
ISBN 978-7-111-49453-9

Ⅰ．①数…　Ⅱ．①张…②秦…　Ⅲ．①数控机床-车床-程序设计-中等专业学校-教材②数控机床-车床-加工-中等专业学校-教材
Ⅳ．①TG519.1

中国版本图书馆CIP数据核字（2015）第037603号

机械工业出版社（北京市百万庄大街22号　邮政编码100037）
策划编辑：汪光灿　责任编辑：王莉娜　版式设计：霍永明
责任校对：刘怡丹　封面设计：陈　沛　责任印制：邓　博
北京盛通数码印刷有限公司印刷
2025年2月第1版第8次印刷
184mm×260mm・14.25印张・345千字
标准书号：ISBN 978-7-111-49453-9
定价：43.00元

电话服务　　　　　　　　　网络服务
客服电话：010-88361066　机　工　官　网：www.cmpbook.com
　　　　　010-88379833　机　工　官　博：weibo.com/cmp1952
　　　　　010-68326294　金　书　　网：www.golden-book.com
封底无防伪标均为盗版　　机工教育服务网：www.cmpedu.com

前言

本书根据教育部最新颁布的《中等职业学校数控技术应用专业教学标准》及山东省教育厅颁布的《山东省数控技术应用专业教学标准》，结合我国数控技术应用专业领域技能型紧缺人才需求的实际情况，借鉴国内外先进的职业教育理念、模式和方法，并参照相关的国家职业标准和行业的职业技能鉴定规范及中级技术工人等级考核标准，采用基于工作过程的项目式教学的编写体例，对数控车削的教学内容和教学方法进行了大胆的改革。

本书是由从事多年中等职业教学工作的一线骨干教师和学科带头人通过企业调研，对数控车工岗位群职业能力进行分析，研究总结数控车工人才培养方案，制定核心课程标准，并在企业、行业专家参与下编写而成的。

本书坚持“以服务为宗旨，以就业为导向”的思想，突出了职业技能教育的特色，主要特点如下。

1. 在编写理念上，根据中职生的培养目标及认知特点，打破了传统的理论—实践—再理论的认知规律，代之以实践—理论—再实践的新认知规律，突出“做中学，学中做”的教育理念。

2. 在编写体例上，打破了原有的“以学科为中心”的课程体系，建立以工作过程为导向、以工作任务为引领的课程体系，力求培养学生的职业素养和职业能力，并把培养学生的职业能力放在突出位置。

3. 在编写内容的安排上，以企业产品为基本依据，以项目为载体，从易到难、循序渐进。教材中所选用的图例直观形象，易教易学，内容紧扣主题，定位准确。

4. 在教学思想上，坚持理论与实践、知识学习与技能训练一体化，贯彻“做中学，学中做”的职教理念，强调实践与理论的有机统一，技能上力求满足企业用工需要，理论上做到适度、够用。

5. 在教学评价上，坚持过程评价和成果评价相结合，即对学生在学习每个项目过程中的表现和最后的实训成果进行评价，评价要求明确、直观、实用、可操作性强，可以很好地调动学生的学习积极性。

全书分为三大模块，共十三个项目，每个项目都由任务组成，以完成项目的工作步骤为主线，便于调动学生自主学习和实践的积极性。每个实训项目都包括项目要求、项目内容、项目评估、知识拓展和技能训练五个部分。

本书由青岛工贸职业学校张新香、枣庄市薛城职业教育中心秦福强任主编，青岛工贸职业学校闫志彩任副主编，参与编写的还有诸城市福田汽车职业中等专业学校王开良、烟台理工学校贾春兰、济南电子机械工程学校张英臣和青岛开发区职业中专韩维启。

由于编者水平有限，书中难免有错漏之处，敬请读者批评指正。

编　者

目录

模块一

数控车削基础与机床基本操作

项目一

认识数控车床

项目要求

1. 了解数控车床的组成部分及类型。
2. 了解数控车床的加工过程及特点。
3. 了解数控车床的加工对象。

项目内容

任务一　了解数控车床的定义、型号、组成及分类

在机械制造业中，随着科学技术的发展和社会需求的多样化，机械产品日趋复杂，产品更新换代的速度越来越快，对产品的质量和生产率提出了越来越多的要求，传统的机械加工设备和技术已无法满足高效率、高精度、灵活通用的要求。随着 1946 年世界上第一台电子计算机的诞生，1952 年在美国诞生了第一台将计算机技术应用到传统机床上的数控机床，使传统机床产生了质的变化。经过五十多年的发展，这种综合应用了电子计算机、自动控制、伺服驱动、精密测量和新型机械结构的自动化生产设备已成为先进制造技术不可缺少的工艺装备。

一、数控车床的定义

数控即数字控制（Numerical Control，简称 NC），它是用数字化信号对机床的运动及其加工过程进行控制的一种方法。

数控机床（Numerical Control Machine Tools），就是采用了数控技术的机床，或者说是装备了数控系统的机床。现代数控系统采用微处理或专用计算机，因此数控机床又称为计算机数字控制机床（Computer Numerical Control Machine Tools，简称 CNC 机床）。

数控车床是指具有 CNC 系统的车床。

二、数控车床型号代码的含义

1. 数控车床型号 CKA6150 各代码的含义说明

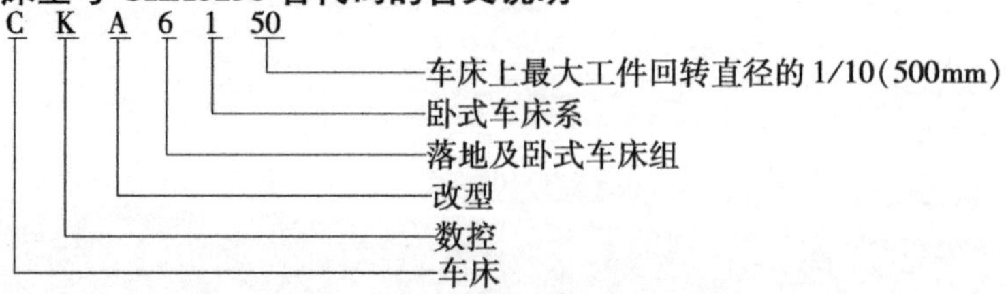

2. 数控车床型号 CJK6140A 各代码的含义说明

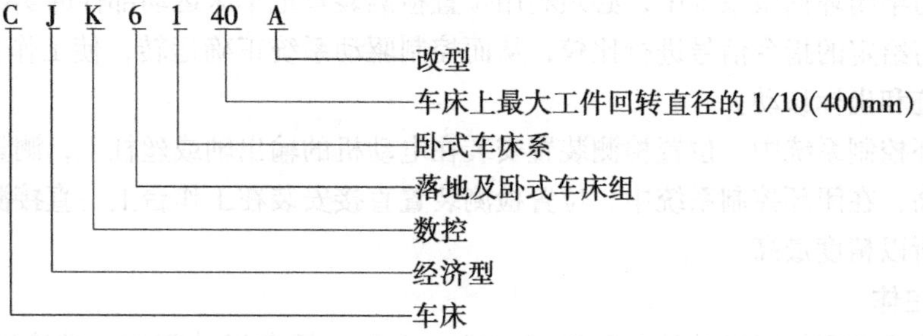

三、数控车床的组成部分

数控车床是一种利用数控技术，按照事先编好的程序实现动作的机床。它由输入输出装置、数控装置、伺服系统、位置检测装置和车床本体组成。如图 1-1 所示为数控车床的基本组成示意图。

1. 输入、输出装置

输入装置的作用是将程序载体上的数控代码输入到机床的数控装置，目前输入装置有 USB 接口、CF 卡、以太网卡、RS232 串行通信接口及 MDI 方式。

输出装置的作用是通过显示器为操作者提供必要的信息，显示的信息包括正在编辑的程序、坐标值和警告信号等。

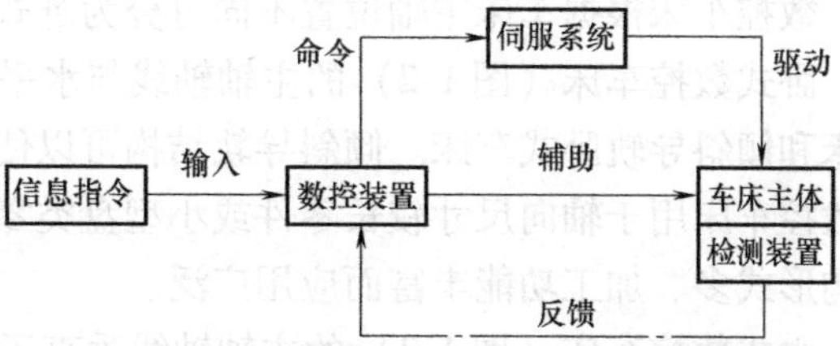

图 1-1 数控车床的基本组成示意图

2. 数控装置（CNC 单元）

数控装置是数控车床的核心，它接受输入装置送来的数字化信息，经过数控装置的控制软件和逻辑电路进行译码、运算和逻辑处理后，将各种数字化信息转化为脉冲信号，并输出给伺服系统。

数控装置在本质上是一台由硬件和软件组成的计算机。伴随着计算机技术的发展，数控装置也经历了硬件数控（NC）和计算机数控（CNC）两个阶段的发展，因早期（1952～1970 年）计算机运算速度低，一些功能的处理需要专门的硬件完成，而当今计算机运算速度提高，功能处理可以由软件方法在 PC 计算机上实现。所以日常所讲的数控（NC）实质上已是指计算机数控（CNC）。

3. 伺服系统

伺服系统是数控系统的执行部分，包括伺服驱动电动机、各种伺服驱动元件和执行机构等，其作用是把来自数控装置的脉冲信号转换为机床移动部件的运动。每一个脉冲信号使机床移动部件产生的位移量称为脉冲当量（也称最小设定单位）。每个做进给运动的执行部件都配有一套伺服驱动系统，整个车床的性能主要取决于伺服系统。

伺服系统直接影响数控车床的加工速度、位置、精度和表面质量等。伺服系统按控制原理可分为开环伺服系统、半闭环伺服系统和闭环伺服系统。开环伺服系统常用于步进电动机，闭环伺服系统常用于脉宽调速直流电动机和交流伺服电动机。

4. 位置检测装置

在闭环与半闭环伺服系统中，必须利用位置检测装置把车床运动部件的实际位移量随时检测出来，与给定的指令信号进行比较，从而控制驱动系统正确运转，使工作台（或刀具）按规定的轨迹和坐标移动。

在半闭环控制系统中，位置检测装置安装在电动机的输出轴或丝杠上，测量的是转角位移，精度较高；在闭环控制系统中，位置检测装置直接安装在工作台上，直接测量工作台的直线位移，所以精度最高。

5. 车床主体

车床主体是实现加工运动的实际机械部件，主要包括主运动部件、进给运动部件（工作台、刀架）、辅助部分（液压、气动、冷却和润滑部分等）、支撑部件（床身、立柱）和特殊部件，如刀库、自动换刀装置（ATC）等。

四、数控车床的分类

1. 按车床主轴位置分类

数控车床根据车床主轴位置不同可分为卧式数控车床和立式数控车床两类。

卧式数控车床（图 1-2）的主轴轴线与水平面平行。卧式数控车床又分为水平导轨卧式车床和倾斜导轨卧式车床。倾斜导轨结构可以使车床具有更大的刚性，并易于排出切屑。卧式数控车床用于轴向尺寸较长零件或小型盘类零件的车削加工。相对而言，卧式数控车床因结构形式多、加工功能丰富而应用广泛。

立式数控车床（图 1-3）的主轴轴线垂直于水平面，工件安装在水平回转工作台上，由工作台带动做旋转的主运动，由垂直刀架和侧刀架实现进给运动，两者都可沿相应的导轨做垂直方向和水平方向的进给运动。这类车床主要用于加工径向尺寸大、轴向尺寸相对较小的大型复杂零件或在卧式车床上难于安装的工件。

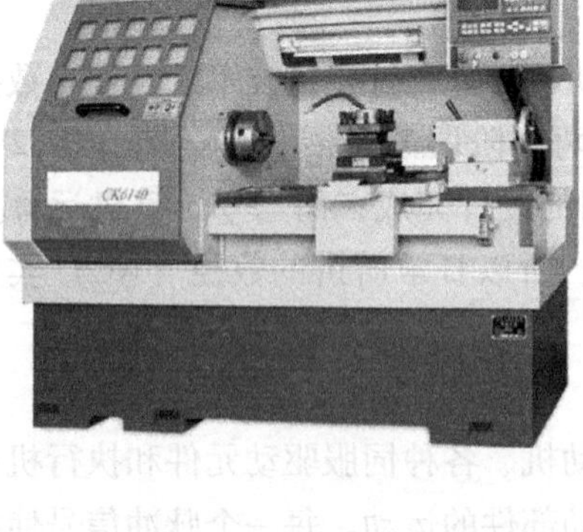

图 1-2　经济型卧式数控车床

图 1-3　立式数控车床

2. 按功能分类

数控车床按功能不同可分为经济型数控车床、全功能型数控车床和车削加工中心三类。

（1）经济型数控车床（图 1-2）　此类车床通常配备经济型数控系统，一般是由普通车床经过数控改造而得到的。这类车床常采用开环或半闭环伺服系统控制，结构简单、价格低廉，一般只能进行两个平动坐标的控制和联动。

（2）全功能型数控车床（图1-4） 此类车床一般采用后置转塔式刀架，可装刀具数量较多，车床采用倾斜车身结构以便于排屑。这类车床采用半闭环或闭环控制的伺服系统，可进行多个坐标轴的控制，可靠性较好。

图 1-4 全功能型数控车床

（3）车削加工中心（图 1-5） 车削加工中心是在全功能型数控车床的基础上，增加了 C 轴和动力头，是一种集车削、镗削、铣削和钻削于一体的数控车床，配置有刀库、换刀装置、分度装置、铣削动力头和机械手等。卧式车削加工中心具备两种功能：一种是动力刀具功能，即刀架上某一刀位或所有刀位可使用回转刀具，如铣刀和钻头；另一种是 C 轴位置控制功能，该功能能使主轴达到很高的角度定位分辨率，还能使主轴和卡盘按进给脉冲做任意低速的回转，这样车床就具有 X、Z 和 C 三坐标，可实现三轴中任意两轴的联动控制。

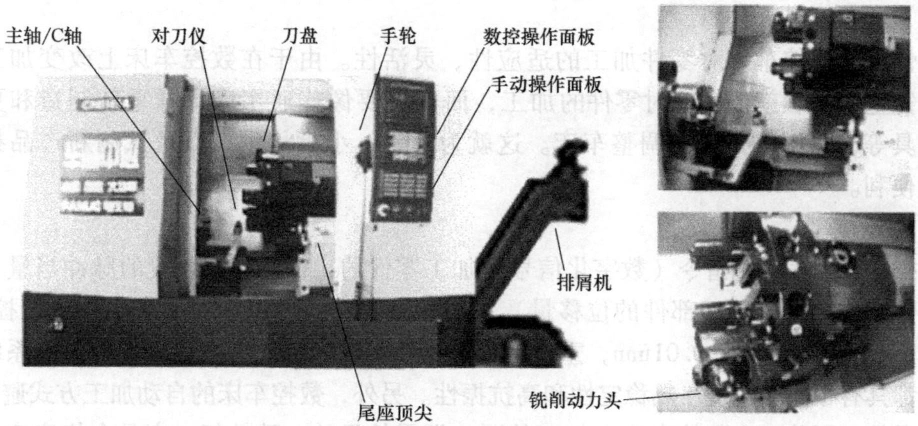

图 1-5 车削加工中心

任务二 了解数控车床的工作过程、特点及加工对象

一、数控车床加工零件的过程

数控车床是一种高度自动化的机床，在加工工艺与加工方法上与普通车床基本相同，最根本的区别在于其加工过程实现了自动化控制。利用数控车床完成零件加工的过程可用图1-6 表示。

1）分析零件加工图样，明确零件的形状、尺寸、材料及技术要求等，制订零件加工工艺方案，确定刀具相对工件的进给路线和切削参数等。

2）按规定的指令代码和程序格式，用手工或计算机自动编程的方法，编写零件的加工程序。

3）通过车床操作面板将加工程序手动或用数据线通过通信接口输入到车床中。

4）对输入到数控车床中的程序进行试运行，模拟刀具路径。

5）通过对车床的正确操作，运行程序，加工出合格的零件。

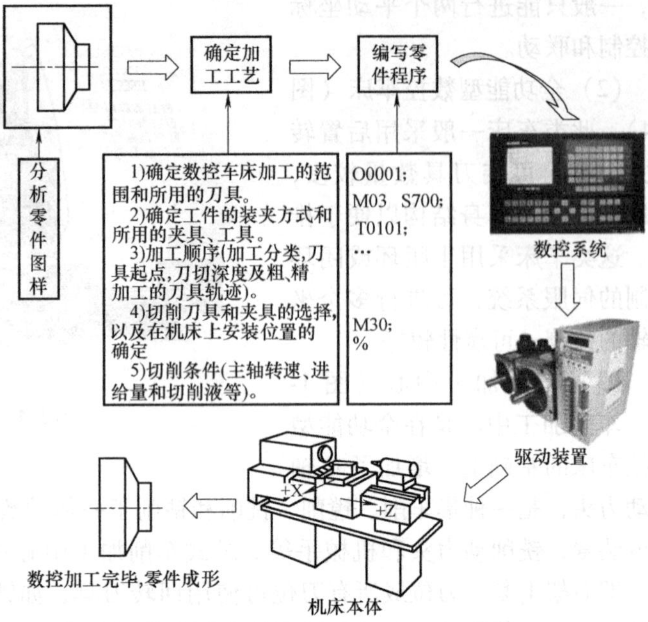

图 1-6 数控车床完成零件加工的过程

二、数控车床的特点

数控车床与普通车床相比较，有以下特点。

1. 高柔性

柔性是指数控车床对零件加工的适应性、灵活性。由于在数控车床上改变加工零件时，只需重新编程就能实现对零件的加工，而不需要像普通车床那样重新制造和更换工具、夹具等，更不需要重新调整车床。这就为单件、小批量生产以及试制新产品提供了极大的便利。

2. 高精度

数控车床是按程序指令（数字化信号）加工零件的，目前数控装置的脉冲当量（一个脉冲信号使数控车床移动部件的位移量）一般达到了 0.001mm。对于中、小型数控车床，定位精度普遍可以达到 ±0.01mm，重复定位精度为 ±0.005mm。数控车床的传动系统与车床机构都具有很高的刚度、热稳定性和高抗振性。另外，数控车床的自动加工方式避免了人为操作误差。因此，在数控车床上加工的同一批零件尺寸一致性好，产品合格率高，质量稳定。

3. 高效率

数控车床加工工序集中，换刀时间短，切削速度快，其加工效率比普通车床高 2～5 倍。

4. 操作者的劳动强度低

数控车床是按事先编制好的程序自动加工工件的，操作者除了操作控制面板、装卸工件、进行中间测量及观察机床的运行外，不需要进行繁重的重复性手工操作，劳动强度低，劳动条件得到了相应的改善。

5. 经济效益好

虽然数控车床设备费用比较昂贵，但在单件、小批量生产的情况下，可以节省工艺装备费用、辅助生产工时和生产管理费用，并能降低废品率，因此能够获得良好的经济效益。

6. 不足之处

数控车床价格高，提高了起始阶段的投资；技术复杂，加工中难以人工调整，对操作员的技术水平要求较高；增加了电子设备的维护，对设备维护人员的技术水平要求较高。

三、数控车床的加工对象

数控车削加工是数控加工中应用最多的加工方法之一。由于数控车床具有加工精度高、能做直线和圆弧插补并具有恒线速度切削功能，因此其加工范围比普通车床要宽得多。针对数控车床的特点，最适合数控车削加工的零件有精度和表面质量要求较高的轴类、套类零件（图 1-7）、精度和表面质量要求较高的轮盘类零件（图 1-8）、表面形状复杂的回转体零件（图 1-9）及带特殊轮廓的回转体零件（图 1-10）等。

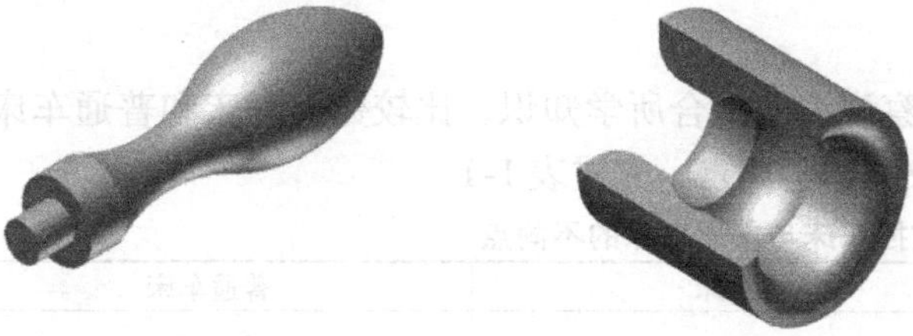

图 1-7 轴类、套类零件

图 1-8 轮盘类零件

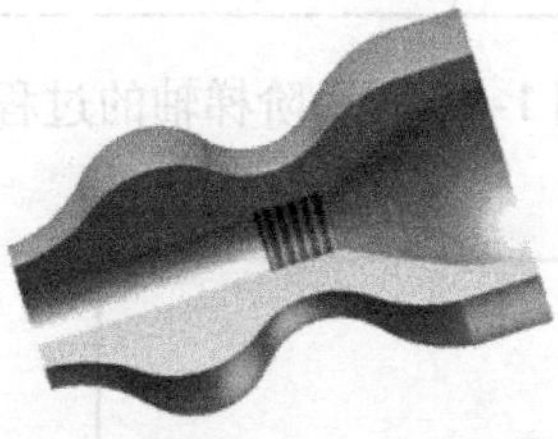

图 1-9 表面形状复杂的回转体零件

图 1-10 带特殊轮廓的回转体零件

知识拓展

车床数控系统介绍

1. 发那科（FANUC）数控系统

FANUC 数控系统由日本富士通公司研制开发，该数控系统在我国得到了广泛应用。目前，在中国市场上应用于车床的数控系统主要有 FANUC 18i TA/TB、FANUC 0i TC/TD 等。

2. 西门子（SIEMENS）数控系统

SIEMENS 数控系统由德国西门子公司开发研制，该系统在我国数控车床中的应用也相当普遍。目前，在我国市场上常用的数控系统除 SIEMENS 840D/C、SIEMENS 880D 等型号外，还有专门针对我国市场而开发的数控车床数控系统 SINUMERIK 802S/C base line、802D 型号。其中 802S 系统采用步进电动机驱动，802C/D 系统则采用伺服电动机驱动。

3. 国产系统

自 20 世纪 80 年代初期以来，我国数控系统的生产与研制得到了飞速的发展，并逐步形成了以航天数控集团、机电集团、华中数控和蓝天数控等以生产普及型数控系统为主的国有企业，以及北京一发那科、西门子数控（南京）有限公司等合资企业的基本力量。目前，常用于车床的数控系统有广州数控系统，如 GSK928T、GSK980T 等型号；华中数控系统，如 HNC-21T 等型号；北京航天数控系统，如 CASNUC2100 等型号；南京仁和数控系统，如 RENHE-32T/90T/100T 等型号。

本书虽未涉及国产系统的编程，但国产系统的编程方法和指令格式与发那科系统基本相同。因此，国产车床数控系统的编程均可按其编程说明书或参照发那科等系统的规定进行。

4. 其他系统

除了以上三类主流数控系统外，国内使用较多的数控系统还有日本三菱数控系统和大森数控系统、法国施耐德数控系统、西班牙的法格数控系统和美国的 A-B 数控系统等。

技能训练

1）通过搜集资料、到实训中心观察咨询并结合所学知识，比较数控车床和普通车床在型号、结构组成、加工特点和加工对象上的不同点，完成表 1-1。

表 1-1 数控车床与普通车床的不同点

比较内容	数控车床	普通车床
型号		
结构组成		
加工特点		
加工对象		

2）在实训教师的指导下，观摩在数控车床上车削如图 1-11 所示阶梯轴的过程，进一步了解数控车床的加工过程及加工特点。

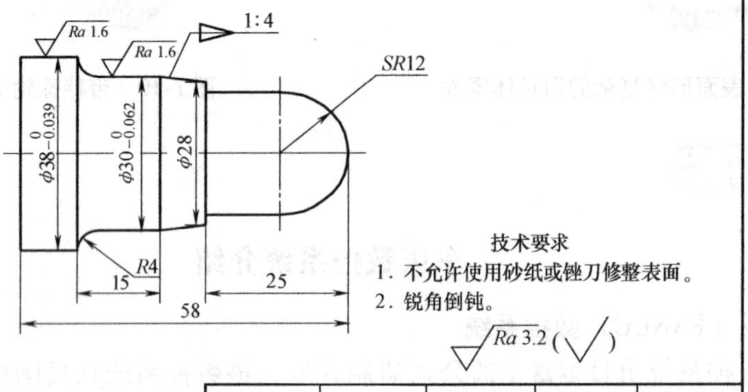

零件名称	零件材料	毛坯尺寸	实训工时	零件图号
阶梯轴	45钢	ϕ40棒料	40min	SC01

图 1-11 阶梯轴

3）通过网络了解 FANUC 数控、SIEMENS 数控、华中数控和广州数控等企业的发展状况。

项目二

制订数控车削加工工艺

项目要求

1. 掌握分析零件图样的方法。
2. 会选择零件的定位基准并确定装夹方案。
3. 会确定数控车削加工方案。
4. 会选择数控车削刀具。
5. 会确定数控车削用量。

项目内容

数控车削加工与普通车床加工在方法与内容上并没有本质区别，主要区别在于控制操作方式。操作者应遵循一般的工艺原则并结合数控车床的特点，认真而详细地制订好零件的数控车削加工工艺。

数控车削加工工艺的制订是以普通车削加工工艺为基础，结合数控车床的特点，综合运用多方面的知识解决数控车削加工过程中面临的工艺问题，主要内容有分析零件图样、确定工序和工件在数控车床上的装夹方式、确定各表面的加工顺序和刀具的进给路线以及刀具、夹具和切削用量的选择等。

任务一　分析图样

零件图是设计部门交给生产部门的重要技术文件。它不仅反映了设计者的意图，而且表达了零件的各种技术要求，如尺寸精度、表面粗糙度和几何精度等。作为数控加工或数控编程人员，首先要看懂设计图样上的各种标识符号，明白设计者的意图及零件的用途。尤其是数控加工过程工序集中，自动化程度高，一旦执行程序就决定了加工结果，所以在编程之前对零件图的综合分析至关重要。识读、分析零件图是数控加工者根据零件图选择毛坯，制订加工工艺，设计工艺装备以及检验零件的重要依据。所以，数控操作者在制订车削加工工艺之前，必须首先对被加工零件的图样进行分析，主要包括以下内容。

1. 结构工艺性分析

零件的结构工艺性是指零件对加工方法的适应性，即所设计的零件结构应便于加工成形。在数控车床上加工零件时，应根据数控车削的特点，认真审视零件结构的合理性。如图 2-1a 所示零件，需用三把不同宽度的车槽刀车槽，如无特殊需要，显然是不合理的，若改成图 2-1b 所示结构，只需一把刀即可车出三个槽。这样既减少了刀具数量、少占刀架刀位，又节省了换刀时间。

在结构分析时若发现问题，应向设计人员或有关部门提出修改意见。

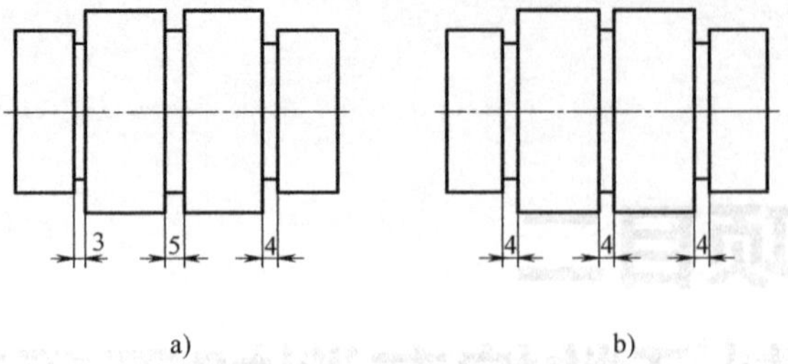

图 2-1　结构工艺性示例

2. 构成零件轮廓的几何要素

由于设计等各种原因，在图样上可能出现加工轮廓的数据不充分、尺寸模糊不清及尺寸封闭等缺陷，从而增加编程的难度，有时甚至无法编写程序，如图 2-2 所示。

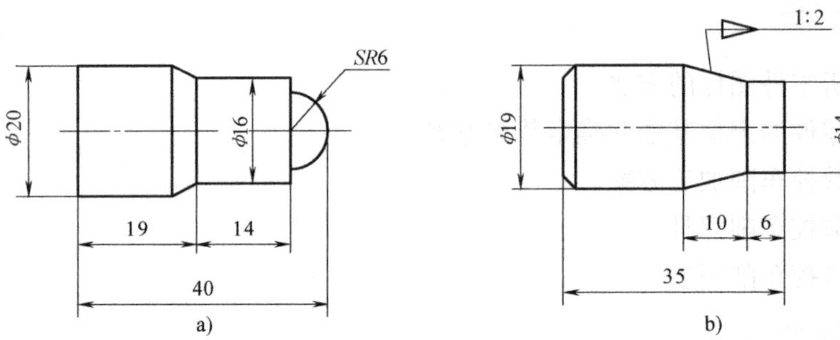

图 2-2　几何要素缺陷示意图

在图 2-2a 中，标注的各段长度之和不等于其总长尺寸，而且漏掉了倒角尺寸。在图 2-2b 中，圆锥体的各尺寸已经构成封闭尺寸链。这些问题都给编程计算造成了困难，甚至产生不必要的误差。

当发生以上缺陷时，应向图样的设计人员或技术管理人员及时反映，解决后方可进行程序的编制工作。

3. 尺寸精度要求

分析尺寸精度及设计基准时，轴类零件直径尺寸均以中心轴线作为标注尺寸的基准，长度方向以轴两端面为主要尺寸的标注基准，而一些台阶面则为辅助基准，这样既有利于加工，也便于测量。确定工件原点时尽量与设计基准重合。

在确定控制零件尺寸精度的加工工艺时，必须分析零件图样上的公差要求，从而正确选择刀具及确定切削用量等。

图中注有公差或公差代号的尺寸都是重要尺寸。在尺寸公差要求的分析过程中，还可以同时进行一些编程尺寸的简单换算，如中值尺寸及尺寸链的计算等。在数控编程时，常常取要求的零件尺寸的上极限尺寸和下极限尺寸的平均值（即中值）作为编程的尺寸依据。

4. 形状和位置精度要求

图样上标注的形状和位置公差是零件精度的重要要求。在工艺准备过程中，除了按其要求确定零件的定位基准和检测基准，并满足其设计基准的规定外，还可以根据机床的特殊需要进行一些技术性处理，以便有效地控制其形状和位置误差。一般保证形状精度主要靠调整机床和刀具精度。位置精度除对机床精度、夹具精度有要求外，主要通过选择工件的装夹基准、装夹方案和装夹精度来保证。

5. 表面粗糙度要求

表面粗糙度是保证零件表面微观精度的重要要求，轴类零件的表面粗糙度和尺寸精度有关，尺寸精度要求高的，其表面粗糙度值较小。表面粗糙度要求也是合理选择机床、刀具及确定切削用量的重要依据。

6. 材料要求

图样上给出的零件毛坯材料及热处理要求，是选择刀具（材料、几何参数及使用寿命）、确定加工工序、切削用量及选择机床的重要依据。

7. 加工数量

零件的加工数量对工件的装夹与定位、刀具的选择、工序的安排及进给路线的确定等都是不可忽视的参数。

任务二　选择定位基准

一、基准的定义及分类

所谓基准是用来确定生产对象上的某些点、线、面的位置所依据的那些点、线、面。基准根据功用不同可分为设计基准和工艺基准两大类。设计基准是设计工作图上所采用的基准。工艺基准是加工过程中所采用的基准。工艺基准按用途的不同可分为定位基准、工序基准、测量基准和装配基准。

二、定位基准的选择

在加工中用作定位的基准称为定位基准。例如，将图2-3所示的零件内孔套在心轴上加工ϕ40h6外圆时，内孔即为定位基准。加工一个表面时，往往需要同时使用多个定位基准。作为定位基准的点、线、面在工件上也不一定是有形的，但必须由相应的实体表面来体现。这些实际存在的表面称为定位基面。如图中ϕ30mm的中心线是圆跳动的基准轴线，线无法作为定位基准，故用ϕ30mm内孔作为定位基准面。

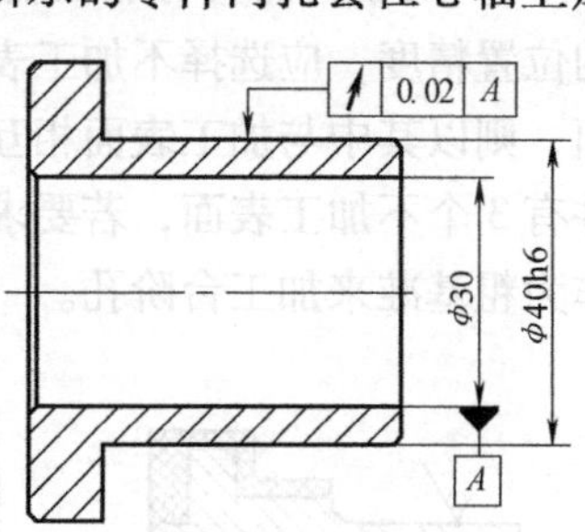

图2-3　定位基准

正确选择定位基准是制订机械加工工艺规程和进行夹具设计的关键。定位基准分为粗基准和精基准。在起始工序中，只能选择未经加工过的毛坯表面作为定位基准，这种基准称为粗基准。选择加工过的表面作为定位基准，该基准称为精基准。

在设计工艺规程的过程中，根据工件零件图，先选择精基准，后选择粗基准，并要结合整个工艺工程进行统一考虑，先行工序要为后续工序创造条件。

1. 精基准的选择

精基准的选择应从保证零件的加工精度，特别是加工表面的相互位置精度来考虑，同时也必须尽量使装夹方便、夹具结构简单可靠。精基准的选择应遵循以下几个原则。

（1）基准重合原则　即选设计基准作为本道加工工序的定位基准，也就是尽量使定位基准与设计基准相重合。这样可避免因基准不重合需进行换算而引起的定位误差。

（2）基准统一原则　即在零件加工的整个工艺过程中或者有关的某几道工序中尽可能采用同一个（或同一组）定位基准来定位，称为基准统一原则。这样便于保证各加工表面的相互位置精度，避免基准变换产生的误差。

如加工较长轴的统一基准是轴两端的中心孔。

（3）互为基准原则　若两表面间的相互位置精度要求很高，而表面自身的尺寸和形状精度又很高时，可以采用互为基准、反复加工的方法。

（4）自为基准原则　在有些精加工或光整加工工序中，只要求从加工表面上均匀地去掉一层很薄的余量时，可以加工表面本身作为定位基准。

如图 2-4 所示，磨削车床导轨面，用可调支撑支承床身零件，在导轨磨床上，用百分表找正导轨面相对机床运动方向的正确位置，然后加工导轨面，以保证其余量均匀，满足对导轨面的质量要求。还有用浮动镗刀镗孔、用拉刀拉孔、用无心磨床磨外圆等也都是自为基准的实例。

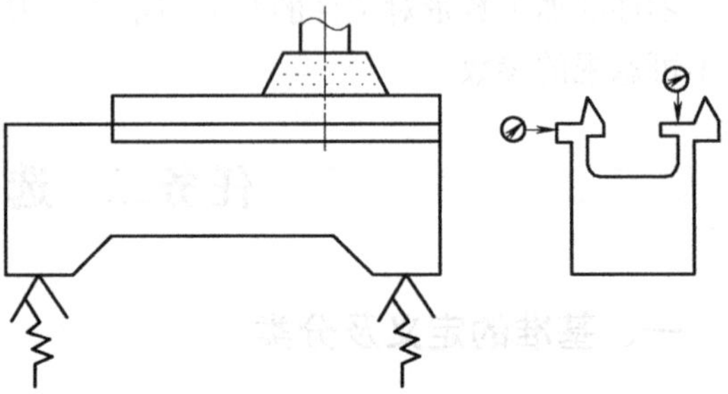

图 2-4　机床导轨面自为基准示例

精基准的选择应保证工件定位准确、夹紧可靠、操作方便。

2. 粗基准的选择

粗基准的选择主要影响加工表面与不加工表面之间的相互位置精度以及加工表面的余量分配。粗基准的选择应遵循的原则有以下四点。

1）对于同时具有加工表面和不加工表面的零件，为了保证不加工表面与加工表面之间的位置精度，应选择不加工表面作为粗基准，如图 2-5a 所示。如果零件上有多个不加工表面，则以其中与加工表面相互位置精度要求较高的表面作为粗基准，如图 2-5b 所示，该零件有 3 个不加工表面，若要求表面 4 与表面 2 所组成的壁厚均匀，则应选择不加工表面 2 作为粗基准来加工台阶孔。

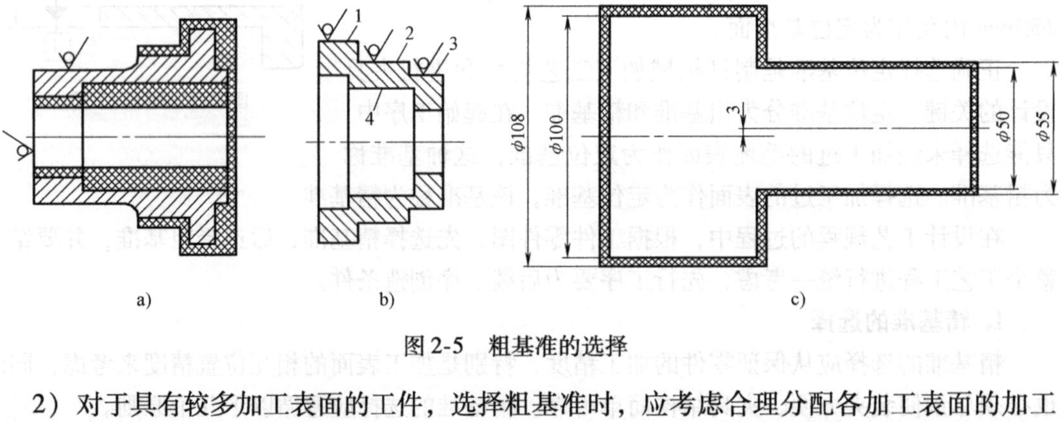

图 2-5　粗基准的选择

2）对于具有较多加工表面的工件，选择粗基准时，应考虑合理分配各加工表面的加工余量。合理分配加工余量是指以下两点。

① 应保证各主要表面都有足够的加工余量。为满足这个要求，应选择毛坯余量最小的

表面作为粗基准，如图 2-5c 所示的阶梯轴，应选择 ϕ55mm 外圆表面作为粗基准。

② 对于工件上的某些重要表面（如导轨和重要孔等），为了尽可能使其表面加工余量均匀，应选择重要表面作为粗基准。如图 2-6 所示的床身导轨表面是重要表面，要求耐磨性好，且在整个导轨面内具有大体一致的力学性能。因此，在加工导轨时，应选择导轨表面作为粗基准加工床身底面，如图 2-6a 所示，然后以底面为基准加工导轨平面，如图 2-6b 所示。

3）粗基准应避免重复使用。在同一尺寸方向上，粗基准通常只能使用一次，以免产生较大的定位误差。如图 2-7 所示，如重复使用 *B* 面加工 *A* 面、*C* 面，则 *A* 面和 *C* 面的轴线将产生较大的同轴度误差。

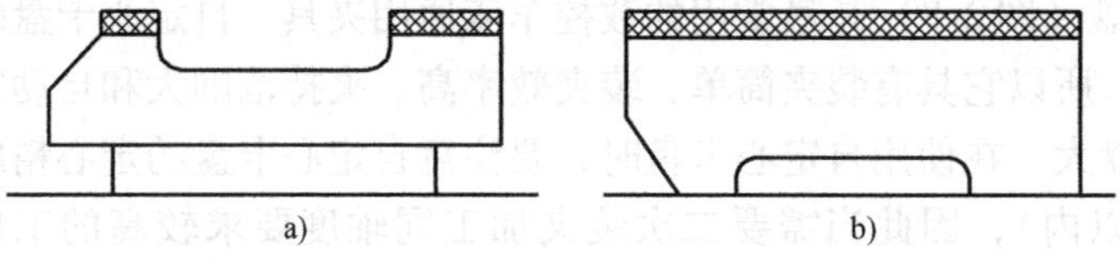

图 2-6　床身加工粗基准的选择

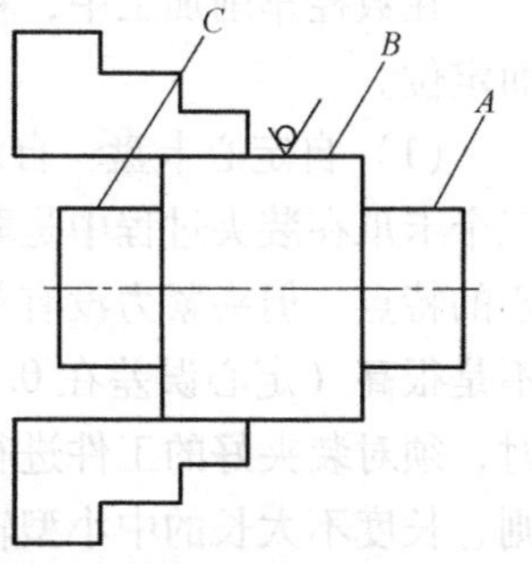

图 2-7　重复使用粗基准示例

4）选作粗基准的平面应平整，没有浇、冒口或飞边等缺陷，以便定位可靠。

任务三　确定装夹方案

一、数控车床夹具的定义、分类及作用

1. 定义

机床夹具是指安装在机床上，用以装夹工件，使工件和刀具具有正确的相互位置关系的装置。

车床夹具主要是指安装在车床主轴上的夹具，这类夹具和机床主轴相连接并带动工件一起随主轴旋转。

2. 分类

车床夹具使用较多的有通用夹具和专用夹具两大类。

通用夹具是指能够装夹两种或两种以上工件的夹具，例如车床上的自定心卡盘、单动卡盘、弹簧卡套和通用心轴等。

专用夹具是专门为加工某一特定工件的某一工序而设计的夹具。

3. 作用

在数控车削加工过程中，夹具是用来装夹被加工工件的，因此必须保证被加工工件的定位精度，并尽可能做到装卸方便、快捷。

选择夹具时应优先考虑通用夹具。使用通用夹具无法装夹，或者不能保证被加工工件与加工工序的定位精度时，才采用专用夹具。专用夹具的定位精度较高，成本也较高。专用夹

具有以下作用。

1）保证产品质量。

2）提高加工效率。

3）解决车床加工中的特殊装夹问题。

4）扩大车床的使用范围。使用专用夹具可以完成非轴套、非轮盘类零件的孔、轴、槽和螺纹等的加工，可扩大车床的使用范围。

二、数控车床夹具的选择

1. 圆周定位夹具

在数控车削加工中，粗加工，半精加工的精度要求不高时，可利用工件或毛坯的外圆表面定位。

（1）自定心卡盘　自定心卡盘（图2-8）是最常用的数控车床通用夹具。自定心卡盘的三个卡爪在装夹过程中是联动的，所以它具有装夹简单、装夹效率高、夹持范围大和自动定心的特点，但夹紧力没有单动卡盘大。在使用自定心卡盘时，要注意自定心卡盘的定心精度不是很高（定心误差在0.05mm以内），因此当需要二次装夹加工同轴度要求较高的工件时，须对装夹好的工件进行同轴度的找正。自定心卡盘在数控车床上主要用于装夹外形规则、长度不太长的中小型轴、套类零件。

常见的自定心卡盘有机械式和液压式两种。液压卡盘装夹迅速、方便，但夹持范围小，尺寸变化大时需要重新调整卡爪位置。数控车床经常采用液压卡盘，液压卡盘特别适用于批量加工。

（2）单动卡盘（图2-9）　单动卡盘的四个卡爪是各自独立移动的，在装夹工件的过程中每一个卡爪可以单独进行装夹。因此，单动卡盘不仅适应于圆柱形轮廓的轴、套类零件的装夹，还适用于大型、偏心轴（套）和长度较短的方形表面工件的装夹。在数控车床上使用单动卡盘进行工件的装夹时，必须进行工件的找正，通过调整工件夹持部位在车床主轴上的位置，保证工件加工表面的回转轴线与车床主轴的回转轴线重合。单动卡盘的找正比较费时，装夹不如自定心卡盘方便，但其夹紧力大，一般用于单件小批生产。

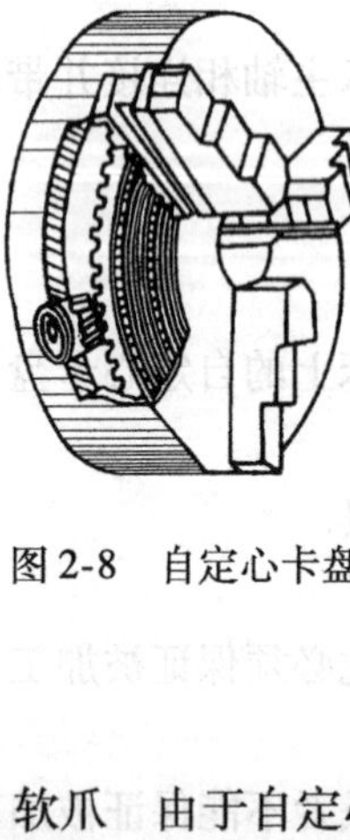

图2-8　自定心卡盘

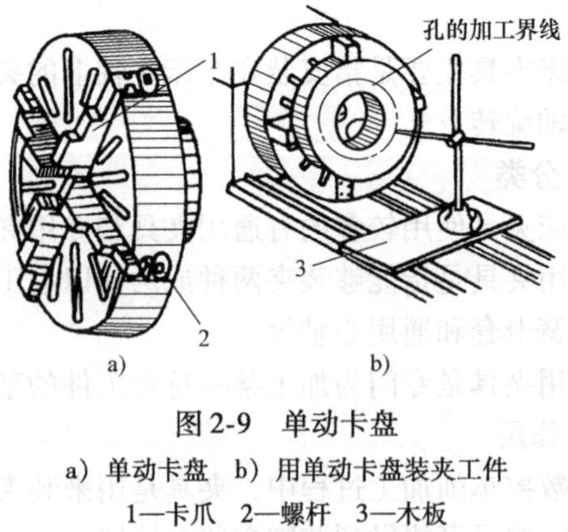

图2-9　单动卡盘

a）单动卡盘　b）用单动卡盘装夹工件

1—卡爪　2—螺杆　3—木板

（3）软爪　由于自定心卡盘定心精度不高，当加工同轴度要求较高的工件或者进行工件的二次装夹时，常使用软爪。软爪是一种可切削的卡爪，通常自定心卡盘的卡爪要进行热处理，硬度较高，很难用常用刀具切削。而软爪的卡爪通常在夹持部位焊有黄铜或软钢等软材料，然后根据工件形状和直径把三个软爪的夹持部分直接在车床上车出来（定心误差为0.01～0.02mm），即软爪是在使用前配合被加工工件特别制造的（图2-10），其装夹表面应是精加工表面。在加工软爪的过程中，要合理选择垫块的尺寸。软爪的内圆直径应等于或略小于所要加工工件的外径，以消除卡盘的定位间隙并增加软爪与工件的接触面积。

（4）弹簧夹套　弹簧夹套定心精度高，装夹工件快捷方便，常用于精加工的外圆表面定位。在实际生产中，如没有弹簧夹套，可根据工件夹持表面直径自制开缝套筒（图2-11）来代替弹簧夹套。自制开缝套筒的内孔直径与工件夹持表面的直径相等，侧面锯出一条锯缝，并用自定心卡盘夹持套筒外壁，目的是增大夹持面积，保护已加工表面，尤其是能减小薄壁零件的变形。

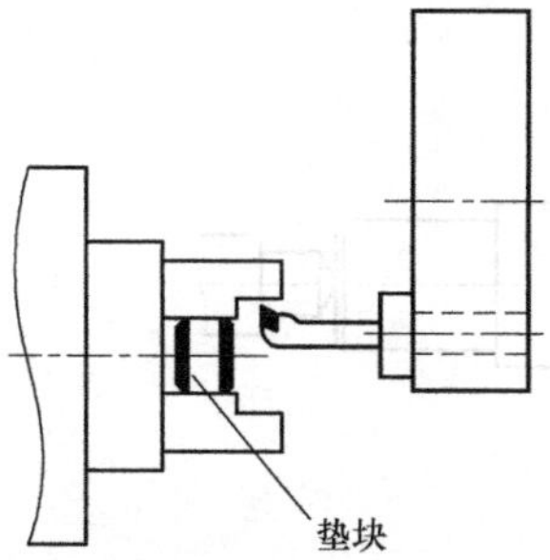

图2-10　加工软爪

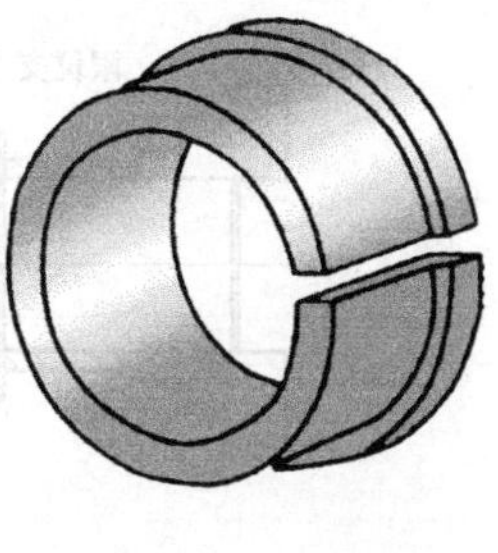

图2-11　自制开缝套筒

2. 中心孔定位夹具

利用中心孔定位的夹具是双顶尖。对于长度较长或必须经过多次装夹才能加工的工件（如细长轴、长丝杠等）的车削，或工序较多时，为保证每次装夹时的装夹精度（如同轴度要求），可以用两顶尖装夹（图2-12）。两顶尖装夹工件方便，不需找正，装夹精度高。

利用两顶尖装夹定位还可以加工偏心工件，如图2-13所示。

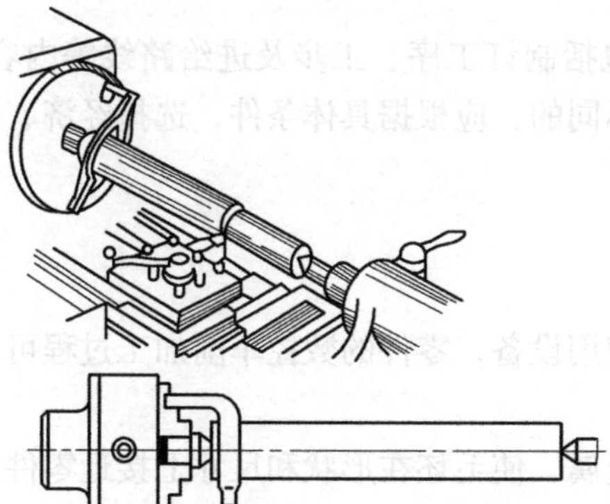

图2-12　两顶尖装夹工件

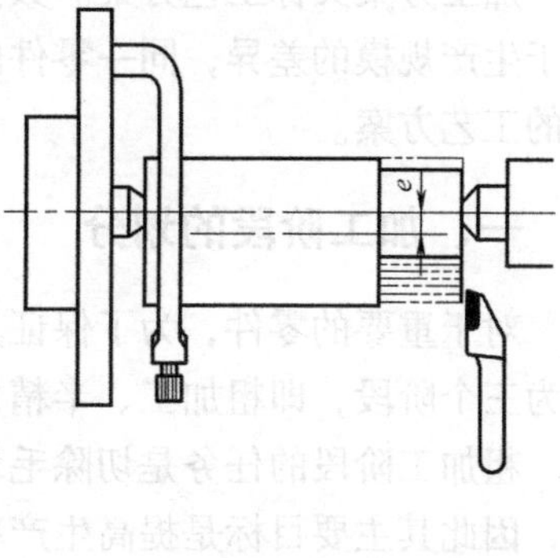

图2-13　两顶尖装夹车偏心轴

3. 用一夹一顶装夹工件

批量加工长轴时，采用一夹一顶的安装方法更合理。用两顶尖装夹工件虽然精度高，但刚性差，影响切削用量的提高。因此，车削一般工件，尤其是较重的工件，不能用两顶尖装夹，而采用一端用卡盘夹住、另一端用后顶尖顶住的装夹方法。

为了保证 Z 轴定位精度和防止工件由于切削力的作用而产生轴向位移，可以采用以下两种方法。

1）当工件有一个短台阶时，预加工台阶，在保证台阶长度精度的情况下，利用工件的台阶限位，进行一夹一顶装夹，如图 2-14 所示。

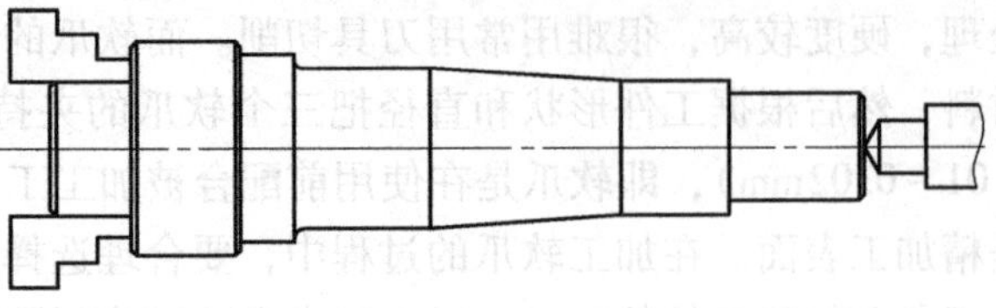
图 2-14　一夹一顶装夹

2）当工件有个一长台阶时，预加工台阶，如图 2-15 所示，在保证台阶长度精度的情况下在工件上装一限位支承套，限制 Z 轴的移动。

这两种装夹方法较为安全，能承受较大的进给力，装夹方便，提高了生产率，因此在生产中应用很广泛。

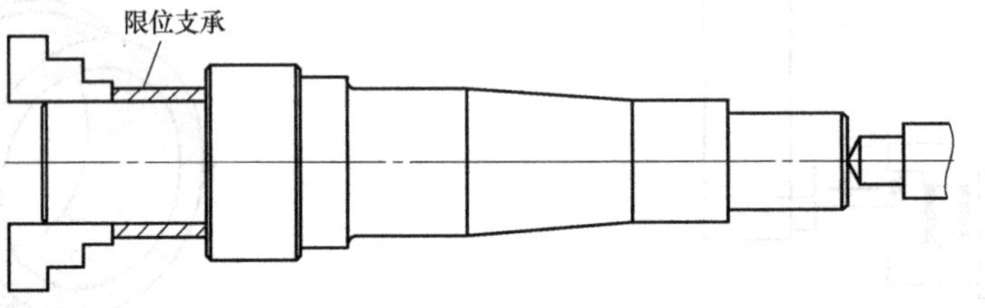

图 2-15　限位支承

任务四　确定数控车削加工方案

理想的加工程序不仅应保证加工出符合图样要求的合格工件，同时应能使数控车床的功能得到合理的应用和充分的发挥。数控车床是一种高效率的自动化设备，其效率高于普通车床 2 ~ 5 倍，所以要充分发挥数控车床的这一特点，必须熟练掌握其性能、特点和操作方法，同时还必须在编程之前正确地确定加工方案。

加工方案又称工艺方案。数控车床的加工方案包括制订工序、工步及进给路线等内容。由于生产规模的差异，同一零件的加工方案是有所不同的，应根据具体条件，选择经济、合理的工艺方案。

一、加工阶段的划分

对于重要的零件，为了保证其加工质量和合理使用设备，零件的数控车削加工过程可划分为三个阶段，即粗加工、半精加工和精加工。

粗加工阶段的任务是切除毛坯上大部分多余的金属，使毛坯在形状和尺寸上接近零件成品，因此其主要目标是提高生产率。

半精加工阶段的任务是使主要表面达到一定的精度，留有一定的精加工余量，为主要表面的精加工（如精车、精磨）做好准备，并可完成一些次要表面的加工，如扩孔、攻螺纹等。

精加工阶段的任务是保证各主要表面达到规定的几何精度、尺寸精度及表面质量要求，主要目标是全面保证加工质量。

二、加工顺序的安排

1. 工序的定义

工序是产品制造过程中的基本环节，也是构成生产的基本单位。即一个或一组工人，在一个工作地点对同一个或同时对几个工件进行加工所连续完成的那部分工艺过程，称为工序。

划分工序的依据是工作地是否发生变化和工作是否连续。

2. 车削加工工序的安排原则

零件是由多个表面构成的，这些表面有自己的精度要求，各表面之间也有相应的精度要求。为了达到零件的设计精度要求，加工顺序的安排应遵循一定的原则。

（1）先粗后精的原则 各表面的加工顺序按照粗加工、半精加工、精加工和光整加工的顺序进行，目的是逐步提高零件的加工精度和表面质量。

如果零件的全部表面均由数控机床加工，工序安排一般按粗加工、半精加工、精加工的顺序进行，即粗加工全部完成后再进行半精加工和精加工。粗加工时可快速去除大部分加工余量，如图2-16中的双点画线内所示部分，再依次精加工各个表面，这样既可提高生产率，又可保证零件的加工精度和表面质量。该方法适用于位置精度要求较高的加工表面。

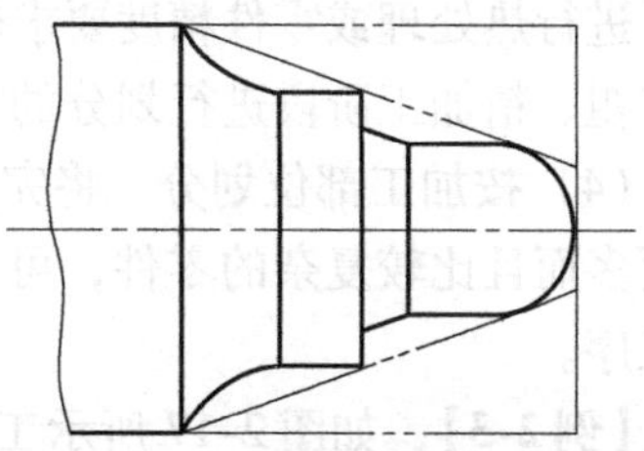

图2-16 以先粗后精的原则加工零件

对于一些尺寸精度要求较高的加工表面，考虑到零件的刚度、变形及尺寸精度等要求，也可以考虑分别按粗加工、半精加工、精加工的顺序完成表面的加工。

（2）基准面先加工的原则 加工一开始，总是把用作精加工基准的表面加工出来，因为定位基准表面精确，装夹误差就小。所以，任何零件的加工过程，总是先对定位基准面进行粗加工和半精加工，必要时还要进行精加工。

（3）先面后孔的原则 对于箱体类、支架类、机体类等零件，平面轮廓尺寸较大，用平面定位比较稳定可靠，故应先加工平面，后加工孔。这样不仅使后续的加工有一个稳定可靠的平面作为定位基准，而且在平整的表面上加工孔，加工也变得容易一些，也有利于提高孔的加工精度。通常可按零件的加工部位划分工序，一般先加工简单的几何形状，后加工复杂的几何形状；先加工精度较低的部位，后加工精度较高的部位；先加工面，后加工孔。

（4）先内后外的原则 对于精密套筒，其外圆与孔的同轴度要求较高，一般采用先内孔后外圆的原则，即先以外圆作为定位基准加工孔，再以精度较高的孔作为定位基准加工外圆，这样可以保证外圆和孔之间具有较高的同轴度要求，而且使用的夹具结构也很简单。

（5）减少换刀次数的原则 在数控加工中，为减少换刀次数，节省换刀时间，应在需用同一把刀加工的部位全部加工完成后，再换另一把刀来加工其他部位，同时应尽量减少空行程。当用同一把刀加工工件的多个部位时，应以最短的路线到达各加工部位。

3. 加工工序划分的方法

在数控机床上加工的零件，一般按工序集中的原则划分工序，划分的方法有以下几种。

（1）按所使用的刀具划分 以同一把刀具完成的工艺过程作为一道工序，这种划分方法适用于工件的待加工表面较多、机床连续工作时间较长、加工程序的编制和检查难度较大的情况。

【例 2-1】 如图 2-17 所示工件：工序一，钻头钻孔，去除加工余量；工序二，采用外圆车刀粗、精加工外形轮廓；工序三，用内孔车刀粗、精车内孔。

（2）按工件安装次数划分　以零件一次装夹能够完成的工艺过程作为一道工序。这种方法适合于加工内容不多的零件，在保证零件加工质量的前提下，一次装夹完成全部的加工内容。

【例 2-2】 如图 2-18 所示工件：工序一，以毛坯定位装夹，加工左端轮廓；工序二，以加工好的外圆表面定位，加工右端轮廓。这样先加工基准面后加工被测面，可保证零件的同轴度要求。

（3）按粗精加工划分　将粗加工中完成的那一部分工艺过程作为一道工序，将精加工中完成的那一部分工艺过程作为另一道工序。这种划分方法适用于零件有强度和硬度要求，需要进行热处理或零件精度要求较高、需要有效去除内应力，以及零件加工后变形较大，需要按粗、精加工阶段进行划分的零件加工。

（4）按加工部位划分　将完成相同型面的那一部分工艺过程作为一道工序。对于加工表面多而且比较复杂的零件，可按其结构特点（如内形、外形、曲面和平面等）划分成多道工序。

【例 2-3】 如图 2-17 所示工件：工序一，工件外轮廓的粗、精加工；工序二，工件内轮廓的粗、精加工。

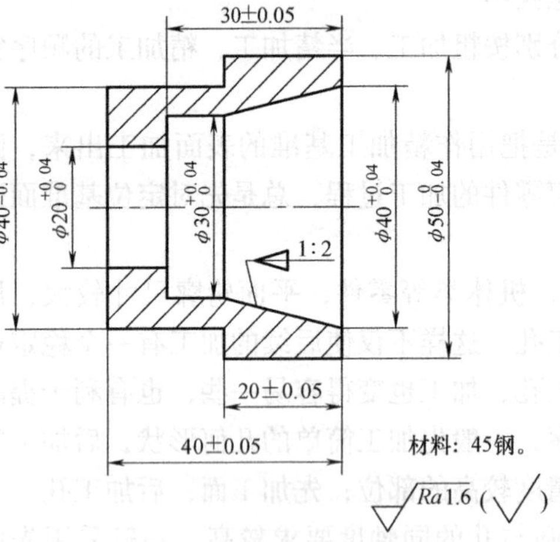

图 2-17　套类零件加工工序分析

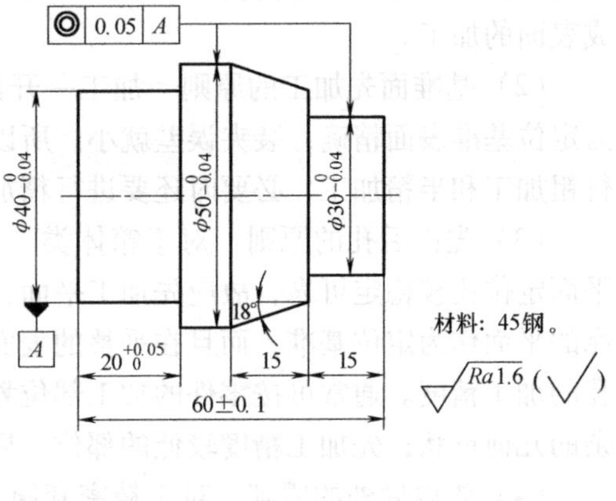

图 2-18　轴类零件加工工序分析

三、工步的划分

工步是指在一次装夹中，加工表面、切削刀具和切削用量都不变的情况下所进行的那部分加工。划分工步的要点是工件表面、切削刀具和切削用量三不变。

工步的划分主要从加工精度和加工效率两方面来考虑。为了便于分析和描述较复杂的工序，工序内又细分为工步。

通常情况下，可分别按粗、精加工分开，由近及远的加工方法和切削刀具来划分工步。

任务五 确定进给路线

进给路线是指数控加工过程中刀具相对于被加工工件的运动轨迹。设计好进给路线是编制合理的加工程序的条件之一。进给路线的确定，主要是确定粗加工和空行程的进给路线，精加工的进给路线基本上都是沿其轮廓顺序进行的。进给路线是指刀具从换刀点（换刀点是指刀架转位换刀时的位置，换刀点应设在工件或夹具的外部，以防止刀架转位时刀具与工件或其他部件发生碰撞）开始运动起，直至返回该点并结束加工程序所经过的路径，包括切削加工的路径及刀具的切入、切出等非切削空行程路径。

一、进给路线的确定原则

1）应能保证被加工工件的精度及表面质量。

2）应使加工路线最短，减少空行程时间，提高加工效率。

3）应使数值计算简便，以减少编程工作量。

4）进给路线还应根据工件的加工余量和机床、刀具的刚度等具体情况确定。

二、进给路线的确定方法

1. 确定刀具的切入、切出路线

在数控车床上进行加工时，要安排好刀具的切入、切出路线，尽量使刀具沿轮廓的切线方向切入、切出，避免在轮廓处停刀或垂直切入、切出工件，以免留下刀痕。如图 2-19 所示，数控车床车削端面的加工路线为 $A \to B \to C \to D$。如图 2-20 所示，数控车床车削外圆的加工路线为 $A \to B \to C \to D \to E \to F$。

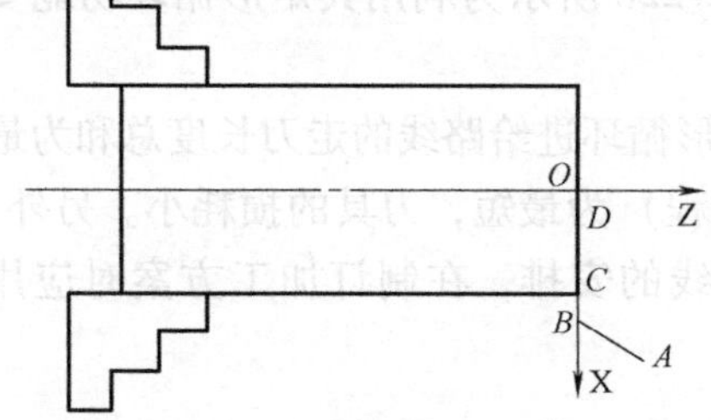

图 2-19 数控车床车削端面的加工路线

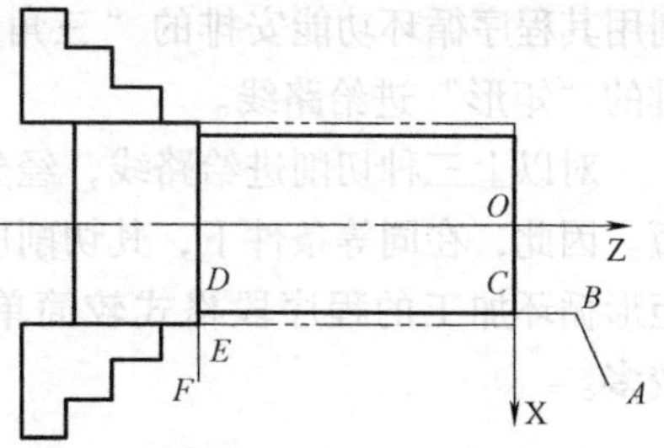

图 2-20 数控车床车削外圆的加工路线

2. 确定最短的空行程路线

确定最短的进给路线，除了依靠大量的实践经验外，还应善于分析，必要时辅以一些简单计算。现将实践中巧用起刀点来缩短空行程进给路线的思路介绍如下。

图 2-21a 所示为采用矩形循环方式进行粗车的一般情况示例。其起刀点 A 的设定是考虑到精车等加工过程中需方便地换刀，故设置在离坯料较远的位置处，同时将起刀点与换刀点重合在一起，按三刀粗车的进给路线安排如下：

第一刀为 $A \to B \to C \to D \to A$；

第二刀为 $A \to E \to F \to G \to A$；

第三刀为 $A \to H \to I \to J \to A$。

图 2-21b 所示则是将起刀点与换刀点分离，并设于图示 B 点位置，仍按相同的切削用量进行三刀粗车，其进给路线安排如下：

起刀点与换刀点分离的空行程为 $A\to B$；

第一刀为 $B\to C\to D\to E\to B$；

第二刀为 $B\to F\to G\to H\to B$；

第三刀为 $B\to I\to J\to K\to B$。

显然，图 2-21b 所示的进给路线短。

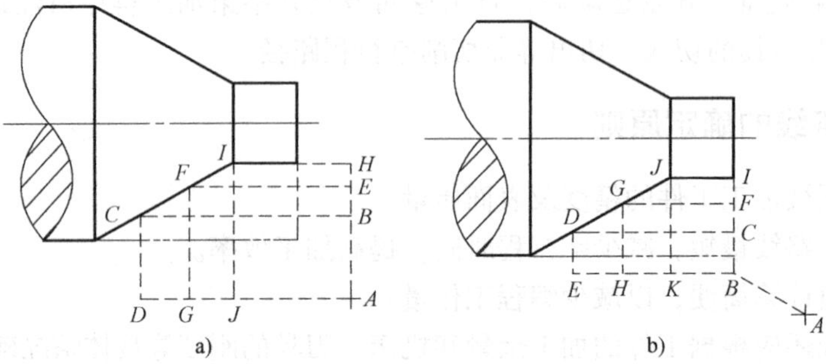

图 2-21 巧用起刀点

a）起刀点与换刀点重合 b）起刀点与换刀点分离

3. 确定最短的切削进给路线

切削进给路线短，可有效地提高生产率，降低刀具损耗等。在安排粗加工或半精加工的切削进给路线时，应同时兼顾被加工零件的刚性及加工的工艺性等要求，不要顾此失彼。

图 2-22 所示为粗车工件时几种不同切削进给路线的安排示例。其中，图 2-22a 表示利用数控系统具有的封闭式复合循环功能控制车刀沿着工件轮廓进给的路线；图 2-22b 所示为利用其程序循环功能安排的“三角形”进给路线；图 2-22c 所示为利用其矩形循环功能安排的“矩形”进给路线。

对以上三种切削进给路线，经分析和判断可知，矩形循环进给路线的走刀长度总和为最短。因此，在同等条件下，其切削所需时间（不含空行程）为最短，刀具的损耗小。另外，矩形循环加工的程序段格式较简单，所以这种进给路线的安排，在制订加工方案时应用较多。

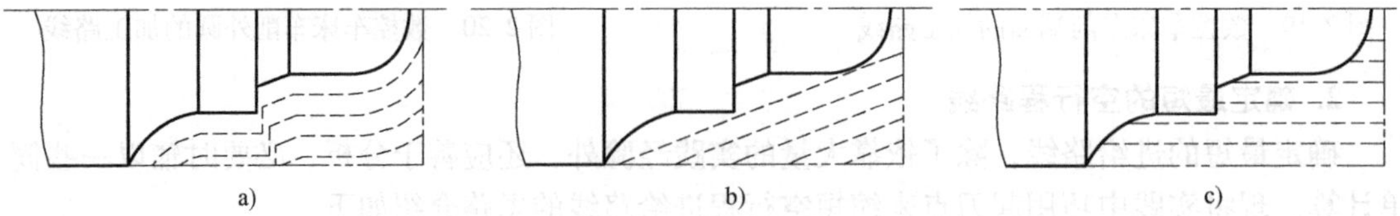

图 2-22 进给路线示例

a）沿工件轮廓进给 b）“三角形”进给 c）“矩形”进给

4. 完整轮廓的连续切削进给路线

在安排可以一刀或多刀进行的精加工工序时，其零件的完整轮廓应由最后一刀连续加工而成。

任务六 选择数控车削刀具

对数控车削刀具的要求是精度高、刚性好、装夹方便、切削性能强、使用寿命长。在实际生产中选择数控车削刀具，主要应考虑以下几个方面的因素。

1）一次连续加工的表面尽可能多。

2）在切削过程中刀具不能与工件轮廓发生干涉。

3）有利于提高加工效率和加工表面质量。

4）有合理的刀具强度和使用寿命。

一、选择数控车削刀具的类型

数控车床主要用于圆柱面、圆锥面、圆弧面、螺纹、车槽等切削加工，因此数控车床用的刀具可分为外圆车刀、内孔车刀、车槽刀和螺纹车刀等种类，如图2-23所示。

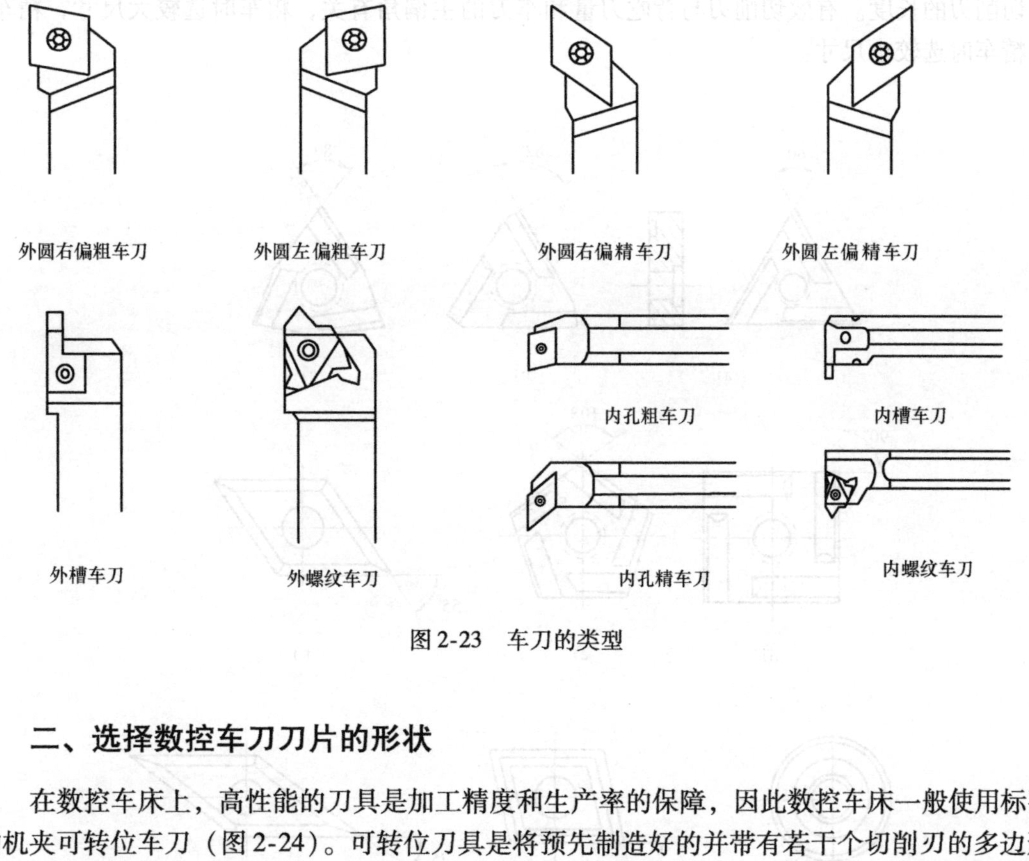

图2-23 车刀的类型

二、选择数控车刀刀片的形状

在数控车床上，高性能的刀具是加工精度和生产率的保障，因此数控车床一般使用标准的机夹可转位车刀（图2-24）。可转位刀具是将预先制造好的并带有若干个切削刃的多边形刀片，用机械夹固的方法夹紧在刀体上的一种刀具，在使用过程中一个切削刃磨钝了后，只要将刀片的夹紧部分松开，转位或更换刀片，使新的切削刃进入工作位置，再经夹紧就可以继续使用。其特点是刀片未经焊接，无热应力，可充分发挥刀具材料的性能，使用寿命长；刀片可快速转位更换，避免了焊接车刀的缺点，节省辅助时间，生产率高；刀片可涂层，特别适应于在数控车床上进行切削。

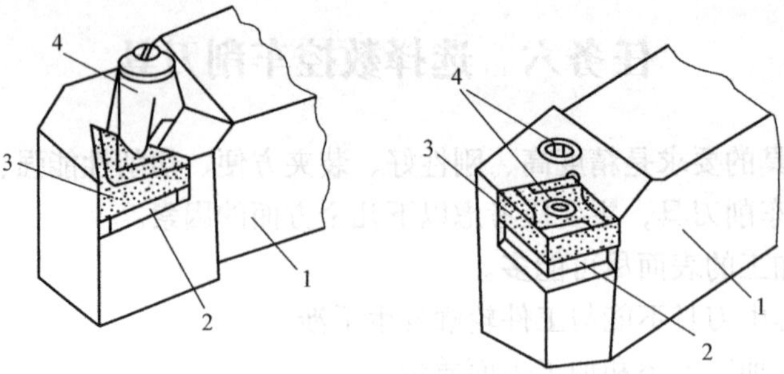

图 2-24 机夹可转位车刀

1—刀杆 2—刀垫 3—刀片 4—夹固零件

机夹可转位刀片的具体形状已经标准化，每一种形状均有一个相应的代码表示。常用可转位车刀刀片的形状如图 2-25 所示，其选用原则主要是根据加工工艺的具体情况决定。一般要选通用性较高的及在同一刀片上切削刃数较多的刀片。刀片尺寸的大小取决于必要的有效切削刃的长度。有效切削刃与背吃刀量和车刀的主偏角有关，粗车时选较大尺寸，精车、半精车时选较小尺寸。

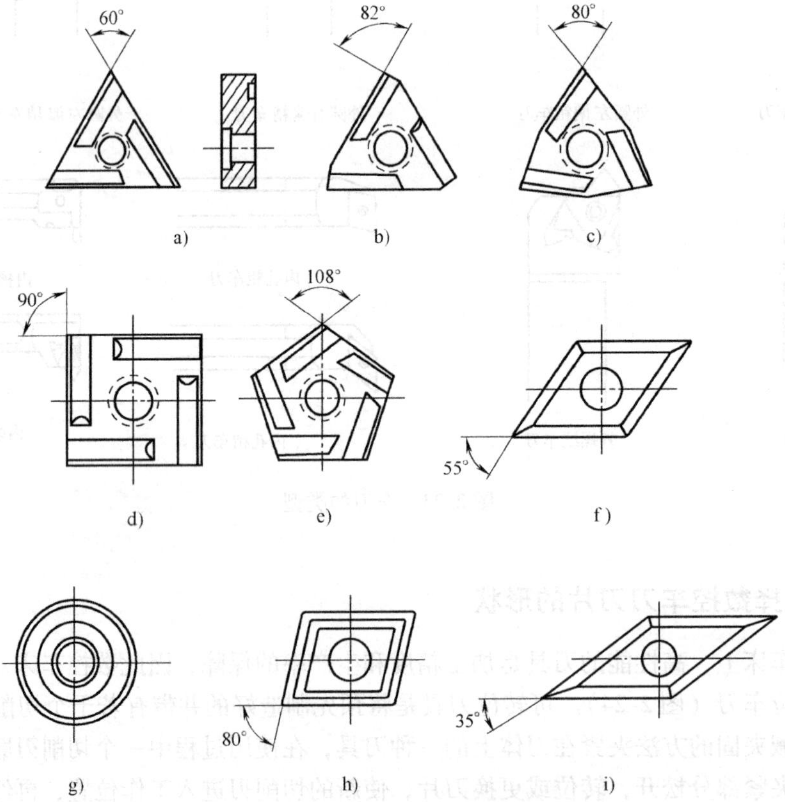

图 2-25 常用可转位车刀刀片的形状

a) T形 b) F形 c) W形 d) S形 e) P形 f) D形 g) R形 h) C形 i) V形

T形：三个刃口，刃口较长，刀尖强度低，在普通车床上使用时常采用带副偏角的刀片，以提高刀尖强度，主要用于90°车刀，在内孔车刀中主要用于加工不通孔和台阶孔。

W形：三个刃口且较短，刀尖角为80°，刀尖强度较高，主要用在普通车床上加工圆柱面和台阶面。

S形：四个刃口，刃口较短（指同等内切圆直径），刀尖强度较高，主要用于75°、45°车刀，在内孔车刀中用于加工通孔。

D形：两个刃口且较长，刀尖角为55°，刀尖强度较低，主要用于仿形加工，在加工内孔时可用于台阶孔及较浅的清根。

R形：圆形刃口，用于特殊圆弧面的加工，刀片利用率高，但背向力大。

C形：有两种刀尖角。100°刀尖角的两个刀尖强度高，一般做成75°车刀，用来粗车外圆、端面；80°刀尖角的两个刃口强度较高，不用换刀即可加工端面或圆柱面，在内孔车刀中一般用于加工台阶孔。

V形：两个刃口较长，刀尖角为35°，刀尖强度低，用于仿形加工。做成93°车刀时切入角不大于50°；做成72.5°车刀时切入角不大于70°；做成107.5°车刀时切入角不大于35°。

三、选择数控车削刀具的大小

1）尽可能选择大的刀具，因为刀具大则刚性好，刀具不易断，切削时可采用大的切削用量，提高加工效率，加工质量有保证。

2）根据加工的背吃刀量选择刀具，背吃刀量越大，刀具应越大。

3）根据工件大小选择刀具，工件大的选大刀具，反之选小刀具。

四、选择数控车刀的刀具材料

常用的数控刀具材料有高速钢、硬质合金、涂层、陶瓷、立方氮化硼和金刚石等。其中高速钢、硬质合金和涂层在数控车削刀具中应用最广。

1. 高速钢

高速钢是指加入了较多的钨、钼、铬、钒等合金元素的高合金工具钢，常用的牌号有W18Cr4V和W6Mo5Cr4V2。高速钢刀具制造简单，刃磨方便，具有较高的强度和韧性，能承受较大的冲击力，但刀具的耐热性较差，因此不能用于高速切削，且在加工时需加注切削液充分冷却。该刀具材料主要用于制造形状复杂的成形刀具，适用性较广，能适用于各种金属的加工。

2. 硬质合金

硬质合金中高熔点、高硬度碳化物的含量高，因此硬质合金具有高硬度、高耐磨性、高耐热性的特点，但其脆性大，抗弯强度和抗冲击韧性较差，因此该材料适用于精加工或加工钢及韧性较大的塑性材料。硬质合金分为钨钴类、钨钛钴类、钨钛钽钴类等，常用的刀具材料牌号为YG3 、YG6 、YG8、YT5、YT15、YT30、YW1和YW2等。

3. 涂层

涂层刀具是在韧性较好的硬质合金基体上或高速钢基体上，涂覆一层耐磨性较高的难熔金属化合物制成的。常用的涂层材料有 TIC、TIN 和 Al_2O_3 等。涂层刀具具有高的抗氧化性和抗粘结性，因此耐磨性好。涂层摩擦因数较低，可降低切削时的切削力和切削温度，提高刀具寿命。高速钢基体涂层刀具寿命可提高 2～10 倍，硬质合金基体刀具寿命可提高 1～3 倍。待加工材料的硬度越高，使用涂层刀具的效果越好。

4. 陶瓷

陶瓷材料是含有金属氧化物或氮化物的无机非金属材料，具有很高的硬度和耐磨性、很强的耐高温性和较低的摩擦因数。因此，陶瓷刀片是加工淬硬（达到 65HRC）钢及其他难加工材料的首选刀具。

5. 立方氮化硼及金刚石

立方氮化硼及金刚石具有极高的硬度和耐磨性，分别适用于精加工各种淬硬钢及高速精加工钛或铝合金工件，但不宜承受冲击进行低速切削，也不应用于加工软金属，且其价格较高。

任务七　确定切削用量

一、切削运动

在机床上加工工件的过程中，刀具和工件之间必须有相对运动，这种相对运动就称为切削运动。根据切削运动在切削过程中作用的不同，分为主运动和进给运动。

1. 主运动

主运动是指机床提供的主要运动。在车床上，主运动是车床主轴的回转运动，即车削加工时工件的旋转运动。

2. 进给运动

进给运动是指机床所提供的使刀具与工件之间产生的附加相对运动。进给运动与主运动相配合，就可以形成完整的切削加工。车床的进给运动包括刀架（溜板）的纵向进给（沿机床轴线方向）和横向进给（与机床主轴方向垂直）。与普通车床不同的是，数控车床可以同时进行两个方向的进给，从而加工出各种具有复杂母线的回转体工件。

在车削加工中，主运动要消耗比较多的能量，才能完成切削。与之相比，进给运动所消耗的能量要少一些。在普通车床中，主运动和进给运动的动力都来源于同一台电动机，通过一系列的机械传动，把能量分配给主运动和进给运动，进而实现车削加工。在数控车床中，主运动和进给运动是由不同的电动机来驱动的，分别称为主轴电动机和坐标轴伺服电动机，它们由机床的控制系统进行控制，完成加工任务。

二、切削用量

切削用量是机床在进行切削加工时的状态参数。在进行数控编程工艺处理的过程中，必须确定每道工序的切削用量，并以指令的形式将其写入程序中。切削用量是切削速度 v、进给量（进给速度）f、背吃刀量 a_p 三者的总称，也称为切削用量三要素。

1. 切削用量的选择原则

切削用量的选择，对加工效率、加工成本和加工质量都有重大的影响。合理的切削用量是指充分发挥刀具的切削性能和机床性能，在保证加工质量的前提下，获得高的生产率和低的加工成本的切削用量。不同的加工性质对切削加工的要求是不一样的。因此，在选择切削用量时，考虑的侧重点也有所不同。

粗加工时，应尽量保证较高的金属切除率和必要的刀具使用寿命。因此，选择切削用量时应首先选取尽可能大的背吃刀量 a_p；其次根据机床动力和刚性的限制条件，选取尽可能大的进给量 f；最后根据刀具使用寿命要求，确定合适的切削速度 v。

精加工时，首先根据粗加工的余量确定背吃刀量 a_p；其次根据已加工表面的表面质量要求，选取合适的进给量 f；最后在保证刀具使用寿命的前提下，尽可能选取高的切削速度 v。

2. 切削用量的选择方法

（1）背吃刀量的选择　背吃刀量是根据加工余量确定的。在纵向切削外圆时，其背吃刀量可按下式计算

$$a_p = (d_w - d_m)/2$$

式中　d_w——工件待加工表面的直径；

d_m——工件已加工表面的直径。

切削加工一般分为粗加工、半精加工和精加工几道工序，各工序的背吃刀量有不同的选择方法。

粗加工时（表面粗糙度值 $Ra12.5 \sim 50\mu m$），在允许的条件下，尽量一次切除该工序的全部余量。中等功率的车床，背吃刀量可达 4 ~ 5mm。但对于加工余量大，一次走刀会造成机床功率或刀具强度不够、或加工余量不均匀而引起振动、或刀具受冲击严重出现打刀这几种情况，需要采用多次走刀。

半精加工时（表面粗糙度值 $Ra3.2 \sim 6.3\mu m$），背吃刀量一般为 0.5 ~ 2mm。

精加工时（表面粗糙度值 $Ra0.8 \sim 1.6\mu m$），背吃刀量一般为 0.2 ~ 0.4mm。

（2）进给量的选择　对于不同种类的车床，进给量的单位是不同的。对于普通车床，进给量为工件（主轴）每转一转，刀具沿进给方向相对于工件的位移量，单位为 mm/r；对于数控车床，由于其控制原理与普通车床不同，进给量也可以用进给速度来表达，即刀具在单位时间内沿进给方向相对于工件的位移量，单位为 mm/min。

粗加工时，进给量主要考虑工艺系统所能承受的最大进给量，如车床进给机构的强度、刀具强度与刚度、工件的装夹刚度等。

精加工和半精加工时，最大进给量主要考虑加工精度和表面质量，还要考虑工件材料、刀尖圆弧半径和切削速度等。当刀尖圆弧半径增大、切削速度提高时，可以选择较大的进给量。

（3）切削速度的选择　切削速度是指车刀切削刃上的切削点相对于工件主运动的瞬时速度，单位为 m/min。切削速度 v 和车床转速 n 之间的换算公式为

$$v = \pi d_w n/1000$$

式中　d_w——工件待加工表面的直径。

切削速度可根据已经选定的背吃刀量、进给量及刀具使用寿命进行选取。实际加工过程中，也可根据生产实践经验和查表来选取。

粗加工时，背吃刀量和进给量均较大，所以应选较低的切削速度。

半精加工和精加工时，切削速度主要受刀具使用寿命和已加工表面质量的限制，宜选用较高的切削速度，并应尽量避开积屑瘤的速度范围。

三、硬质合金刀具切削用量选择推荐

在工厂的实际生产过程中，切削用量一般根据经验并通过查表的方式来选取。常用硬质合金或涂层硬质合金刀具切削不同材料时的切削用量推荐值见表2-1。

表2-1 常用硬质合金或涂层硬质合金刀具切削用量的推荐值

刀具材料	工件材料	粗加工			精加工		
		切削速度/(m/min)	进给量/(mm/r)	背吃刀量/mm	切削速度/(m/min)	进给量/(mm/r)	背吃刀量/mm
硬质合金或涂层硬质合金	碳钢	220	0.2	3	260	0.1	0.4
	低合金钢	180	0.2	3	220	0.1	0.4
	高合金钢	120	0.2	3	160	0.1	0.4
	铸铁	80	0.2	3	140	0.1	0.4
	不锈钢	80	0.2	2	120	0.1	0.4
	钛合金	40	0.2	1.5	60	0.1	0.4
	灰铸铁	120	0.3	2	150	0.15	0.5
	球墨铸铁	100	0.3	2	120	0.15	0.5
	铝合金	1600	0.2	1.5	1600	0.1	0.5

注：当进行X方向切深进给时，进给量取表中相应值的1/2。

知识拓展

数控加工工艺文件

数控加工工艺文件既是数控加工、产品验收的依据，也是操作者要遵守、执行的规程，同时还为产品零件的重复生产积累和储备了必要的技术工艺资料。它是编程人员在编制加工程序单时做出的与程序单相关的技术文件，目的是让操作者更加明确加工程序的内容、装夹方式、各加工部位所选用的刀具及其他技术问题。该文件包括数控加工编程任务书、数控加工工序卡片、数控加工刀具调整单、数控加工进给路线图、数控机床调整单、数控加工程序单等。

以上工艺文件中，数控加工工序卡片和数控加工刀具调整单中的数控刀具明细表最为重要，前者是说明加工顺序和加工要素的文件，后者是刀具使用的依据。

不同的数控机床，工艺文件的内容有所不同。为了加强技术文件管理，数控加工工艺文件也应向标准化、规范化的方向发展。但目前国家尚未制定统一的标准，各企业可根据本单位的实际情况，制订必要的工艺文件。

一、数控加工编程任务书

数控加工编程任务书是编程人员和工艺人员协调工作和编制程序的重要依据，主要包括数控加工工序的技术要求、工序说明和数控加工前的工件余量等内容，详见表2-2。

表 2-2 数控加工编程任务书

<table>
<tr><td colspan="2" rowspan="2">×××厂工艺处</td><td colspan="2" rowspan="2">数控编程任务书</td><td colspan="2">产品代号</td><td colspan="2">零件名称</td><td colspan="2">零件图号</td></tr>
<tr><td colspan="2"></td><td colspan="2"></td><td colspan="2"></td></tr>
<tr><td colspan="10">主要工序说明及技术要求：
……</td></tr>
<tr><td>设备</td><td>CK6140</td><td>工艺员</td><td></td><td>编程员</td><td colspan="2"></td><td colspan="2">收到日期</td><td></td></tr>
<tr><td>编制</td><td></td><td>审核</td><td></td><td>批准</td><td colspan="2"></td><td colspan="3">共 页 第 页</td></tr>
</table>

二、数控加工工序卡片

数控加工工序卡片主要用于反映使用的辅具、刀具规格、切削用量、切削液、加工工步等内容，它是操作人员配合数控程序进行数控加工的主要指导性工艺资料，应按已确定的工步顺序填写。数控加工工序卡片见表 2-3。

表 2-3 数控加工工序卡片

<table>
<tr><td colspan="2" rowspan="2">×××厂</td><td colspan="2" rowspan="2">数控加工工序卡片</td><td colspan="2">产品代号</td><td>零件名称</td><td>零件图号</td></tr>
<tr><td colspan="2"></td><td></td><td></td></tr>
<tr><td>工艺序号</td><td>程序编号</td><td colspan="2">夹具名称</td><td>夹具编号</td><td colspan="2">使用设备</td><td>车间</td></tr>
<tr><td></td><td></td><td colspan="2"></td><td></td><td colspan="2"></td><td></td></tr>
<tr><td>工步号</td><td>工步内容</td><td>刀具号</td><td colspan="2">刀具规格</td><td>主轴转速</td><td>进给速度</td><td>背吃刀量</td></tr>
<tr><td>1</td><td></td><td></td><td colspan="2"></td><td></td><td></td><td></td></tr>
<tr><td>2</td><td></td><td></td><td colspan="2"></td><td></td><td></td><td></td></tr>
<tr><td>3</td><td></td><td></td><td colspan="2"></td><td></td><td></td><td></td></tr>
<tr><td>……</td><td></td><td></td><td colspan="2"></td><td></td><td></td><td></td></tr>
<tr><td>编制</td><td></td><td>审核</td><td></td><td>批准</td><td></td><td colspan="2">共 页 第 页</td></tr>
</table>

若在数控机床上只加工零件的一个工步时，可不填写工序卡片。在工序加工内容不十分复杂时，可把零件草图反应在工序卡片上，并注明对刀点和编程原点。

三、数控刀具调整单

数控刀具调整单包括数控刀具卡片（简称刀具卡）和数控刀具明细表（简称刀具表）两部分。

数控刀具卡片分别详细记录每一把数控刀具的刀具编号、刀具结构、组合件名称代号、刀片型号和材料等，是组装刀具和调整刀具的依据。

数控刀具明细表是调刀人员调整刀具输入的主要依据，见表 2-4。

四、机床调整单

机床调整单是机床操作人员在加工前调整机床的依据。它主要包括机床控制面板开关调整单和数控加工零件安装、零点设定卡片两部分。

表 2-4 数控刀具明细表

零件图号		零件名称	材料	数控刀具明细表			程序编号	车间	使用设备
刀号	刀尖号	刀具名称	刀具号	刀具			刀补地址		加工部位
				位置/mm		刀尖圆弧半径/mm			
				X 向	Z 向		直径	长度	
				由每一把刀的对刀值确定					
编制		审核		批准			年 月 日		共 页 第 页

机床控制面板开关调整单主要记有机床控制面板上有关“开/关”的位置，如进给速度 f、调整旋钮位置或倍率旋钮位置、刀具半径补偿旋钮位置或刀具补偿拨码开关组数值表、垂直校验开关及冷却方式等内容。

数控加工零件安装和零点（编程坐标系原点）设定卡片（简称装夹图和零点设定卡）表明了数控加工零件的定位方法和夹紧方法，也标明了工件零点设定的位置和坐标方向、使用夹具的名称和编号等。工件安装和零点设定卡片见表 2-5。

表 2-5 工件安装和零点设定卡片

零件图号		数控加工工件安装和零点设定卡片			工序号	
零件名称					装夹次数	
（零点设定简图）				3		
				2		
				1		
编制	审核	批准	第 页	序号	夹具名称	夹具图号
			共 页			

五、数控加工程序单

数控加工程序单是编程人员通过对被加工零件的工艺分析，经过数值计算，按照所使用数控机床的编程规则编制的，是记录数控加工工艺过程、工艺参数、位移数据的清单，是实现数控加工的主要依据。不同的数控机床，不同的数控系统，程序单的格式不同。

FANUC 系统数控车削加工程序单见表 2-6。

表 2-6 FANUC 系统数控车削加工程序单

程序号		
程序段号	程序内容	说明

技能训练

如图 2-26 所示，零件材料为 45 钢，毛坯为 $\phi35\text{mm}\times130\text{mm}$ 的棒料，试对该零件进行数控车削工艺分析。

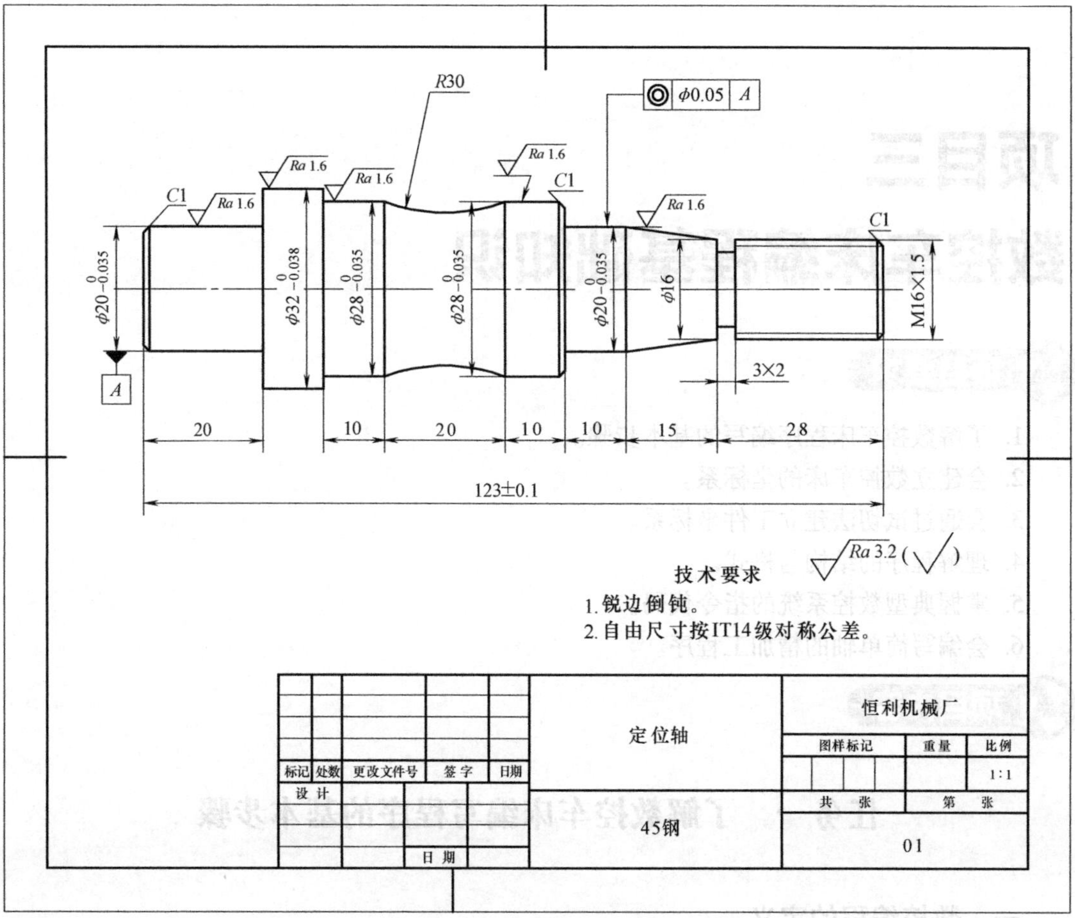

R30
φ0.05 A
Ra 1.6
C1
φ20 0 −0.035
φ32 0 −0.038
φ28 0 −0.035
φ16
M16×1.5
3×2
A
20
10
20
10
10
15
28
123±0.1
Ra 3.2 (√)
技术要求
1. 锐边倒钝。
2. 自由尺寸按IT14级对称公差。
标记 处数 更改文件号 签字 日期
设计
日期
定位轴
45钢
恒利机械厂
图样标记 重量 比例
1:1
共 张 第 张
01

图 2-26 定位轴

项目三 数控车床编程基础知识

项目要求

1. 了解数控车床程序编写的基本步骤。
2. 会建立数控车床的坐标系。
3. 会通过试切法建立工件坐标系。
4. 理解程序的结构与格式。
5. 掌握典型数控系统的指令代码。
6. 会编写简单轴的精加工程序。

项目内容

任务一　了解数控车床编写程序的基本步骤

一、数控编程的定义

数控编程是数控加工的重要步骤。它是指编程者（编程员或数控车床操作者）根据所用数控机床规定的指令代码及程序格式，将零件加工过程中的刀具运动轨迹、位移量、切削参数（主轴转速、进给量、吃刀量等）以及辅助功能（换刀、主轴正反转、切削液开关等）编制成加工程序，并传送或输入到数控装置中，从而指挥机床加工零件。

二、数控车床编程的基本步骤

数控车床编程的步骤如图 3-1 所示，一般由分析零件图、确定工艺过程、数值计算、编写程序、输入程序和程序检验六个步骤组成。

1. 分析零件图

对零件图进行分析，主要包括对零件图样要求的形状、尺寸、精度、材料及毛坯进行分析，明确加工内容及要求。

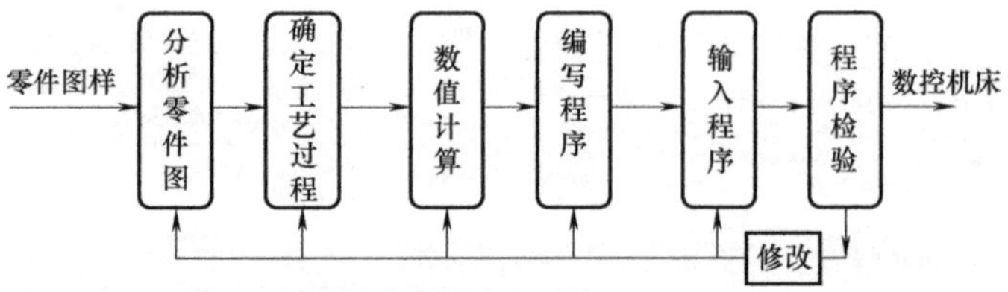

图 3-1　数控车床编程的步骤

2. 确定工艺过程

确定工艺过程主要包括确

定加工方案、进给路线、切削参数，选择刀具与夹具。

3. 数值计算

数值计算是指根据零件的几何尺寸和加工路线计算出零件轮廓上几何要素的起点、终点及圆弧的圆心坐标等。

4. 编写程序

在完成以上三个步骤的工作之后，按照数控系统的规定，使用相应的功能指令代码和程序段格式，编写加工程序。

5. 输入程序

程序可以通过面板直接输入到数控系统中，也可以通过计算机通信接口输入到数控系统中，或通过 CF 卡读取。

6. 程序检验

程序正式用于生产加工前，必须进行运行检验。通常可采用机床空运行的方式来检查机床动作和运动轨迹的正确性，以检验程序。在具有图形模拟显示功能的数控机床上，可利用数控系统提供的图形显示功能检查刀具轨迹的正确性，分析产生误差的原因，并及时修改。在某些情况下，还需进行零件试加工检验。根据检验结果，对程序进行“检查—修改—再检查—再修改”的过程，这一过程往往要经过多次反复，直到获得满足加工要求的程序为止。

三、数控编程的分类

1. 手工编程

手工编程是指上述所有编制加工程序的全过程都是由手工来完成的。在实际生产中，有大量的工件，其形状并不复杂，仅由直线、圆弧构成，这些零件的数值计算较为简单，程序段不多，程序检验也容易实现，因而可采用手工编程的方式完成编程工作。由于手工编程不需要配置专门的编程设备，不同文化程度的人均可掌握和运用，因此在实际生产中，手工编程仍然是一种运用十分普遍的编程方式。

2. 自动编程

自动编程是指通过计算机软件自动编制数控加工程序的过程。在实际生产中，对于形状复杂的零件，特别是具有非圆曲线、列表曲线及曲面的零件，采用手工编程比较困难，最好采用自动编程的方法进行编程。其优点是效率高，程序正确性好。

任务二　建立数控车床的坐标系

1. 机床坐标系的定义

在数控机床上加工零件，机床的动作是由数控系统发出的指令来控制的。为了确定工件在机床中的位置、机床的运动方向和移动距离，就要在机床上建立一个坐标系，这个坐标系就是机床坐标系，也称标准坐标系。

2. 数控机床坐标系的规定

（1）坐标系方向的规定　数控机床在加工零件时，有的是刀具移动，有的是工件移动。为了根据图样确定机床的加工过程，在确定机床坐标系方向时规定：永远假定工件静止，刀具相对于工件运动，并且刀具远离工件的方向为坐标系的正方向。

（2）坐标轴的规定　数控机床的坐标系采用笛卡儿坐标系，如图 3-2 所示，使右手的大拇指、食指和中指保持相互垂直，则大拇指的方向为 X 轴的正方向，食指的方向为 Y 轴的正方向，中指的方向为 Z 轴的正方向。轴线平行于 X、Y、Z 坐标轴的旋转运动分别用 A、B、C 表示。A、B 和 C 的正方向用右手螺旋定则判定，即大拇指为 X、Y、Z 的正向，四指弯曲的方向为对应的 A、B、C 的正向。

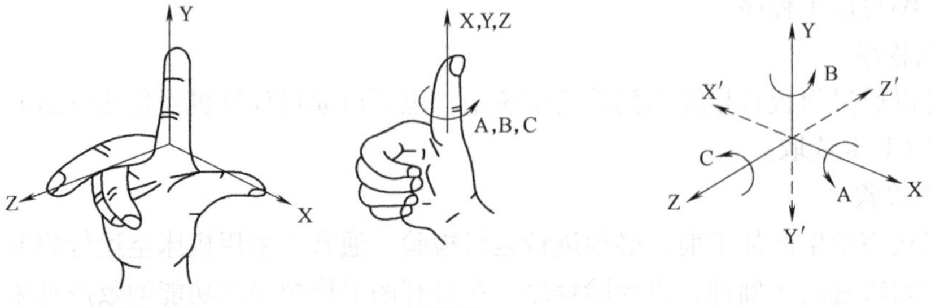

右手直角　　右手螺旋

图 3-2　笛卡儿坐标系

3. 数控车床坐标系的规定

Z 轴：Z 轴的运动通常由传递切削动力的主轴决定。因此对于任何有旋转主轴的机床，其主轴都称为 Z 轴，并且刀具远离工件的方向为该轴正方向。对于工件旋转的数控车床来说，工件旋转的轴为 Z 轴，指向尾座的方向为正方向，指向主轴箱的方向为负方向。

X 轴：X 轴为水平的且平行于工件的装夹面。对于工件旋转的车床来说，X 坐标的方向在水平面内与车床主轴轴线垂直，即在工件的径向上，且规定刀具远离主轴旋转中心的方向为 X 轴的正方向。

卧式数控车床坐标系如图 3-3 所示。

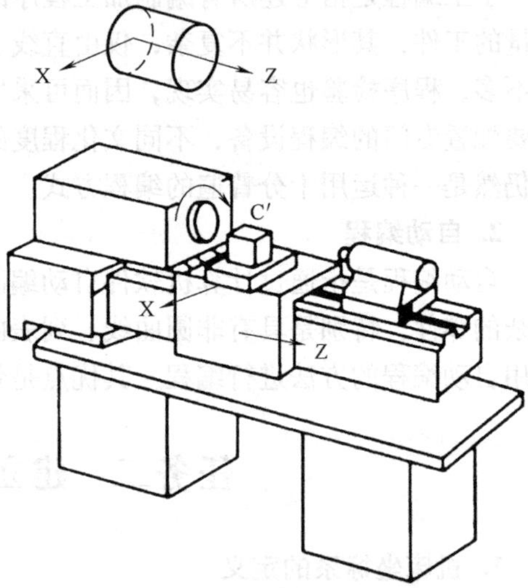

图 3-3　卧式数控车床坐标系

4. 机床原点与参考点

（1）机床原点　机床原点又称机械原点，是机床坐标系的原点。该点是机床上一个固定的点，其位置是由机床设计和制造单位确定的，通常不允许用户改变。它是机床制造、安装及调整的基础，也是机床参考点、工件坐标系的基准点。

数控车床的机床原点一般设在主轴回转中心与卡盘后端面的交点上，如图 3-4 所示的 O 点。还有一些数控机床将机床原点设在刀架正向运动的极限位置点，即机床参考点上，如图 3-5 所示的 O 点。

（2）参考点　参考点也是机床上的一个固定点。如图 3-5 所示，其固定位置由 X 向与 Z 向的机械挡块及电动机零点位置来确定，机械挡块一般设定在 X、Z 轴正向最大位置。当

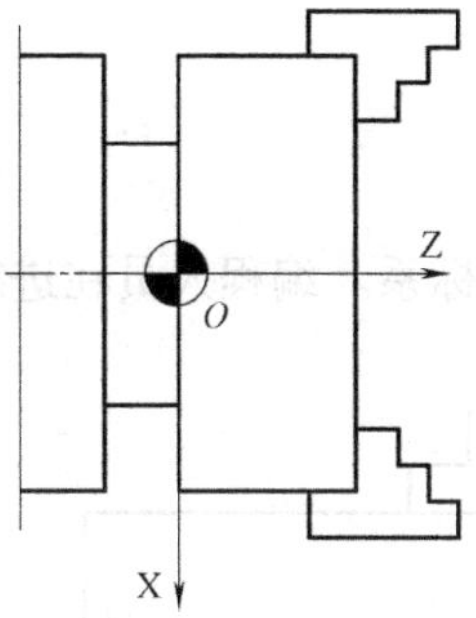

图 3-4 机床原点位于主轴回转中心与卡盘后端面的交点

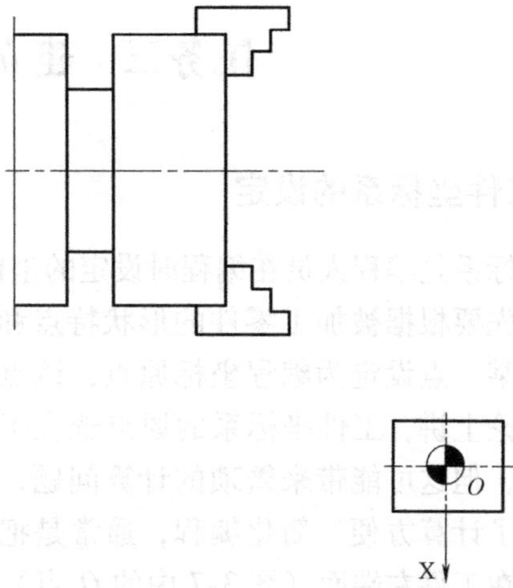

图 3-5 机床原点位于刀架正向运动的极限位置点

进行回参考点的操作时，装在纵向和横向滑板上的行程开关碰到挡块后，向数控系统发出信号，由系统控制滑板停止运动，完成回参考点的操作。它的作用主要是给机床坐标系定位。因为如果每次开机后无论刀架停在哪个位置，系统都把当前位置设定为（0，0），这样势必造成基准不统一，所以每次开机的第一步操作为参考点回归（也称回零），也就是通过确定参考点来确定机床坐标系的原点（0，0）。

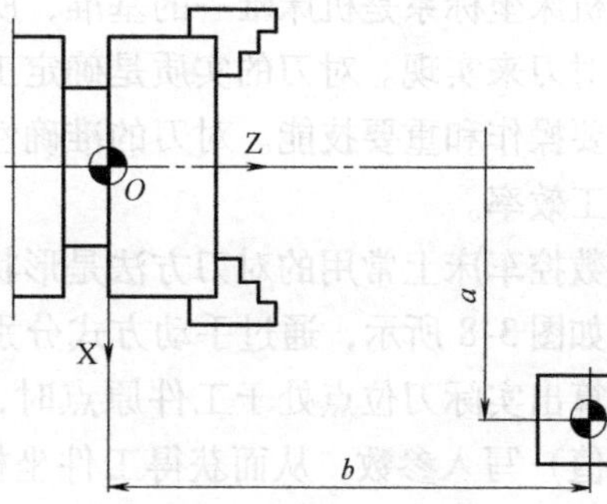

图 3-6 机床原点与参考点

O—机床原点 O_1—机床参考点

a—X 向距离参数值（直径值）

b—Z 向距离参数值

机床参考点与机床原点的距离（图 3-6 中的 a 和 b）由系统参数决定，其值可以为零。如果其值为零，则表示机床原点与机床参考点重合，即机床原点在参考点上。

5. 机床坐标系的建立

利用数控车床进行零件加工时，开机后先要执行回参考点的操作，当车床处于参考点位置时，系统显示屏上的机床坐标系显示系统参数中设定的数值（即参考点与机床原点的距离值）。机床就是通过参考点当前位置和系统参数中设定的参考点与机床原点的距离值（图 3-6 中的 a 和 b）来反推机床原点位置，从而建立机床坐标系的。

建立机床坐标系的具体方法是：开启机床，释放“急停”按钮，按下“复位”按钮，选择“回零”方式，按“+X”和“+Z”按钮，执行回参考点操作，滑板快速回参考点，到达参考点后，参考点指示灯就会变亮，说明回参考点结束。

在以下情况下，需要建立机床坐标系。

1）机床首次开机，或关机后重新接通电源时。

2）解除机床急停状态后。

3）解除机床超程报警信号后。

任务三　建立工件坐标系

一、工件坐标系的设定

工件坐标系是编程人员在编程时设定的坐标系，也称编程坐标系。编程人员在进行数控编程时，首先要根据被加工零件的形状特点和尺寸，将零件图上的某一点设定为编程坐标原点，该点称为编程原点。从理论上讲，工件坐标系的原点选在工件上任何一点都可以，但这可能带来繁琐的计算问题，增加编程的困难。为了计算方便，简化编程，通常是把工件坐标系的原点选在工件左端面（图3-7中的O'点）或右端面（图3-7中的O点）的回转中心上，并尽量使编程基准与设计基准、定位基准重合。

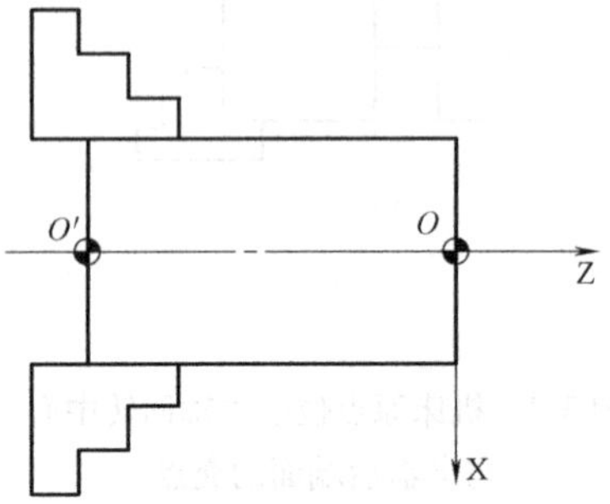

图3-7　工件坐标系

二、工件坐标系的建立

机床坐标系是机床唯一的基准，所以必须清楚程序原点在机床坐标系中的位置。这通常通过对刀来实现。对刀的实质是确定工件坐标系原点在机床坐标系中的位置，是数控加工中的主要操作和重要技能。对刀的准确性决定了零件的加工精度，同时对刀效率还直接影响数控加工效率。

数控车床上常用的对刀方法是形状偏置对刀。

如图3-8所示，通过手动方式分别在工件X和Z方向试切削，输入测量值后，系统自动计算出实际刀位点处于工件原点时，它与机床原点的距离，并将计算出的距离值（又称刀偏值）写入参数，从而获得工件坐标系。通过这种方法可为每一把刀建立单独的工件坐标系。

这种方法操作简单，可靠性好，通过刀偏将工件坐标系与机床坐标系紧密联系在一起，只要不断电，不改变刀偏值，工件坐标系就不会改变。即使断电，重启后回参考点，工件坐标系还在原来的位置。

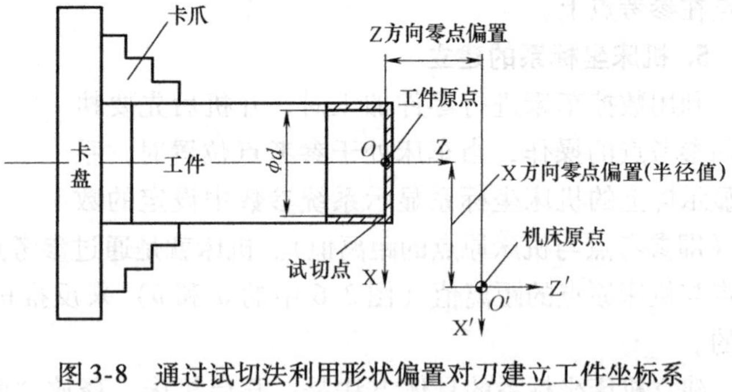

图3-8　通过试切法利用形状偏置对刀建立工件坐标系

三、外圆车刀的对刀方法

如图3-9所示为外圆车刀的具体对刀方法。

1. Z向对刀

（1）车端面　用外圆车刀车削工件端面，车削结束退刀时，沿X方向退出，Z方向不动。

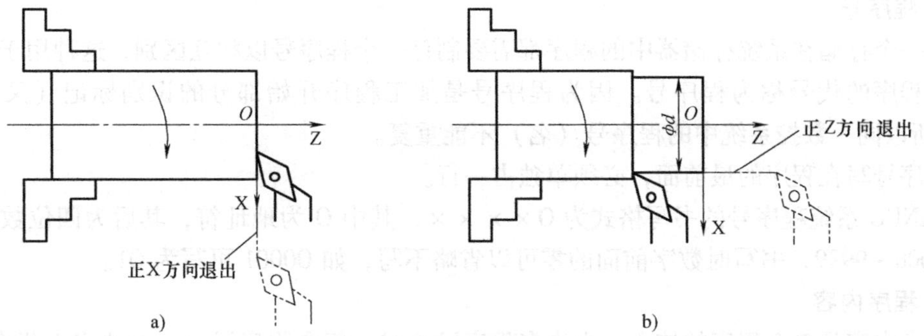

图 3-9 外圆车刀的对刀方法
a) Z 轴对刀方法 b) X 轴对刀方法

(2) Z 轴偏移参数输入 进入 OFFSET/SETTING 的"形状"显示窗口，将光标移动到与刀具号相应的刀补号上，键入"Z0"，按软键"测量"，系统自动计算出当前刀位点在机床坐标系中的 Z 坐标值，并作为 Z 向偏置量自动输入到对应刀补号的 Z 值中。

2. X 向对刀

(1) 车外圆 车削任一外圆后，刀具沿 Z 向退出，X 向不动，使主轴停转，测量车削出的外圆直径，如图 3-9 中的 ϕd 所示。

(2) X 轴偏移参数输入 进入 OFFSET/SETTING 的"形状"显示窗口，将光标移动到与刀具号相应的刀补号上，键入"Xd"，按软键"测量"，系统自动计算出当前刀位点在机床坐标系中的 X 坐标值，并作为 X 向偏置量自动输入到对应刀补号的 X 值中。

任务四 熟悉程序结构与格式

在数控车床上加工零件，首先要编写程序。编写程序就是按机床动作和刀具路线的实际顺序书写控制指令，然后用程序控制机床运动。把按顺序排列的各指令称为程序段。为了进行连续加工，需要很多程序段，这些程序段的集合称为程序。

一、程序的组成

一个完整的程序，一般由程序号、程序内容和程序结束三部分组成。

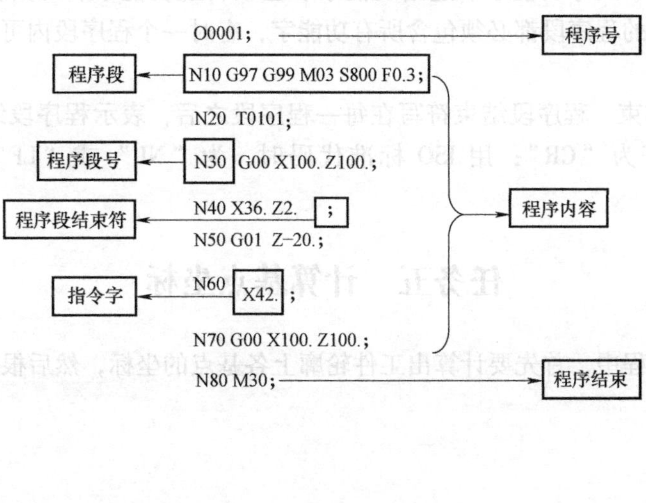

1. 程序号

每一个存储在系统存储器中的程序都需要制订一个程序号以相互区别，这种用于区别零件加工程序的代号称为程序号。因为程序号是加工程序开始部分的识别标记（又称程序名），所以同一数控系统中的程序号（名）不能重复。

程序号写在程序的最前面，必须单独占一行。

FANUC 系统程序号的书写格式为 O××××，其中 O 为地址符，其后为四位数字，数值为 0000～9999，书写时数字前面的零可以省略不写，如 O0001 可写为 O1。

2. 程序内容

程序内容是整个程序的核心，由许多程序段组成。每个程序段由一个或多个指令组成，表示数控机床要完成的全部动作。

3. 程序结束

程序结束部分由程序结束指令构成，表示程序结束的指令有 M02 和 M30。为了保证最后程序段的正常执行，通常要求 M02 或 M30 单独占一行。

二、程序段的组成

1. 程序段的基本格式

程序段是程序的基本组成部分，每个程序段由若干个数据字构成，而数据字又由表示地址的英文字母和数字构成，如 X36. 和 G40 等。

常使用的程序段格式是字地址可变程序段格式。它是由程序段号字、数据字和程序段结束符组成的。该格式的特点是对一个程序段中字的排列顺序要求不严格，数据的位数可多可少，与上一程序段相同的字可以不写。字地址可变程序段的格式如下：

N__	G__	X (U) __	Z (W) __	F__	S__	M__	T__;
程序段顺序号	准备功能	X 轴移动指令	Z 轴移动指令	进给功能	主轴转速功能	辅助功能	刀具功能

2. 程序段的组成

（1）程序段号　程序段号由地址码 N 开头，其后为若干位数字。程序段号可省略。程序段号一般不连续排列，以 5 或 10 间隔，以便插入语句。

（2）程序段内容　程序段的中间部分是程序段的内容。程序段内容应具备六个基本要素，即准备功能字、尺寸功能字、进给功能字、主轴转速功能字、刀具功能字和辅助功能字，但并不是所有的程序段都必须包含所有功能字，有时一个程序段内可仅包含一个或几个功能字。

（3）程序段结束　程序段结束符写在每一程序段之后，表示程序段结束。当用 EIA 标准代码时，结束符为“CR”；用 ISO 标准代码时，为“NL”或“LF”；实际使用时常用“;”。

任务五　计算基点坐标

在数控编程过程中，首先要计算出工件轮廓上各基点的坐标，然后根据各基点坐标编写加工程序。

一、基点的定义

一个零件的轮廓往往是由许多不同的几何元素组成的，如直线、圆弧、二次曲线以及其他解析曲线等。构成零件轮廓的这些不同几何要素的连接点称为基点，如直线与直线的交点、直线与圆弧的交点或切点、圆弧与二次曲线的交点或切点等，如图 3-10 中的 *A*、*B*、*C*、*D*、*E*、*F*、*G* 和 *H* 点都是该零件轮廓上的基点。

二、基点坐标的计算

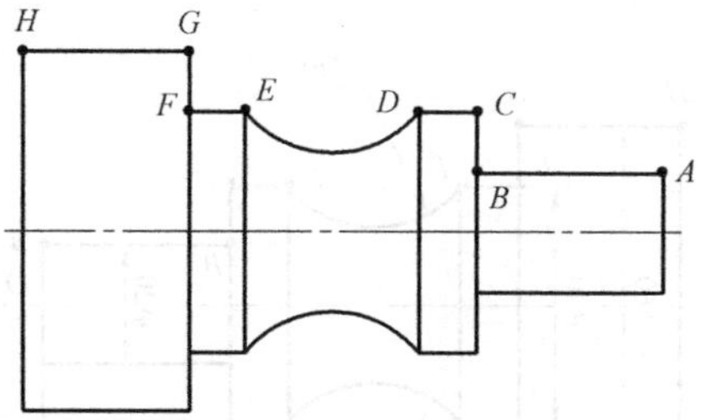

图 3-10 零件轮廓上的基点

基点可以直接作为刀具运动轨迹的起点或终点。计算基点坐标就是计算每条运动轨迹的起点和终点在设定的编程坐标系中的坐标值及圆弧运动轨迹的圆心坐标值。基点坐标有绝对坐标和相对坐标两种表示方法。

1. 绝对坐标的计算

绝对坐标是指工件上各点的坐标都是以坐标原点即工件原点为基准确定的。在 FANUC 系统中用地址符 X、Z 组成的坐标功能字表示绝对坐标。

（1）X 坐标值的确定 绝对坐标 X 坐标值是指各基点在 X 轴上对应的坐标值。由于轴套类零件的图样尺寸及测量尺寸都是直径值，所以通常采用直径尺寸编程，这样 X 绝对坐标就用直径表示，即工件上各基点对应的直径尺寸。如图 3-11 所示，*A* 点的 X 绝对坐标表示为 X20.0，*C* 点的 X 绝对坐标表示为 X40.0。

（2）Z 坐标值的确定 绝对坐标 Z 坐标值是指各基点在 Z 轴上对应的坐标值。若工件坐标系的原点设在工件右端面的中心，则所有基点的 Z 坐标均为负值。如图 3-11 所示，*A* 点的 Z 绝对坐标表示为 Z0，*C* 点的 Z 绝对坐标表示为 Z－32.0。

图 3-11 所示零件采用绝对尺寸标注，在编程时采用绝对坐标比较方便，其各基点的绝对坐标见表 3-1。

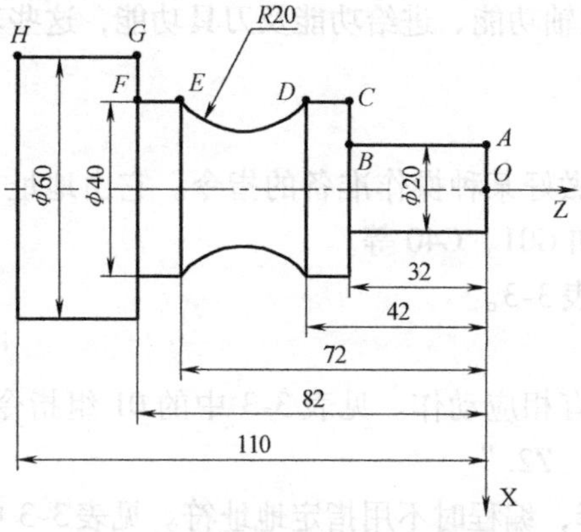

图 3-11 绝对尺寸标注及坐标计算

表 3-1 图 3-11 所示零件上各基点的绝对坐标

基点	绝对坐标	
	X	Z
O	0	0
A	20	0
B	20	－32
C	40	－32
D	40	－42
E	40	－72
F	40	－82
G	60	－82
H	60	－110

2. 相对（增量）坐标的计算

相对坐标是指工件上各点的坐标都是以它的前一个点为基准（即把前一个点作为坐标原点）确定的。在 FANUC 系统中，由地址符 U、W 组成的坐标功能字表示相对坐标。如图 3-12 所示，零件尺寸采用相对尺寸标注，在编程时采用 U、W 比较方便，如 *B* 点的相对坐标表示为 U0 W－32.，*C* 点的相对坐标表示为 U20. W0，其各基点的相对坐标见表 3-2。

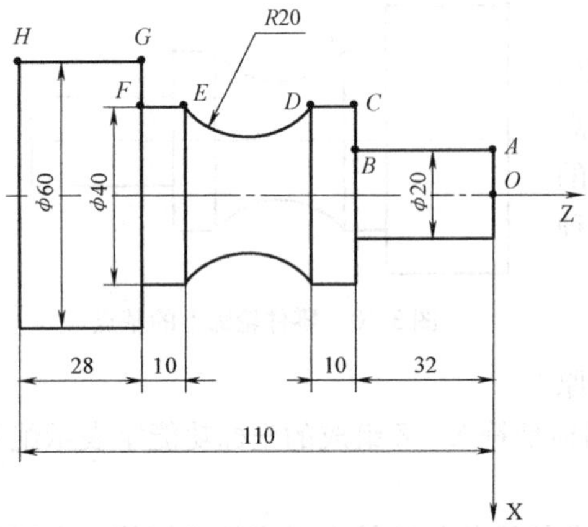

图 3-12　相对尺寸标注及坐标计算

表 3-2　图 3-12 零件上各基点相对坐标

基　点	相对坐标	
	U	W
O	0	0
A	20	0
B	0	－32
C	20	0
D	0	－10
E	0	－30
F	0	－10
G	20	0
H	0	－28

编程时，绝对坐标和增量坐标可混合使用，在一个程序段中，根据图样上标注的尺寸，可以采用绝对值编程或增量值编程，也可以采用混合编程。如图 3-12 所示，*F* 点的坐标可表示为（X40.，Z－82.）或（U0.，W－10.）或（X40.，W－10.）或（U0.，Z－82.）。

任务六　熟悉数控车床的有关功能

一、数控系统常用的功能

数控系统常用的功能有准备功能、辅助功能、主轴功能、进给功能及刀具功能，这些功能是编制数控程序的基础。

1. 准备功能 G 指令

准备功能也称 G 功能或 G 指令，是使数控机床做好某种操作准备的指令。它由地址 G 和后面的两位数字组成，从 G00 到 G99 共 100 种，如 G01、G40 等。

FANUC 0i 系统数控车床常用的准备功能指令见表 3-3。

G 指令从功能上可分为以下三种。

一是加工方式 G 代码，执行此类 G 代码时机床有相应动作。见表 3-3 中的 01 组指令，在编程格式上必须指定相应的坐标值，如“G00 X42.　Z2.”

二是功能选择 G 代码，相当于功能开与关的选择，编程时不用指定地址符。见表 3-3 中的 05 组、12 组、06 组指令，当以英制尺寸编程时在程序段输入“G20”即可。

三是参数设定或调用 G 代码，见表 3-3 中的 00 组、14 组指令，如执行 G54 指令时，数控车床只调用系统参数，车床不会产生动作。

表 3-3 FANUC 0i 系统数控车床常用的准备功能指令

G 代码	组	功 能	G 代码	组	功 能
* G00	01	快速点定位	G57	14	选择机床坐标系 4
G01		直线插补	G58		选择机床坐标系 5
G02		顺时针圆弧插补	G59		选择机床坐标系 6
G03		逆时针圆弧插补	G70	00	精车复合循环
G04	00	暂停	G71		内、外径粗车复合循环
G20	06	英制输入	G72		平端面粗车复合循环
* G21		公制输入	G73		成形粗车复合循环
G22	04	内部行程限位有效	G74		端面车槽循环
G23		内部行程限位无效	G75		径向车槽循环
G27	00	检查参考点返回	G76		螺纹车削复合循环
G28		自动返回参考点	G80	10	取消固定循环
G29		从参考点返回	G83		钻孔循环
G30		回到第二参考点	G84		攻螺纹循环
G32	01	螺纹切削	G85		正面镗孔循环
* G40	07	取消刀具半径补偿	G87		侧面钻孔循环
G41		刀具半径左补偿	G89		侧面镗孔循环
G42		刀具半径右补偿	G90	01	内、外径车削固定循环
G50	00	坐标系设定或设置主轴最高转速	G92		车螺纹固定循环
G52		设置局部坐标系	G94		车端面固定循环
G53		选择机床坐标系	G96	12	主轴恒线速度控制
* G54	14	选择机床坐标系 1	* G97		每分钟转数
G55		选择机床坐标系 2	G98	05	每分钟进给速度
G56		选择机床坐标系 3	* G99		每转进给速度

注：1. 有标记“ * ”的指令为开机时即已被设定的指令。
2. 属于“00 组别”的 G 代码属非模态指令，它们的指令只能在一个程序段中起作用。
3. 一个程序段中可使用若干个不同组群的 G 指令，若使用一个以上同组群的 G 指令，则最后一个 G 代码有效。

2. 辅助功能 M 指令

辅助功能也称 M 功能或 M 指令。它由地址 M 和后面的两位数字组成，从 M00 到 M99 共 100 种。辅助功能主要控制机床或系统的辅助功能动作，如冷却泵的开、关；主轴的正转、反转；程序结束等。FANUC 0i 系统数控车床常用的辅助功能指令见表 3-4。常用 M 指令的功能及应用如下。

（1）程序停止指令（M00） 执行 M00 指令后，机床所有动作均被停止，但模态信息全部被保存，以便进行某种手动操作，如精度的检测等。重新按循环启动按钮后，再继续执行 M00 指令后的程序。该指令常用于粗加工与精加工之间精度检测时的暂停。

（2）程序选择停止指令（M01） 程序选择停止又称为程序计划停止。M01 指令的执行过程和 M00 指令相似，不同的是只有按下机床控制面板上的“选择停止”开关后，该指令才有效，否则机床继续执行后面的程序。该指令常用于检查工件的某些关键尺寸。

（3）主轴正转、反转、停止指令（M03、M04、M05） M03 指令用于主轴顺时针方向旋转（俗称正转），M04 指令用于主轴逆时针方向旋转（俗称反转），M05 指令使主轴停转。

格式：M03 S

M04 S

M05

（4）切削液开、关指令（M08、M09） M08 指令表示开启切削液，M09 指令表示停止切削液供给。

（5）程序结束指令（M02 或 M30） 该指令编写在最后一个程序段中，表示加工程序全部结束，使主轴运动、进给运动、切削液供给等都停止，机床复位。但 M30 指令结束后，光标返回程序的第一个语句，准备下一个工件的加工，故程序结束使用 M30 指令比 M02 指令方便。

表 3-4 FANUC 0i 系统数控车床常用的辅助功能指令

M 代码	功　能	M 代码	功　能
M00	程序停止	M09	切削液关
M01	程序选择停止	M30	程序结束并返回起点
M02	程序结束	M41	低档
M03	主轴正转(CW)	M42	中档
M04	主轴反转(CCW)	M43	高档
M05	主轴停转	M98	子程序调用
M06	换刀	M99	子程序结束并返回主程序
M08	切削液开		

3. 主轴功能

用来控制主轴转速的功能称为主轴功能，也称 S 功能，由地址 S 和其后面的数字组成。根据加工的需要，主轴转速分为转速和恒线速度两种。

（1）转速 转速表示主轴每分钟的转数，单位是 r/min，用准备功能 G97 来指定，如 G97 S1000 表示主轴转速为 1000r/min。

（2）恒线速度 有时在加工过程中为了保证工件表面的加工质量，转速常用恒线速度来指定，恒线速度的单位为 m/min，用准备功能 G96 来指定，如 G96 S100 表示主轴恒定线速度为 100m/min。

恒线速度 v 与主轴转速的关系式为

$$v = \pi d_w n/1000$$

式中 d_w——工件待加工表面的直径；

n——主轴转速。

采用恒线速度编程时，为防止转速过高引发事故，必须限定主轴最高转速，用准备功能 G50 来指定。如 G50 S3000 表示指定主轴最高转速为 3000r/min。

在实际操作过程中，可通过机床操作面板上的主轴倍率开关来对主轴转速值进行调整，一般其调整范围为50%～120%。

4. 进给功能

用来指定刀具相对于工件运动的速度功能称为进给功能，也称为F功能，由地址F和其后面的数字组成。根据加工需要，进给功能分为每转进给量和每分钟进给量两种。

（1）每转进给量　每转进给量表示主轴每转一转刀具移动的距离，单位为mm/r，由准备功能G99来指定，如G99 G01 X28. Z－1. F0.2表示进给速度为0.2mm/r。

（2）每分钟进给量　每分钟进给量表示刀具每分钟移动的距离，单位为mm/min，由准备功能G98来指定，如G98 G01 X28. Z－1. F100表示进给速度为100mm/min。

在编程时，进给速度不允许用负值来表示，一般也不允许用F0来控制进给停止。但在实际操作中，可通过操作面板上的进给倍率开关来对进给量进行控制。因此，通过倍率开关可以控制进给速度的值为零。

5. 刀具功能

刀具功能是指系统进行选刀或换刀的功能，也称T功能，由地址T及后面的数字组成，数字表示刀具号和刀具补偿号，数字的位数由系统决定。FANUC系统中，刀具功能由T和四位数字组成，前两位数字表示刀具号，后两位数字表示刀具补偿号，如T0303表示选择第3号刀，刀具补偿号是3；T0300表示选择第3号刀，取消刀具补偿。

二、常用功能指令的属性

1. 指令分组

所谓指令分组，就是将系统中不能同时执行的指令分为一组，并进行编号区别。例如，G00、G01、G02、G03就属于同组指令，其编号为01组。

同组指令具有相互取代作用，同一组指令在一个程序段中只能有一个生效。当在同一个程序段中出现两个或两个以上的同组指令时，一般以最后输入的指令为准，有的机床还会出现报警。因此，在编程时要避免将同组指令编入同一个程序段中，以免混淆。对于不同组的指令，在同一程序段内可以进行不同顺序的组合。

如G00 G40 G97 G99；程序段是规范的，所有指令均为不同组指令；G01 G02 X30. W－2. R2.；程序段是不规范的，因为G01与G02是同组指令。

2. 模态指令

模态指令又称续效指令，表示该指令一旦在一个程序段中指定，在接下来的程序段中一直持续有效，直到出现同一组的另一个指令时，该指令才失效。与其对应的非模态指令是指仅在所编入的程序段内有效的指令，又称非续效指令，如G04、M00等。

使用模态指令编程，可以避免在前后程序段中出现大量的重复指令，使程序变得清晰、明了。同样道理，尺寸功能字如果出现前后程序段的重复，则该尺寸功能字也可以省略。

如：G01 X30. Z－20. F0.2；

　　[G01] X35. [Z－20.] [F0.2]；

　　G02 [X35.] Z－30. R15. F0.1；

方框内的指令可以省略。因此，以上程序可写成如下形式。

G01 X30. Z－20. F0.2；

X35. ;

G02 Z－30. R15. F0. 1；

对于模态指令与非模态指令的具体规定：通常情况下，绝大部分的 G 指令与所有的 F、S、T 指令均为模态指令。

3. 开机默认指令

为了避免编程人员出现指令遗漏，数控系统中对每一组的指令都选取其中的一个作为开机默认指令，该指令在开机或系统复位时可以自动生效，因此在程序中允许不再编写。

常见的开机默认指令有 G00、G21、G40、G54、G97、G99 等。如当程序中没有 G96 或 G97 指令时，“M03 S600” 表示的是主轴正转，转速为 600r/min。

任务七　利用数控车床编程中的基本指令编写精车程序

一、快速定位指令——G00（模态指令）

1. 功能

G00 指令使刀具以点位控制的方式从刀具所在点快速移动到目标点，又称点定位指令。

2. 指令格式

G00　X（U）__　Z（W）__；

其中：X、Z 为绝对值编程时，目标点在工件坐标系中的绝对坐标；

U、W 为增量值编程时，目标点相对于起点的增量坐标。

如图 3-13 所示，刀具从 *A* 点快速定位到 *B* 点，其指令格式为 G00 X42. Z2.；

3. 应用

主要用于使刀具切削前快速接近或切削后快速离开工件。

4. 运动轨迹

G00 指令的作用只是快速点定位，无运动轨迹要求，刀具运动的轨迹由于数控系统的不同而有所不同，常见的运动轨迹如图 3-13 所示，从起点 *A* 到终点 *B* 的运动轨迹有直线 *AB*、直角线 *ACB*、*ADB* 及折线 *AEB*。

5. 运动速度

G00 指令的移动速度由机床系统参数设定，与程序段中的进给速度无关。实际加工时，可以通过机床面板上的快速移动倍率 F0、F25、F50、F100 对 G00 移动速度进行调节。

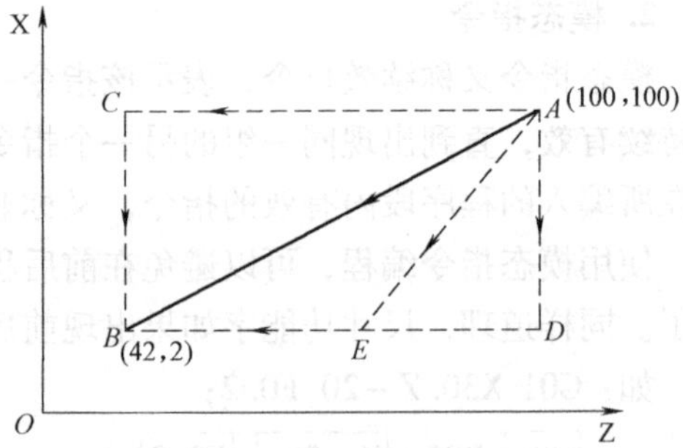

图 3-13　G00 指令下刀具移动的轨迹

6. 编程要点

1）车削时，快速定位目标点不能选择在工件上，一般要远离工件 1～5mm。

2）使用 G00 指令时，刀具的实际运动路线并不一定是直线，可以是一条折线，因此要注意刀具是否与工件或夹具发生干涉。为安全起见，对不适合联动的场合，可采用每轴单动。

快速进刀时先进 Z 后进 X，图 3-13 中从 *A* 到 *B* 的程序段写为

G00　Z2.；

X42.；

快速退刀时先退 X 后退 Z，图 3-13 中从 *B* 到 *A* 的程序段写为

G00　X100.；

Z100.；

二、直线插补指令——G01（模态指令）

1. 功能

G01 指令使刀具以一定的进给速度从所在点出发，直线移动到目标点。它的运动轨迹是一条连接起点和终点的直线，用来完成一个直线轮廓的切削加工过程。

2. 指令格式

G01 X(U)__　Z(W)__　F__;

其中：X、Z 为绝对值编程时，目标点在工件坐标系中的绝对坐标；

U、W 为增量值编程时，目标点相对于起点的增量坐标；

F 为进给速度，具有模态功能。

3. 编程要点

在 G01 程序段中必须含有 F 指令或已经在之前的 01 组代码中指定。如果在 G01 程序段中没有指定 F 指令，并在之前的程序段也没有指定，则机床不动，有的系统还会出现报警。

【例 3-1】　利用 G00、G01 指令编写如图 3-14 所示零件的精车程序。

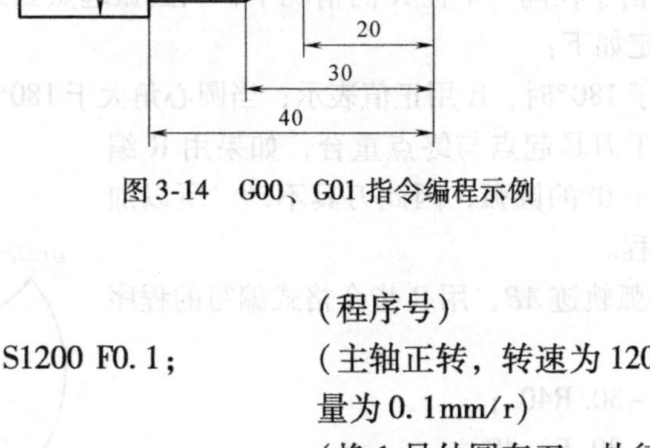

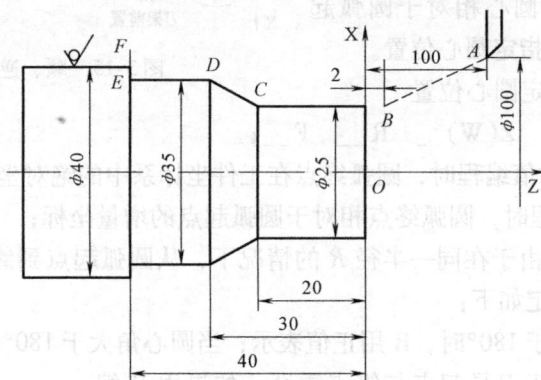

图 3-14　G00、G01 指令编程示例

其参考程序如下：

O3001；	（程序号）
N10 G97 G99 M03 S1200 F0.1；	（主轴正转，转速为 1200r/min，设定每转进给量为 0.1mm/r）
N20 T0101；	（换 1 号外圆车刀，执行 1 号刀补）
N30 G00 X25.　Z2.　M08；	（快速定位到加工起点 *B* 点，开启切削液）
N40 G01 Z－20.；	（直线插补到 *C* 点）
N50 X35.　Z－30.；	（直线插补到 *D* 点）

N60 Z－40.； （直线插补到 *E* 点）
N70 X42.； （直线插补到 *F* 点，使车刀离开工件）
N80 G00 X100. Z100.； （快速返回到换刀点 *A*）
N90 M30； （程序结束）

三、圆弧插补指令——G02、G03（模态指令）

1. 功能

圆弧插补指令使刀具在指定平面内，按给定的进给速度 F 从圆弧起点出发，沿设定的圆弧轨迹移动到目标点，完成一个圆弧轮廓的切削加工过程。它分为顺时针圆弧插补 G02 和逆时针圆弧插补 G03 两种情况。

2. 顺、逆圆弧的判定

沿垂直圆弧所在平面（*XOZ* 面）的坐标轴负方向（－Y 轴）看去，刀具相对于工件从起点到终点顺时针方向运动的为顺时针圆弧插补指令 G02，逆时针方向运动的为逆时针圆弧插补指令 G03。即加工凹弧用 G02 指令，加工凸弧用 G03 指令，如图 3-15 所示。

3. G02/G03 指令格式

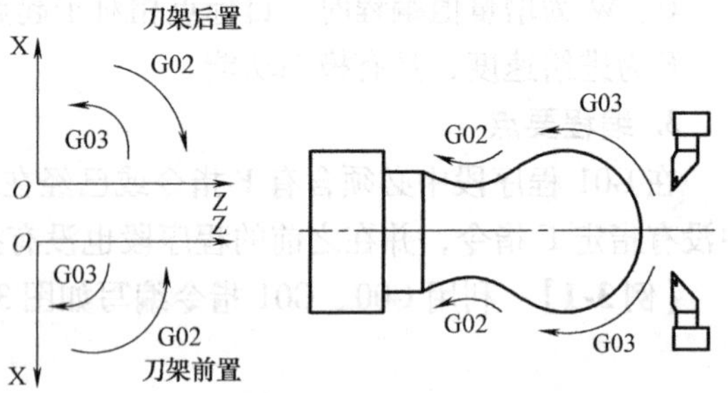

图 3-15 顺、逆圆弧的判断

在数控车床上加工圆弧时，不仅要正确判断圆弧的顺逆方向，选择 G02、G03 指令，确定圆弧的终点坐标，而且还要正确指定圆弧圆心的位置。常用指定圆弧圆心位置的方式有两种：一种是用圆弧半径 *R* 指定圆心；另一种是用圆心相对于圆弧起点的增量坐标（I、K）指定圆心位置。

（1）用圆弧半径指定圆心位置

G02/G03 X(U)__ Z(W)__ R__ F__；

其中：X、Z 为绝对值编程时，圆弧终点在工件坐标系中的绝对坐标；

U、W 为增量值编程时，圆弧终点相对于圆弧起点的增量坐标；

R 表示圆弧半径，由于在同一半径 *R* 的情况下，从圆弧起点到终点有两个圆弧的可能性，为区别两者，特规定如下：

当圆心角小于或等于 180°时，R 用正值表示；当圆心角大于 180°时，R 用负值表示。

当描述整圆时，由于刀具起点与终点重合，如果用 R 编程，系统会认为走了一个 0°的圆弧，因此刀具不动，所以加工整圆时，不能用 R 编程。

如图 3-16 所示，圆弧轨迹 *AB*，用 R 指令格式编写的程序段如下：

ACB：G02 X52. Z－30. R40.；

ADB：G02 X52. Z－30. R－40.；

ACB 圆弧圆心角小于 180°，R 用正值表示；

ADB 圆弧圆心角大于 180°，R 用负值表示。

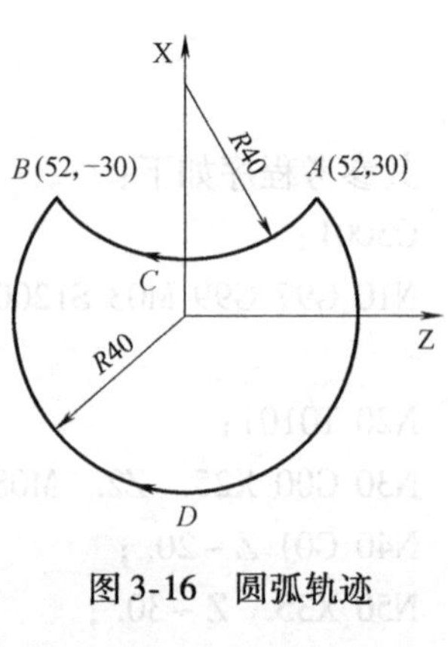

图 3-16 圆弧轨迹

（2）用 I、K 指定圆心位置

G02/G03 X(U)__ Z(W)__ I__ K__ F__;

其中：X、Z 为绝对值编程时，圆弧终点在工件坐标系中的绝对坐标；

U、W 为增量值编程时，圆弧终点相对于圆弧起点的增量坐标。

I 表示圆心相对于圆弧起点的 X 坐标增量（半径值）

$$I=(圆心绝对坐标\ X_1-起点绝对坐标\ X_2)/2$$

K 表示圆心相对于圆弧起点的 Z 坐标增量

$$K=圆心的绝对坐标\ Z_1-起点的绝对坐标\ Z_2$$

F 表示进给量。

【例 3-2】 如图 3-17 所示，刀具从当前点 *A* 移至目标点 *B*，试分别用圆弧插补指令的两种格式编程。

格式一：用半径 R 编程。

绝对坐标编程：G02 X35. Z－45. 94 R20. ；

增量坐标编程：G02 U0. W－32. R20. ；

格式二 用 I、K 编程。

绝对坐标编程：G02 X35. Z－45. 94 I12. 5 K－16. ；

增量坐标编程：G02 U0. W－32. I12. 5 K－16. ；

4. 编程要点

1）用 I、K 指定圆心，适合于任意圆弧的插补。用 *R* 指定圆心的方法，不适合于对整圆的插补。对于指定了半径的非整圆，一般采用半径 *R* 方式编程，这样比较方便。

2）在 G02、G03 程序段中必须含有 F 指令或已经在之前的 01 组代码中指定。

3）在 G02、G03 程序段中必须含有 R 或 I、K，否则系统会按直线插补执行。

4）I、K 和 R 一般不能同时被指定，若同时指定，*R* 指令优先，I、K 指令无效。

【例 3-3】 如图 3-18 所示，编制零件的精车程序。

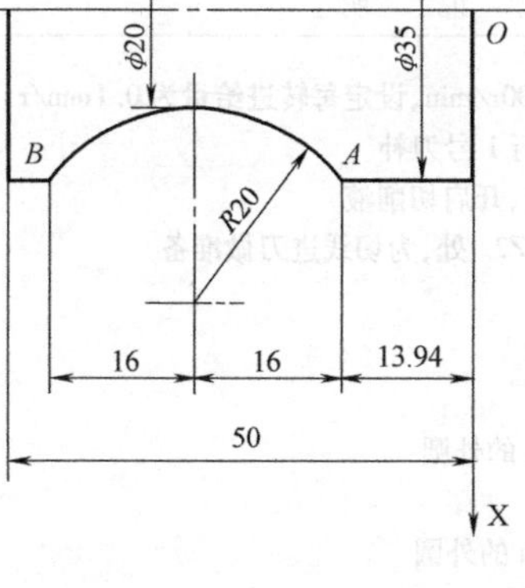

图 3-17 用 R 及 I、K 进行圆弧插补编程示例

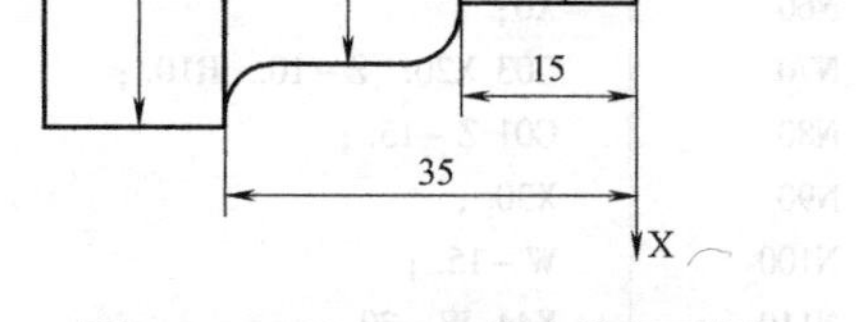

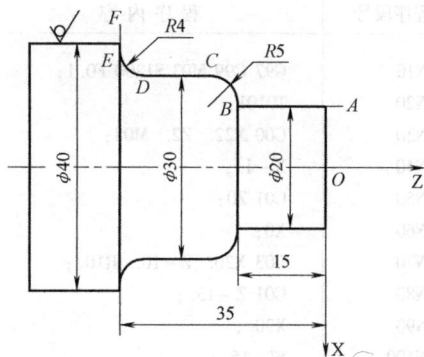

图 3-18 G02、G03 指令编程示例

其参考程序如下：

O3002； （程序号）

N10 G97 G99 M03 S1200 F0. 1； （主轴正转，转速为 1200r/min，设定每转进给量为 0. 1mm/r）

N20 T0101；（换 1 号外圆车刀，执行 1 号刀补）
N30 G00 X20. Z2. M08；（快速定位到加工起点 A 点，开启切削液）
N40 G01 Z－15.；（直线插补到 B 点）
N50 G03 X30. W－5. R5.；（逆时针圆弧插补到 C 点）
N60 G01 Z－31.；（直线插补到 D 点）
N70 G02 X38. W－4. R4.；（顺时针圆弧插补到 E 点）
N80 G01 X42.；（直线插补到 F 点，使车刀离开工件）
N90 G00 X100. Z100.；（快速返回到换刀点）
N100 M30；（程序结束）

【例 3-4】 如图 3-19 所示，编写阶梯轴的精车程序，材料为 45 钢。

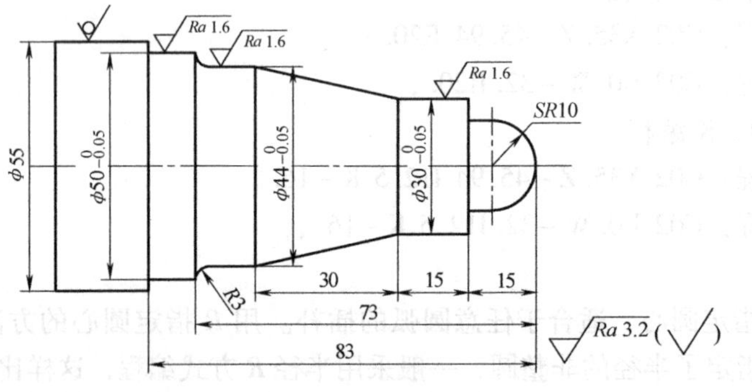

图 3-19 阶梯轴

其精车程序见表 3-5。

表 3-5 阶梯轴的精车程序

程序号 O3003；		
程序段号	程 序 内 容	说 明
N10	G97 G99 M03 S1200 F0.1；	主轴正转，转速为 1200r/min，设定每转进给量为 0.1mm/r
N20	T0101；	换 1 号外圆车刀，执行 1 号刀补
N30	G00 X22. Z2. M08；	快速定位到加工起点，开启切削液
N40	X－1.；	快速定位到 X－1. Z2. 处，为切线进刀做准备
N50	G01 Z0；	车刀接触工件端面
N60	X0；	切线进刀到圆弧起点
N70	G03 X20. Z－10. R10.；	精车 SR10mm 的球头
N80	G01 Z－15.；	精车 ϕ20mm、长 5mm 的外圆
N90	X30.；	精车台阶面
N100	W－15.；	精车 ϕ30mm 长 15mm 的外圆
N110	X44. W－30.；	精车锥面
N120	Z－70.；	精车 ϕ44mm 长 10mm 的外圆
N130	G02 X50. W－3. R3.；	精车 R3mm 的凹弧
N140	G01 Z－83.；	精车 ϕ50mm 的外圆
N150	X57.；	车刀离开工件
N160	G00 X100. Z100.；	快速返回到换刀点
N170	M30；	程序结束

知识拓展

倒角与倒圆指令（G01 指令）

倒角与倒圆是轴类零件常用的结构，FANUC 数控系统提供了在相邻轨迹之间自动插补倒角与倒圆的控制功能，如图 3-20 所示。使用倒角与倒圆指令，可省略计算交点和切点的坐标值，使编程更方便、简单。

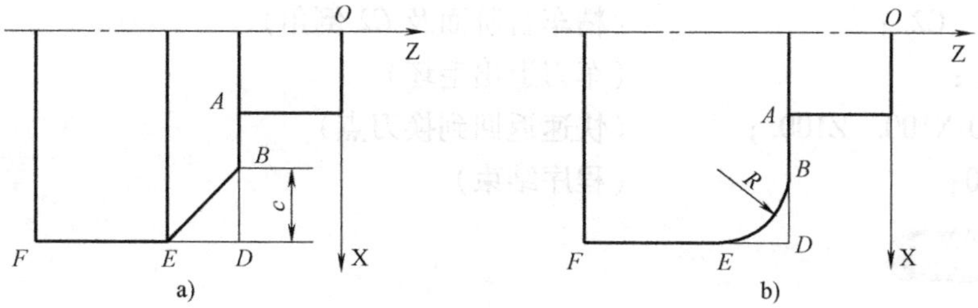

图 3-20 倒角与倒圆示意图
a）倒角 b）倒圆

1. 指令格式

（1）倒角指令格式（图 3-20a）

G01 X(U)__ Z(W)__ C__;

其中：X、Z 为与倒角相邻两直线 *AD* 和 *FD* 交点 *D* 的绝对坐标；

U、W 为 *D* 点相对于倒角起始线 *AB* 的起点 *A* 的增量坐标；

C 为 *D* 点相对倒角起点 *B* 的距离。

（2）倒圆指令格式（图 3-20b）

G01 X(U)__ Z(W)__ R__;

其中：X、Z 为与倒圆相邻两直线 *AD* 和 *FD* 交点 *D* 的绝对坐标；

U、W 为 *D* 点相对于倒圆起始线 *AB* 的起点 *A* 的增量坐标；

R 为倒圆的圆弧半径。

2. 应用

用于加工与两直线相连接的倒角或圆角。

3. 说明

G01 指令中的 C 和 R 为非续效指令，即只在该程序段中有效。

4. 编程实例

【例 3-5】 采用倒角与倒圆指令格式编写如图3-21所示零件的精加工程序。

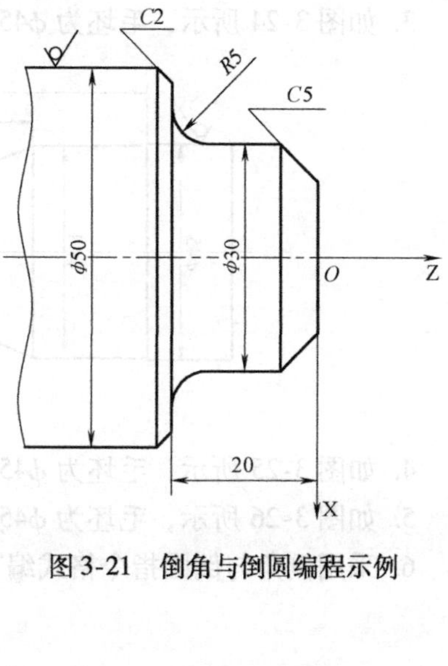

图 3-21 倒角与倒圆编程示例

其参考程序如下：

O3004; （程序号）

N10 G97 G99 M03 S1200 F0.1； （主轴正转，转速为 1200r/min，设定每转进给量为 0.1mm/r）
N20 T0101； （换 1 号外圆车刀，执行 1 号刀补）
N30 G00 X32. Z2. M08； （快速定位到加工起点，开启切削液）
N40 X－1.； （快速定位到 X－1. Z2. 处，为切线进刀做准备）
N50 G01 Z0.； （车刀接触工件端面）
N60 X30. C5.； （精车端面及 C5 的倒角）
N70 Z－20. R5.； （精车 ϕ30mm 的外圆及 R5mm 的圆角）
N80 X50. C2.； （精车台阶面及 C2 倒角）
N90 X52.； （车刀退出毛坯）
N100 G00 X100. Z100.； （快速返回到换刀点）
N110 M30； （程序结束）

技能训练

编写下列零件的精车程序。

1. 如图 3-22 所示，毛坯为 ϕ40mm 的棒料，材料为 45 钢。
2. 如图 3-23 所示，毛坯为 ϕ40mm 的棒料，材料为 45 钢。

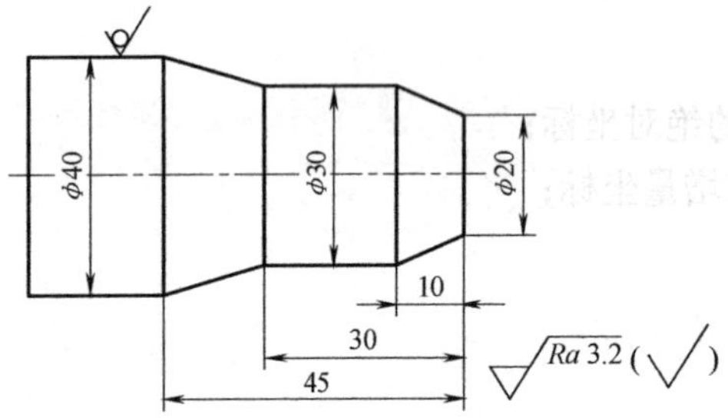

图 3-22 题 1 图

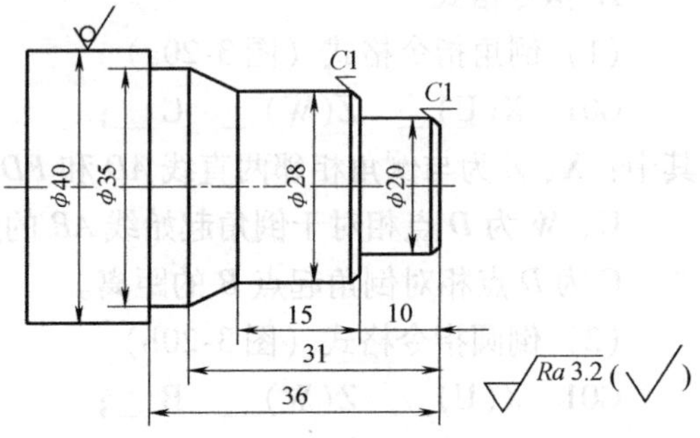

图 3-23 题 2 图

3. 如图 3-24 所示，毛坯为 ϕ45mm 的棒料，材料为 45 钢。

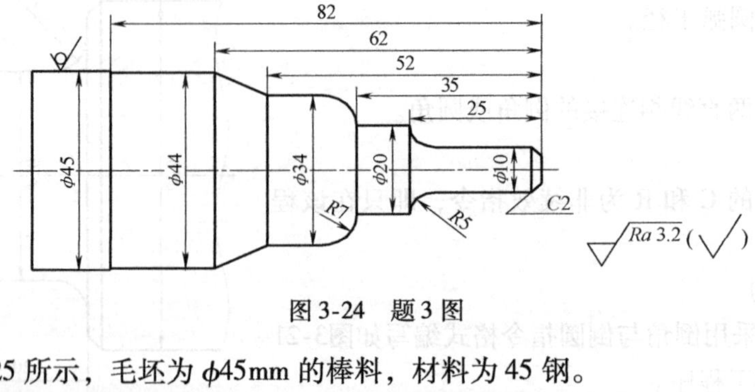

图 3-24 题 3 图

4. 如图 3-25 所示，毛坯为 ϕ45mm 的棒料，材料为 45 钢。
5. 如图 3-26 所示，毛坯为 ϕ45mm 的棒料，材料为 45 钢。
6. 采用倒角与倒圆指令格式编写如图 3-27 所示零件的精加工程序。

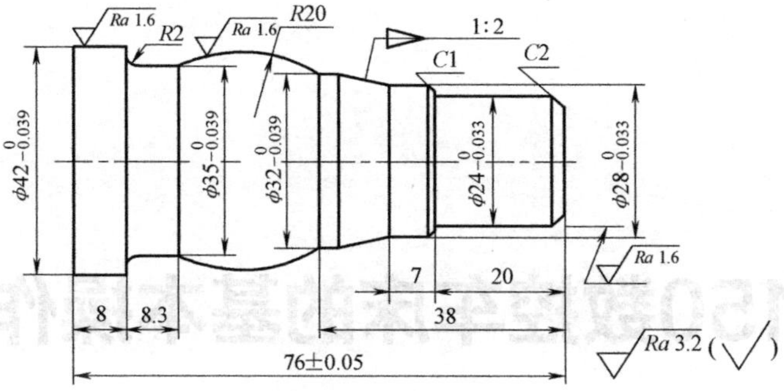

图 3-25 题 4 图

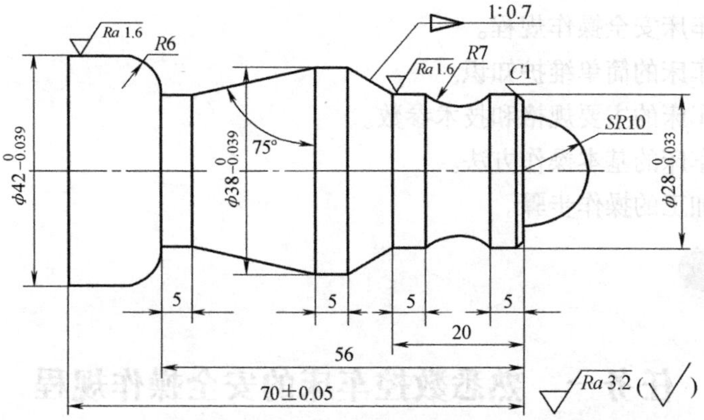

图 3-26 题 5 图

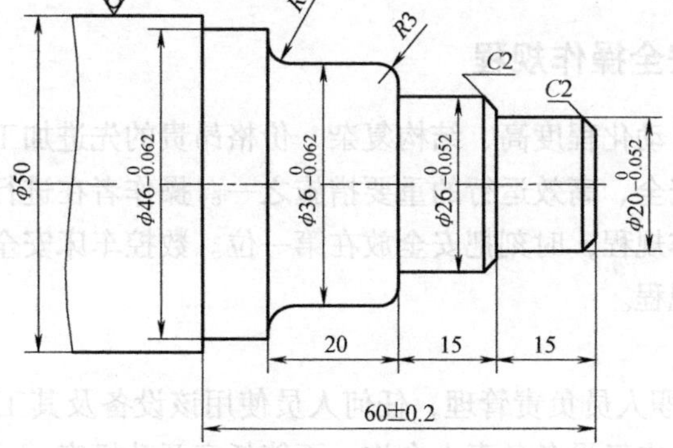

图 3-27 题 6 图

项目四
CKA6150数控车床的基本操作

项目要求

1. 牢记数控车床安全操作规程。
2. 了解数控车床的简单维护知识。
3. 了解数控车床的主要规格和技术参数。
4. 掌握数控车床的基本操作方法。
5. 熟悉零件加工的操作步骤。

项目内容

任务一　熟悉数控车床的安全操作规程

数控车床是一种高精度、高效率、高价格的机电一体化设备，每一个操作者都应该做到安全操作数控车床，并做好日常维护。

一、数控车床安全操作规程

数控车床是一种自动化程度高、结构复杂、价格昂贵的先进加工设备。数控车床的安全操作规程是保证车床安全、高效运行的重要措施之一。操作者在进行数控车床操作前，必须牢记数控车床安全操作规程，时刻把安全放在第一位。数控车床安全操作规程包括基本操作规程和生产实施操作规程。

1. 基本操作规程

1）数控车床由专职人员负责管理，任何人员使用该设备及其工具、量具等，必须服从该设备负责人的管理。未经设备负责人允许，不能任意开动机床。

2）参加实习的学生必须服从指导人员的安排。任何人使用本机床时，必须遵守本操作规程。在实习工场内禁止大声喧哗、嬉戏追逐；禁止吸烟；禁止从事一些未经指导人员同意的工作，不得随意触摸、启动各种开关。

3）使用机床前，必须穿戴好防护用品，戴好防护眼镜、工作帽，女同学的发辫不要露出工作帽外。操作机床时，不准戴手套、围巾，防止其卷入机床旋转部分发生事故；工作服不能敞开，身上、袖口的纽扣必须扣好。

4）使用数控车床前，应仔细查看车床各部分机构是否完好，认真检查电器附件的插头、插座是否连接可靠；检查车床各手柄位置是否正常，安全防护装置是否牢靠，并加润滑油。工作前慢车启动，空转几分钟，观察机床是否异常。

5）安装工件要找正、夹紧，安装完毕后要及时取下卡盘扳手。

6）安装刀具要垫好、放正、夹牢，装卸完刀具要锁紧刀架。

7）操作者必须严格按照数控车床说明书的操作步骤操作，多人上机时，要一人操作，其他人员不准私自乱动机床。

8）按键时用力要适度，不得用力拍打键盘、按键和显示屏。

9）严禁敲打中心架、顶尖、刀架和导轨；刀具、量具和工件等禁止乱摆乱放，应放到指定的工作架上；不允许在机床工作面及导轨面上敲击物件。

10）如遇刀具断裂，机床发出不正常声音或漏电及操作发生故障时，应立即停车并报告相关人员进行排除。

11）操作者离开机床、测量尺寸、调整工件时要停车；操作过程中必须要集中精力，不准与别人聊天、打闹。

12）应用钩子和刷子清理机床上的切屑，不准用手直接清除切屑。

13）机床自动运转加工时，应关闭防护门，不允许离开，应注意观察，同时左手应放在进给倍率旋钮上，右手放在循环停止按钮上，控制刀架的快慢，以便出现问题及时停车，保证机床和刀具的安全。

14）机床正常运转时，不允许开电气柜的门，禁止随意按下急停按钮和复位按钮。

15）非电气维修人员不得随意动电气部分，更不得随意修改数控系统参数。

16）工作完毕后，应使机床各部分处于原始状态，切断机床电源后再切断总电源，做好机床清扫工作，保持机床、车间干净并对机床加润滑油。

17）使用完毕后，要认真填写数控机床的工作日志，做好交接工作，消除事故隐患。

2. 生产实施操作规程

1）数控车床通电后，检查各开关、按钮是否正常。

2）让数控车床空转15min以上达到热平衡状态。

3）输入加工程序后，应对程序进行校验，检查程序能否顺利执行，并无超程现象。

4）检查刀具的安装是否符合加工工艺要求，并输入刀具补偿量。

5）数控车床的加工虽属自动进行，但不属于无人加工性质，仍需要操作者监控，不允许随意离开岗位。

6）若发生事故，应立即按下急停按钮并关闭电源，保护现场，及时报告，分析原因，总结教训。

7）加工完成后，清扫数控车床，将各坐标轴停在中间位置，关闭电源。

二、数控车床的日常维护

为了使数控车床保持良好的状态，除了发生故障应及时修理外，坚持日常的维护保养是十分重要的。坚持定期检查，经常维护保养，可以把许多故障隐患消灭在萌芽之中，防止或减少事故的发生。不同型号的数控车床日常保养内容和要求不完全一样，对于具体的车床，应按说明书中的规定执行。以下列出几个带有普遍性的日常维护内容。

1）每天做好各导轨面的清洁润滑，有自动润滑系统的机床要定期检查、清洗自动润滑系统，检查油量，及时添加润滑油，检查油泵是否定时启动打油及停止。

2）每天检查主轴箱自动润滑系统工作是否正常，定期更换主轴箱润滑油。

3）注意检查电气柜中冷却风扇是否工作正常，风道过滤网有无堵塞，清洗粘附的尘土。

4）注意检查冷却系统，检查液面高度，及时添加油或水，油、水脏时要更换。

5）注意检查主轴驱动带，调整松紧程度。

6）注意检查导轨镶条的松紧程度，调节间隙。

7）注意检查机床液压系统油箱、液压泵有无异常噪声，工作油面高度是否合适，压力表指示是否正常，管路及各接头有无泄漏。

8）注意检查导轨、机床防护罩是否齐全有效。

9）注意检查各运动部件的机械精度，减少形状和位置误差。

10）每天下班前做好机床清理工作，清扫切屑，擦净导轨部位的切削液，防止导轨生锈，并对需要润滑的部位加润滑油。

任务二　了解 CKA6150 数控车床的主要规格和技术参数

数控车床有很多种类和规格，CKA6150 数控车床的主要技术参数见表 4-1。

表 4-1　CKA6150 数控车床的主要技术参数

项　目	机床规格	数　值
技术规格	床身上最大工件回转直径/mm	500
	刀架上最大工件回转直径(非排刀架)/mm	280
	最大工件长度/mm	750/1000/1500/2000
	最大加工长度/mm	680/930/1430/1930
	最大车削直径/mm	500(立式四工位刀架) 400(卧式六工位刀架)
	主轴中心高/mm	250
	床身导轨宽度/mm	400
	工件极限质量(只使用卡盘)/kg	500
主传动	普通型	双速电动机驱动、手动三档、有级变速
	主电动机(双速电动机)/kW	6.5/8
	主轴孔直径/mm	48
	主轴孔锥度前端/mm	90(1:20)
	主轴头	*D*8
	主轴前端轴承内径/mm	120
	主轴转速范围/(r/min)	45 ~ 2000 (45/63/90/125) (180/250/355/500) (710/1000/1400/2000)
尾座装置	尾座套筒直径/mm	75
	尾座套筒行程/mm	150
	尾座套筒锥孔锥度	莫氏 5 号

（续）

项目	机床规格	数值
进给系统	刀架最大行程/mm	横向(X):280;纵向(Z):685、935、1435、1935
	滚珠丝杠直径×螺距/(mm×mm)	横向(X):ϕ20×4;纵向(Z):ϕ40×6
	横向切削力(连续)横向(X)/N	5000
	纵向切削力(连续)纵向(Z)/N	5000
	横向快速进给/(mm/min)	6000
	纵向快速进给/(mm/min)	10000
	切削进给范围/(mm/r)	0.01~500
	定位精度/mm	横向(X):0.03;纵向(Z):0.04
	反向偏差/mm	横向(X):0.013;纵向(Z):0.02
	重复定位精度/mm	横向(X):0.012;纵向(Z):0.016
	工件加工精度	IT6~IT7
	工件表面粗糙度值/μm	*Ra*1.6
刀架装置	标准配置	电动立式四位刀架
	刀杆截面/(mm×mm)	25×25
	重复定位精度/mm	0.008
	换刀时间(单工位)/s	2.4
	特殊选择配置	电动卧式六位刀架
	刀杆截面/(mm×mm)	25×25
	最大镗刀直径/mm	32
	重复定位精度/mm	0.008
	换刀时间(单工位)/s	2
CNC控制系统	系统	FANUC 0i Mate-TC
	X/Z轴交流伺服电动机	功率/kW:*X*1.2/*Z*1.2;转矩/N·m:*X*7/*Z*7
电源装置	电源形式交流	三相/380 V±10%/50Hz±2Hz
	用电容量/kV·A	18
冷却系统	水箱容积/L	35
	冷却泵电动机功率/W	120
	冷却泵流量/(L/min)	25
机床外形尺寸及质量	长×宽×高/(mm×mm×mm)	2580×1750×1620(750型)
		2830×1750×1620(1000型)
		3330×1750×1620(1500型)
		3830×1750×1620(2000型)
	机床净重/kg	2550(750型)
		2600(1000型)
		2700(1500型)
		2800(2000型)

任务三 认识 CKA6150 数控车床的操作面板（FANUC 0i Mate-TD 系统）

数控车床的操作面板主要控制车床的运行方式、运行状态，其操作会直接引起车床相应部件的动作。数控车床所有的指令都是通过车床操作面板输入执行的，操作面板是数控车床的输入设备，熟悉操作面板上所有按钮的功能是熟练操作数控车床的基础。

FANUC 0iMate-TD 系统数控车床操作面板如图 4-1 所示，它由 CRT/MDI 操作面板和用户操作面板两大部分组成。

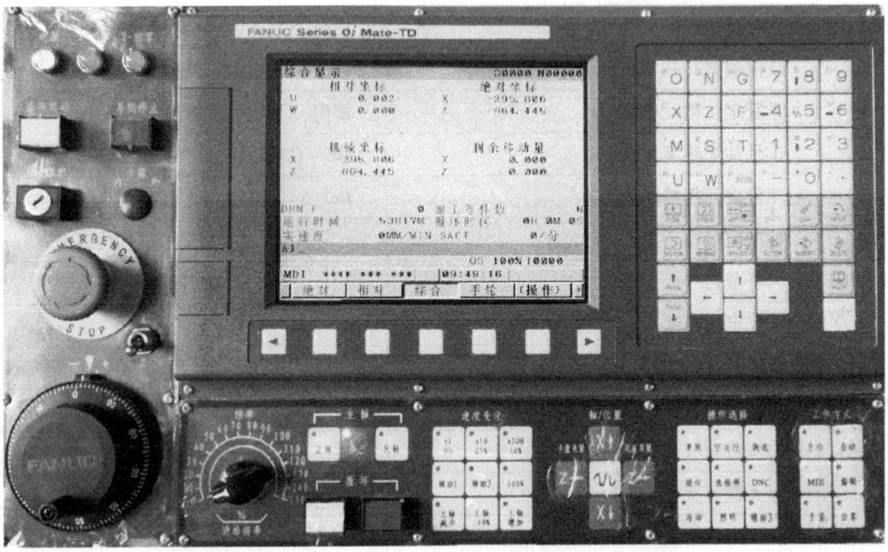

图 4-1 FANUC 0i Mate-TD 系统数控车床操作面板

1. CRT/MDI 操作面板

FANUC 0i Mate-TD 数控系统的 CRT/MDI 操作面板如图 4-2 所示。面板的右半部分是

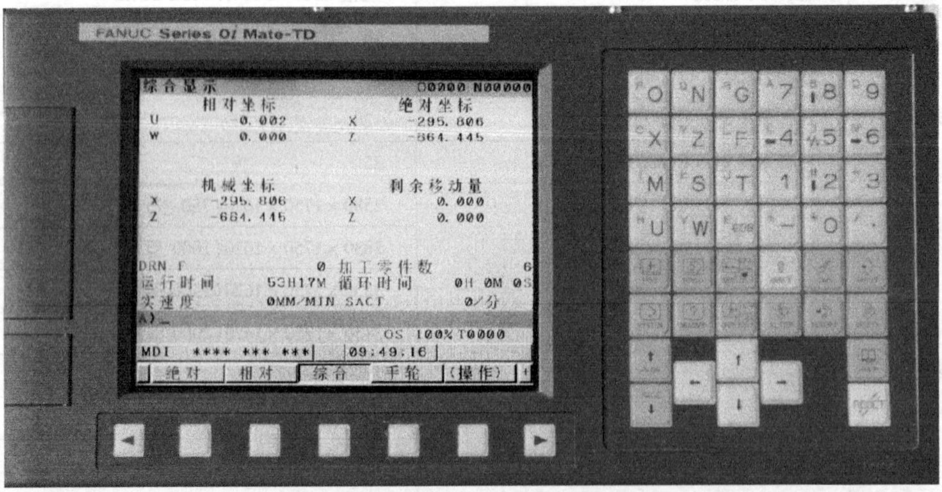

图 4-2 FANUC 0i Mate-TD 数控系统的 CRT/MDI 操作面板

MDI 键盘，用于程序编辑、参数输入等，键盘上各个键的功能见表 4-2；面板的左半部分为 CRT 显示器，其下面设有一行键，其中 ◄ 和 ► 键分别为光标左移键和光标右移键，□ 为软菜单键。软菜单键的用途是可以变化的，在不同界面上随屏幕最下一行的软键功能提示而有不同的用途。

表 4-2 FANUC 0i Mate-TD 系统操作面板各键的功能

名　称	用　途
复位键 RESET	解除报警，CNC 复位
帮助键 HELP	当对 MDI 操作不明白时，按下此键可以获得帮助
地址/数字键	实现字母，数字等文字的输入
输入键 INPUT	用于参数、偏置等的输入。还用于 I/O 设备的输入开始，MDI 方式的指令数据的输入
取消键 CAN	删除最后一个进入输入缓存区的字符或符号。例如，当输入缓存区显示为“ > N0001 X20. Z _”时，按下(CAN)键，最后一个字符 Z 被删除，并且显示“ > N0001 X20. _”
程序编辑键	ALTER：替换键。用于程序编辑时用当前输入的字替换程序中光标所在处的字 INSERT：插入键。用于程序编辑时输入字符 DELETE：删除键。用于程序编辑时删除光标所在位置的地址字 SHIFT：换档键。输入键盘多字符键中右下角的字符或符号
光标移动键	↓ 实现光标向下移动 ↑ 实现光标向上移动 ← 实现光标向左移动 → 实现光标向右移动
翻页键	PAGE ↑ 实现左侧 CRT 中显示内容的向上翻页 PAGE ↓ 实现左侧 CRT 中显示内容的向下翻页
功能键	功能键用于选择 CRT 屏幕显示方式 POS：刀具位置显示键。在 CRT 中显示刀具位置(坐标)界面 PROG：程序键。CRT 进入程序编辑和显示画面 OFFSET/SETTING：偏置键。CRT 进入参数补偿显示界面 SYSTEM：系统键。设置和显示运行参数表，这些参数供维修使用，禁止改动；显示自诊断数据 MESSAGE：信息键。进行报警号的显示，软操作面板的显示 CUSTOM/GRAPH：图形显示键。显示图形模拟画面

2. 机床操作面板

FANUC 0i Mate-TD 系统的机床操作面板如图 4-3 所示，各按钮的使用说明见表 4-3。

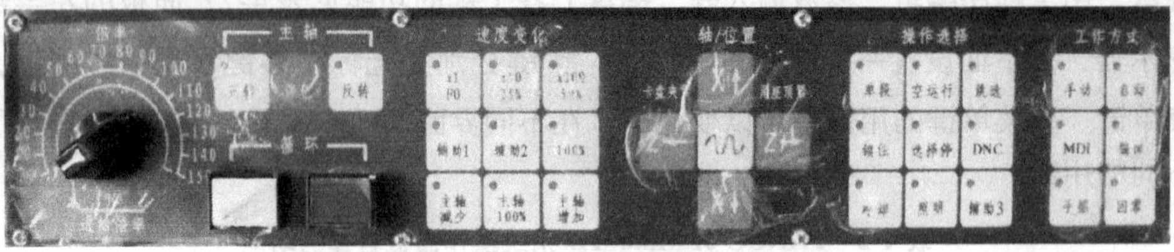

图 4-3　FANUC 0i Mate-TD 系统的机床操作面板

表 4-3　机床操作面板上各按钮的使用说明

名称		功能
工作方式	手动	手动方式也称 JOG 方式，通过 X、Z 轴方向移动按钮，实现两轴各自的连续移动，并通过进给倍率开关选择连续移动的速度，而且还可以按下 ∿∿ 按钮实现快速连续移动
	自动	选择好要运行的加工程序，设置好刀具补偿。在防护门关好的前提下，按下循环自动按钮，机床就按加工程序运行。若要使机床暂停，按下进给保持按钮。如有意外事件发生，按下急停按钮
	MDI	MDI 方式也称手动数据输入方式，它可以从 CRT/MDI 操作面板输入一个程序段的指令并执行该程序段的功能
	编辑	在程序保护开关通过钥匙接通的条件下，可以编辑、修改、删除或传输零件的加工程序
	手摇	手轮/单步方式，只有在这种方式下，手摇脉冲发生器（手轮）才起作用，通过轴选择开关选择 X、Z 方向，同时选择好手轮的倍率 ×1、×10、×100。在这种方式下，也能实现单步移动功能，按下选择好的轴移动按钮，就按 ×1、×10、×100 选择的单位移动
	回零	机床工作前，一般需返回参考点。选择回零方式，按 X↓、Z→ 按钮后，用快速移动速度移动回零点之后，用一定速度移向参考点。机床回零时，要求先回 X 轴再回 Z 轴，防止刀架碰撞尾座
操作选择	单段	按下此键，灯亮，执行一个程序段，机床停止进给；按循环启动按钮后，再执行下一个程序段
	空运行	空运行仅对自动方式有效。按下此键，灯亮，快速执行程序，程序中设定的 F 无效。通常在编辑加工程序后，在自动方式下试运行程序时使用
	跳选	按下此键，灯亮，当程序运行到前面带有跳选符号“/”的程序段时就跳过；灯灭时，程序跳选无效
	锁住	按下此键，灯亮，在自动或手动操作时，使车床刀具（进给）停止移动，程序、坐标显示及其他 M、S、T 无变化，用于工件加工程序的检查
	选择停	按下此键，灯亮，当程序运行遇到 M01 指令时，车床处于进给保持状态
	DNC	按下此键，灯亮，远程方式有效，通过与外部计算机联网同步执行程序
	冷却	按下此键，灯亮，切削液可通过冷却管道流出；当此键关闭时，切削液的开关可通过程序中的指令 M08 和 M09 来控制
	照明	在任何方式下按下该键，灯亮，工作灯启动；再按下该键，工作灯关闭
主轴	正转	在手动（JOG）方式下，主轴处于夹紧状态时，按下此键，主轴正转启动（必须具有 S 值）
	停止	在手动（JOG）方式下按下此键，主轴停转
	反转	在手动（JOG）方式下，主轴处于夹紧状态时，按下此键，主轴反转启动（必须具有 S 值）
手轮移动量与快速移动倍率	×1 F0　×10 25%　×100 50%　100%	当选择手摇方式时，手轮每旋转一格，相应轴的移动量有 1μm、10μm、100μm 三种选择 手动方式或自动方式下，设定坐标轴快速移动倍率，共有四种：F0、25%、50% 和 100%

（续）

名　称		功　能
主轴转速	主轴减少　主轴100%　主轴增加	进行主轴当前转速的快慢调节。此功能在任何状态下均起作用
进给倍率	0% ~150%	在手动及程序执行状态下，调整各进给轴运动速度的倍率。当进给倍率切换到“0”时，CRT 上将出现 FEED ZERO 的警示信息
循环	启动	MDI 或自动方式下，循环启动
	停止	MDI 或自动方式下，循环停止
系统起动		车床主电源开启后，按下此按钮，车床 CNC 装置开始通电，5 ~10s 后，CRT 显示初始画面，等待操作。当急停按钮按下时，CRT 将显示报警
系统停止		车床完成工作后，需先按下此按钮，系统断电，关闭机床主电源。若按相反方式切断电源，有可能损坏 CNC 装置
紧急停止		按下此按钮，断开伺服驱动器电源，使车床紧急停止，此时 CRT 显示报警。顺时针旋转按钮释放，报警将从 CRT 上消失
程序保护		当开关打开时，可以进行程序编辑和参数修改；当开关关闭时，程序和参数得到保护，不能进行修改
内外卡选择		进行卡盘内、外卡方式的选择

任务四　熟悉 CKA6150 数控车床的基本操作（FANUC 0i Mate-TD 系统）

下面以 CKA6150 FANUC 0i Mate-TD 系统数控车床为例来熟悉加工零件的整个过程。

一、开机操作

先将电柜箱开关闭合，再将数控车床的总电源按钮由“OFF”旋转到“ON”位置，电源指示灯亮。检查风扇电动机是否旋转，打开数控系统总电源开关，即按下主机控制面板上的系统电源开启按钮，启动数控装置。开机后显示的画面与上一次关机时最后一次显示的画面有关。

数控机床装有 NC 系统（数字控制系统），NC 数据要求机床关机时能够有效保存，因此 NC 系统拥有自己的掉电保护备用电源。当 NC 电源电量不够时，需及时更换电池，以保证数据不丢失。然而正因为 NC 系统有记忆功能，假如操作者正在操作机床进行加工，其他人员将机床总电源关闭，则机床滑板有可能不受控制继续前进，撞坏机床，发生事故。同时，由于 NC 电源瞬间电流过大，易烧坏机床。所以，数控机床开、关机有其先后顺序：开机先开外部总电源，再开机床总电源，最后开 NC 电源；关机先关 NC 电源，再关机床总电源，在确定无其他机床使用的情况下关闭外部电源，与开机顺序正好相反。

二、车床回参考点

1）按下机床操作面板上的回零按钮，选择车床回零方式。

2）通过选择快速移动倍率按钮，降低快速移动速度。

3）选择要返回参考点的轴和方向。按X↓键返回参考点后，“X－回零”指示灯亮；同样，按Z→键返回参考点后，“Z－回零”指示灯亮。

三、程序的输入和编辑

1. 程序输入

在 FANUC 0i Mate-TD 系统中，新建程序首先要输入程序号并保存，再输入程序字。

1）按编辑方式选择键，进入 EDIT 方式。

2）按 PROG 键，进入程序编辑画面，如图 4-4 所示。

3）键入准备存储的程序号，如 O0001，按 INSERT 键，再按 EOB 键，按 INSERT 键结束。

4）依次输入各程序段的字，每输入一个字后按下 INSERT 键，每输完一个程序段后，按下 EOB 键，再按下 INSERT 键，或依次输入一个程序段，按下 EOB 键，再按下 INSERT 键，直至全部程序段输入完成。如程序字输入错误，可按 CAN 键取消，连续按 CAN 键可取消多个字。

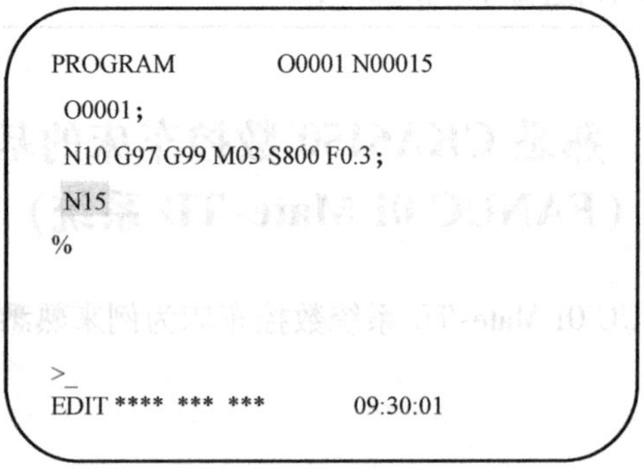
PROGRAM O0001 N00015
O0001;
N10 G97 G99 M03 S800 F0.3;
N15
%
>_
EDIT **** *** *** 09:30:01

图 4-4　程序编辑画面

2. 程序编辑

程序编辑包括修改、插入和删除等操作。具体操作步骤如下：

1）用 → ← ↑ ↓ 键移动光标到所需要编辑的字。

2）删除字符。将光标放在要删除的字符上，按 DELETE 键。

3）插入字符。将光标移到要插入字符的前一个字上，输入要插入的字符后，按 INSERT 键，则在光标所在字之后插入了刚输入的字符。

4）修改字符。将光标移到要修改的字符上，输入新的字符，按 ALTER 键，原来的字符就会被新的字符替代。

3. 程序调用

程序调用是指调用存储器中已有的程序，进行编辑或为自动加工做准备。具体操作步骤如下：

1）转动程序保护开关至“I”位。

2）选择编辑方式，按 PROG 键。

3）输入要调用的程序号，如 O0001。

4）按下检索键[↓]。

5）程序显示，可按[↑ PAGE]键或[PAGE ↓]键翻页查看程序。

4. 程序调试

程序输入完毕后，仔细检查一遍，看是否有误，对错误之处进行修改。检查以后，将车床锁住，通过试运行再次检查。FANUC 0i Mate-TD 系统具有图形模拟功能，可以通过观察图形查看程序的运行情况。若观察加工轨迹和坐标没有问题，就可以进行正式的加工了。

四、手动操作

1. JOG 方式

按下手动方式选择键，屏幕左下角显示“JOG”。使用进给倍率旋钮选择倍率，按下进给轴[X↓]、[X↑]、[Z→]、[Z←]之一，可实现机床沿选定轴方向连续移动。当同时按下快速进给键∿∿时，则实现刀架快速移动。

2. 手摇进给

按下手摇操作方式选择键，屏幕左下角显示“HND”。通过坐标轴选择开关选择坐标轴，然后通过手轮倍率按钮选择倍率×1、×10、×100 单位之一，此时旋转手轮，刀架就会以选定的速度沿着选择的坐标轴运动，正、负方向可以由手轮的正、反旋转实现。

五、试切对刀

此内容已经在前文中进行了介绍，这里不再赘述。

六、自动运行

1. MDI 方式

MDI 方式也称手动数据输入方式，它具有从 CRT/MDI 操作面板输入一个程序段的指令并执行该程序段的功能。按下[MDI]按钮，进入手动数据输入方式。按下[PROG]键，然后按[PAGE ↓]按钮，输入一个程序段，再按[INPUT]按钮，最后按循环[启动]按钮。

2. 存储器运行方式

在事先编辑好的零件加工程序中，选择需要运行的加工程序，设置好刀具补偿值。按下[自动]按钮，进入自动运行方式。按循环[启动]按钮，循环指示灯亮。程序运行时按进给暂停按钮可使自动运行暂停，循环指示灯灭。

七、零件检测

用相应的测量工具检测工件，检查各尺寸是否达到加工要求。

八、结束工作

零件加工完毕后，清理机床，对需要润滑的部位加润滑油。关机时先关闭车床的系统电源，再关闭车床的总电源。

知识拓展

数控车床常见故障分类及常规处理

一、数控车床常见操作故障

数控车床的故障种类繁多，有电气、机械、系统、液压和气动等部件的故障，产生的原因也比较复杂，但很大一部分故障是由于操作人员操作机床不当引起的。数控车床常见的操作故障有以下几个。

1）防护门未关，机床不能运转。

2）机床未回参考点。

3）主轴转速超过最高转速限定值。

4）程序内没有设定 F 值或 S 值。

5）进给修调 F% 或主轴修调 S% 开关设为空档。

6）回零时离零点太近或回零速度太快，引起超程。

7）程序中 G00 终点位置超过限定值。

8）刀具补偿测量设置错误。

9）刀具换刀位置不合适（换刀点离工件太近）。

10）G40 取消不当，引起刀具切入已加工表面。

11）程序中使用了非法代码。

12）刀具半径补偿方向错误。

13）切入、切出方式不当。

14）切削用量太大。

15）刀具钝化。

16）工件材质不均匀，引起振动。

17）机床被锁定（工作台不动）。

18）工件未夹紧。

19）对刀位置不准确，工件坐标系设置错误。

20）使用了不合理的 G 功能指令。

21）机床处于报警状态。

22）断电后或报过警的机床，没有重新回参考点。

二、故障常规处理方法

数控车床出现故障，除少量自诊断功能可以显示故障外，如存储器报警、动力电源电压过高报警等，大部分故障是由综合因素引起的，往往不能确定其具体的原因，一般按以下步骤做出常规处理。

1. 充分调查故障现场

机床发生故障后，维护人员应仔细观察寄存器和缓冲工作寄存器中尚存内容，了解已执行程序的内容，向操作者了解现场情况和现象。当有诊断显示报警时，打开电气柜观察印制电路板上有无相应的报警红灯显示。做完这些调查后，就可以按数控车床上的复位键，观察系统复位后报警是否消除。如消除，则属于软件故障，否则为硬件故障。对于非破坏性故障，可让车床再重演故障时的运行状况，仔细观察故障是否再现。

2. 将可能造成故障的原因全部列出

造成数控车床故障的原因多种多样，有机械的、电气的和控制系统的等。此时，要将可能发生故障的原因全部列出来，以便排查。

3. 逐步选择确定故障产生的原因

根据故障现象，参考车床有关维护使用手册罗列出诸多因素，经优化选择综合判断，找出导致故障的原因。

4. 故障的排除

找出造成故障的确切原因后，就可以“对症下药”，修理、调整和更换有关部件。

技能训练

用G00、G01指令编写如图4-5所示台阶轴的粗、精车程序，并按下列步骤进行机床操作训练，完成工件的加工。

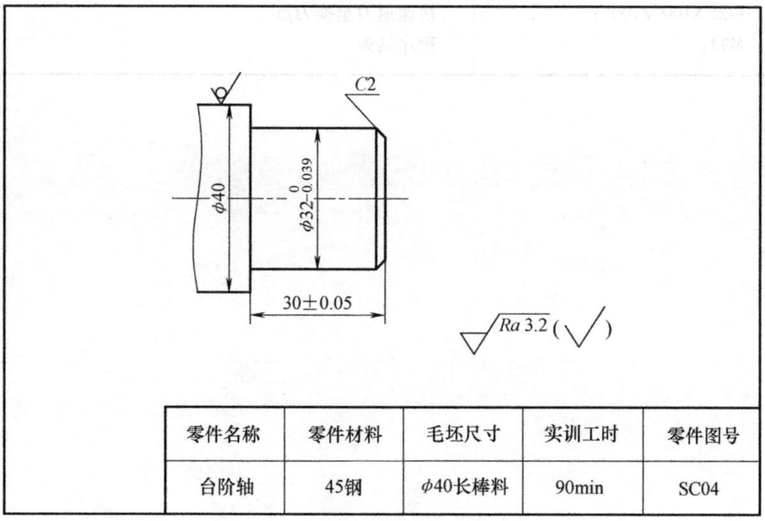

零件名称	零件材料	毛坯尺寸	实训工时	零件图号
台阶轴	45钢	φ40长棒料	90min	SC04

图4-5 台阶轴

1）进行正确的开机及回机床参考点操作。

2）反复练习手轮、手动方式下刀架的移动。

3）通过选择倍率，实现快速移动和微调。

4）装夹毛坯和刀具，用试切法对刀。

5）输入已编好的程序O4001（参考程序见表4-4），并进行图形模拟。

6）在自动方式下运行程序，开始先单段运行，后连续运行。

7）测量工件尺寸。

8）加工结束，对机床进行清理维护，关机并填写操作记录。

表 4-4 用 G00、G01 指令编写图 4-5 所示零件的加工程序

程序号 O4001；		
程序段号	程 序 内 容	说 明
N10	G97 G99 M03 S800 F0.3；	设主轴正转，转速为 800mm/r，进给量为 0.3mm/r
N20	T0101；	换 1 号外圆车刀，执行 01 号刀补
N30	G00 X42. Z2.；	快速接近工件
N40	X36.；	第一次粗车，X 向进刀，背吃刀量 2mm
N50	G01 Z－30.；	切削外圆
N60	X42.；	X 向退刀
N70	G00 Z2.；	Z 向退刀
N80	X32.5；	第二次粗车，X 向进刀，留 0.5mm 的精车余量(直径值)
N90	G01 Z－30.；	切削外圆
N100	X42.；	X 向退刀
N110	G00 Z2.；	Z 向退刀
N120	X0. M03 S1200 F0.1；	精车开始，转速 1200mm/r，进给量 0.1mm/r，X 向至端面中心
N130	G01 Z0.；	Z 向进给至端面中心
N140	X28.；	车端面
N150	X32.　Z－2.；	车倒角
N160	Z－30.；	车外圆
N170	X42.；	X 向退刀，离开毛坯
N180	G00 X100. Z100.；	快速退刀至换刀点
N190	M30；	程序结束

模块二

数控车削初级技能编程与加工

项目五
加工台阶轴

项目要求

1. 掌握台阶轴加工相关工艺知识，会进行台阶轴的数控车削工艺分析。
2. 会用 G90 和 G71 指令编写台阶轴的加工程序。
3. 会进行外圆车刀的选择、安装及对刀。
4. 能进行台阶轴加工操作与程序的调试。
5. 会对台阶轴进行尺寸检验与质量分析。

项目内容

在数控车床上加工如图 5-1 所示的台阶轴，要求进行数控加工工艺分析，编写数控加工程序并操作机床完成工件的加工。

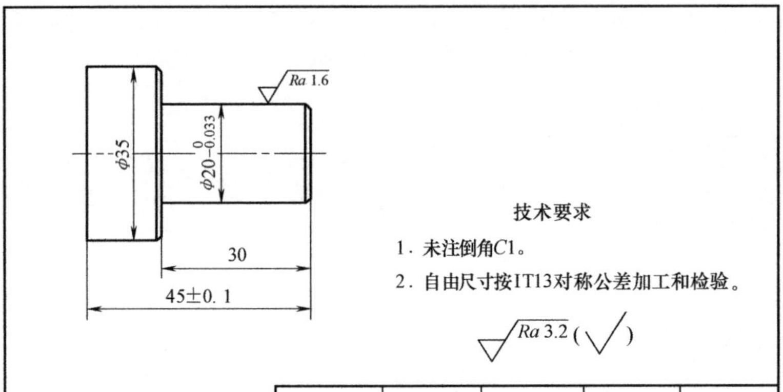

零件名称	零件材料	毛坯尺寸	实训工时	零件图号
台阶轴	45钢	φ40长棒料	120min	SC05

图 5-1　台阶轴

任务一　制订加工工艺

知识准备

在同一个工件上，几个直径不同的圆柱体连接在一起像台阶一样，就称其为台阶轴。台阶轴的车削主要是外圆、端面及倒角车削的组合，故在加工时必须兼顾外圆尺寸精度和台阶长度的要求。

1. 台阶轴的技术要求

台阶轴通常与其他零件配合使用，因此其技术要求一般有以下几点。

1）配合面的尺寸精度和表面粗糙度值的要求，表面粗糙度值一般要求在 $Ra1.6\mu m$ 左右。

2）各段外圆的同轴度要求。

3）台阶面的平面度和与轴线的垂直度要求。

2. 外圆车刀的选择与安装

车台阶轴时，为保证台阶平面与轴线垂直，应取主偏角大于90°（一般为93°）的外圆车刀。车刀安装时不能伸出刀架太长，否则会降低刀杆刚性，容易产生变形和振动，影响表面质量。车刀伸出长度一般不超过刀杆厚度的1.5～2倍，且压紧力要适当，车刀刀尖要与工件中心等高。

3. 切削用量的选择

（1）背吃刀量（a_p）　选用机夹数控车刀时，可参考刀具切削性能表选用背吃刀量。粗车时一般在综合考虑机床功率大小、工艺系统刚性好坏、加工效率高低的情况下，尽量取大值，根据经验取 $a_p=2\sim3mm$；精车时的背吃刀量一般取 $a_p=0.2\sim0.5mm$。

（2）进给量（f）　其具体数值根据工件和刀具材料不同来确定，一般粗车时取 $f=0.2\sim0.5mm/r$，精车时取 $f=0.05\sim0.15mm/r$。

（3）切削速度（v）　用硬质合金涂层刀片车削外圆时，切削速度一般取150～200m/min，粗车时以毛坯外径根据公式 $n=1000v/(\pi d)$ 计算转速，精车时以小端外径计算转速。

4. 台阶轴的车削方法

车台阶轴一般分为粗车和精车。对于低台阶轴，因相邻圆柱直径差较小，可用外圆车刀一次车出，如图5-2a所示的粗车路线为 $A\rightarrow B\rightarrow C\rightarrow D\rightarrow E$。对于高台阶轴，因相邻两圆柱直径差较大，要采用分层切削，如图5-2b所示的粗车路线为 $A_1\rightarrow B_1$、$A_2\rightarrow B_2$、$A_3\rightarrow B_3$，精车路线为 $A\rightarrow B\rightarrow C\rightarrow D\rightarrow E$。

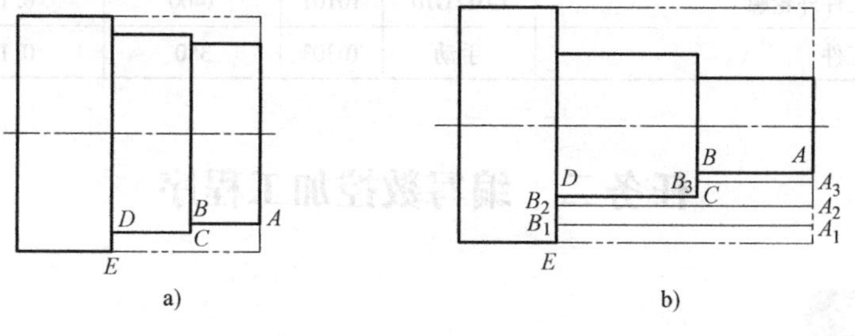

图5-2　台阶轴的车削方法

a）低台阶轴的车削　b）高台阶轴的车削

任务实施

1. 技术要求分析

该零件为典型的台阶轴工件，由两个不同的圆柱面、端面、台阶和倒角组成。零件工作

部分外圆 ϕ20mm 的尺寸公差为 0.033mm，表面粗糙度值要求为 Ra1.6μm，其余表面为 Ra3.2μm。台阶轴总长为 45mm，公差为 0.2mm，无形状和位置精度要求，零件材料为 45 钢，可加工性较好，无热处理和硬度要求。

2. 制订加工方案

根据零件的工艺特点、毛坯尺寸及精度要求，只需一次装夹即可满足加工要求。

（1）确定操作步骤

1）用自定心卡盘夹持 ϕ40mm 的毛坯外圆，伸出卡盘长度稍大于 50mm，找正夹紧。

2）对刀，设置编程原点。

3）粗、精车工件外轮廓至尺寸要求。

4）切断工件，保证总长。

（2）选择刀具，填写刀具卡　刀具选择卡见表 5-1。

表 5-1　加工台阶轴的刀具选择卡

项目名称		加工台阶轴	零件名称	台阶轴	零件图号		SC05
序号	刀具号	刀具名称	刀片规格	刀尖位置 T	数量	加工表面	备注
1	T0101	93°外圆右偏刀	80°菱形，R0.4mm	3	1	外圆、台阶	粗、精车
2	T0303	车断刀	宽 4mm	—	1	左端面	切断

（3）制订加工工序，填写工序卡　工序卡见表 5-2。

表 5-2　加工台阶轴的工序卡

项目名称	加工台阶轴	工件材料	45 钢	车床系统	FANUC 0i	工序号	001
程序名	O5003、O5004	车床名称	CKA6150		夹具名称	自定心卡盘	
操作序号	工 步 内 容	G 功能	T 刀具	切削用量			
				主轴转速 $n/(\mathrm{r\cdot min^{-1}})$	进给速度 $f/(\mathrm{mm\cdot r^{-1}})$	背吃刀量 a_p/mm	
1	粗车工件外轮廓	G90/G71	T0101	800	0.3	2	
2	精车工件外轮廓	G01/G70	T0101	1400	0.1	0.2	
3	切断工件	手动	T0303	350	0.1	4	

任务二　编写数控加工程序

知识准备

台阶轴的编程可以使用 G00、G01 等基本插补指令，但编写程序较为繁琐，而采用循环指令，可以大大缩短程序长度，提高编程效率。

1. 单一形状固定循环指令（G90）

（1）功能　该指令用于内、外圆柱面（圆锥面）毛坯余量较大的零件的粗车。

（2）进给路线　如图 5-3 所示，加工一个轮廓表面需要四个动作：进刀（G00）、切削（G01）、退刀（G01）、返回（G00），单一形状固定循环指令 G90 可用一个程序段完成上述四个动作，从而简化程序。

（3）指令格式

外圆柱面切削循环指令格式：G90 X（U）__ Z（W）__ F __；

其中：X、Z 表示每次车削终点（*C* 点）的绝对坐标；

U、W 表示每次车削终点（*C* 点）相对于循环起点（*A* 点）的增量坐标；

F 表示切削进给量。

（4）说明

1）G90 指令及指令中的各参数均为模态值，一经指定一直有效，在完成固定循环后可用另外一个（除 G04 以外的）G 代码（例如 G00）取消其作用。

2）如果在循环方式下，又指令了 M、S、T 功能，则固定循环和 M、S、T 功能同时完成。

3）如果在单段运行方式下执行循环，则每一循环语句分四段进行，执行过程中必须按四次循环启动按钮。

4）循环起点应距离零件端面 1 ~ 2mm。

（5）编程示例　用 G90 指令编写如图 5-4 所示零件的加工程序，粗车每次背吃刀量为 2.5mm，X 向精车余量为 0.5mm（直径值），Z 向精车余量为 0.1mm。其参考程序见表 5-3。

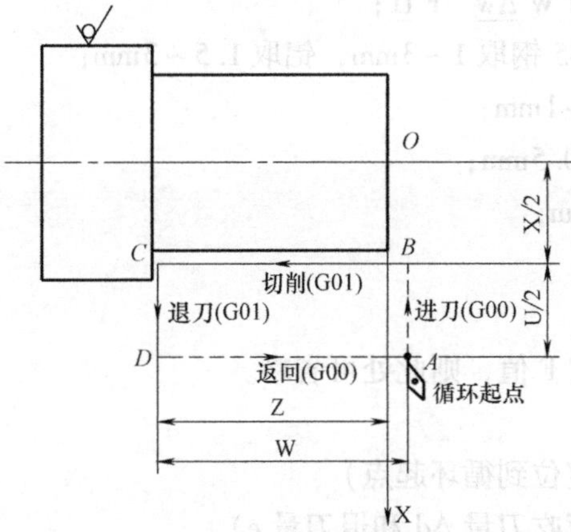

图 5-3　外圆切削循环

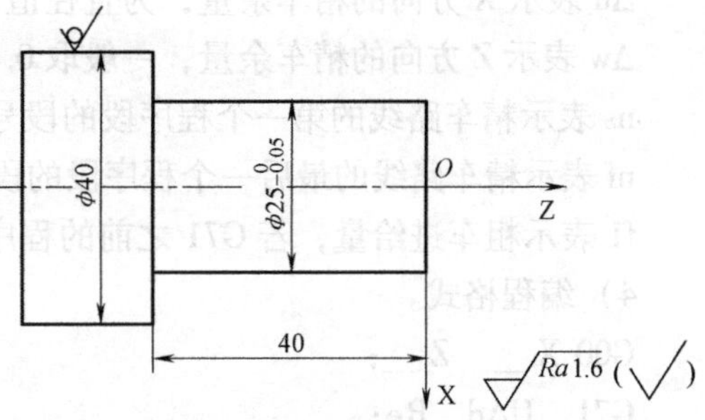

图 5-4　外圆切削循环示例

表 5-3　用 G90 指令编写图 5-4 所示零件的加工程序

程序号 O5001；		
程序段号	程 序 内 容	说　明
N10	G97 G99 M03 S800 F0.3；	主轴正转，转速为 800mm/r，进给量为 0.3mm/r
N20	T0101；	换 1 号外圆车刀，执行 01 号刀补
N30	G00 X42. Z2. M08；	快速定位至循环起点，切削液开
N40	G90 X35. Z−39.9；	外圆切削循环第一次，Z 向余量为 0.1mm
N50	X30.；	外圆切削循环第二次
N60	X25.5；	外圆切削循环第三次，X 方向留 0.5mm 的余量
N70	X25. Z−40.　S1400 F0.1；	精车外圆，主轴转速为 1400mm/r，进给量为 0.1mm/r
N80	G00 X100. Z100.；	快速退刀至换刀点
N90	M30；	程序结束

2. 外圆复合固定循环指令（G71、G70 指令）

（1）外圆粗车循环指令（G71）

1）功能。适用于棒料毛坯粗车外圆或粗车内径，以切除较大的毛坯余量。

2）走刀轨迹。如图 5-5 所示，该指令只需指定粗加工背吃刀量（Δd）、精加工余量（Δu/2、Δw）和精加工路线（*A*→*A*′→*B*），系统便可自动计算出粗加工走刀路线和走刀次数，完成各外圆表面的粗加工。图 5-5中 *A* 为刀具循环起点，该点应距离零件 1 ~ 2mm。执行粗车循环时，刀具从 *A* 点快速移动到 *C* 点，移动量由 Δw 和 Δu/2 的值确定，粗车循环结束后，刀具快速返回 *A* 点。

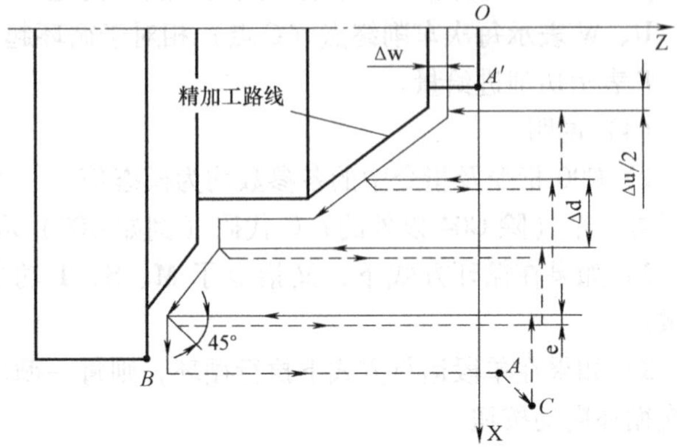

图 5-5　外圆粗车循环

3）指令格式。

G71　U Δd　R e；

G71　P ns　Q nf　U Δu W Δw　F f1；

其中：Δd 表示粗车每次背吃刀量，为半径值，一般 45 钢取 1 ~ 3mm，铝取 1. 5 ~ 3mm；

e 表示粗车每次退刀量，为半径值，一般取 0. 5 ~ 1mm；

Δu 表示 X 方向的精车余量，为直径值，一般取 0. 5mm；

Δw 表示 Z 方向的精车余量，一般取 0. 05 ~ 0. 1mm；

ns 表示精车路线的第一个程序段的段号；

nf 表示精车路线的最后一个程序段的段号；

f1 表示粗车进给量，若 G71 之前的程序段已指定 F 值，则此处可省略。

4）编程格式。

G00 X__　Z__；	（快速定位到循环起点）
G71　UΔd　Re；	（设置背吃刀量 Δd 和退刀量 e）
G71　Pns　Qnf　UΔu　WΔw　Ff1；	（设置精车路线起止程序段号 ns、nf，精加工余量 Δu、Δw，粗车进给量 f1）
Nns G00/G01 X__　F f2；	（精车进给量 f2）
…	（精车路线描述）
Nnf；	

5）说明。

① 使用 G71 指令时，零件沿 X 轴的外形必须是单调递增或单调递减。

② 粗车循环过程中从 Nns 到 Nnf 之间的程序中的 F、S 功能均被忽略，只有 G71 指令中指定的 F、S 功能有效。

③ 在 FANUC 系统中，顺序号 ns 的程序段必须沿 X 向进刀，且不能出现 Z 轴的运动指令，否则会出现程序报警。

④ 在粗车循环过程中，刀尖圆弧半径补偿功能无效。

（2）外圆精车循环指令（G70）

1）功能。使用该精加工循环指令切除 G71 指令粗加工后留下的精加工余量。

2）指令格式。

G70 Pns Qnf;

其中：ns 表示精车路线第一个程序段的段号；

nf 表示精车路线的最后一个程序段的段号。

3）说明。

① 在 G71 指令程序段中规定的 F、S、T 对于 G70 指令无效，但在执行 G70 指令时，顺序号 ns 至 nf 程序段之间的 F、S、T 有效。

② 当 G70 指令循环加工结束时，刀具返回循环起点并读下一句程序。

编程示例：用 G71、G70 指令编制如图 5-6 所示零件的粗、精加工程序。已知零件毛坯尺寸为 ϕ50mm × 75mm，材料为 45 钢。

其参考程序见表 5-4。

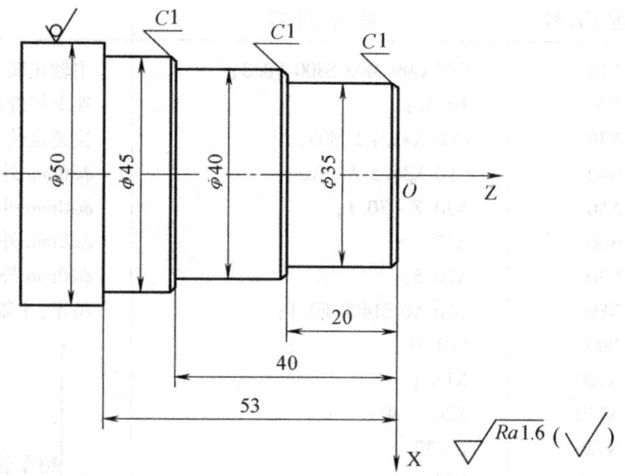

图 5-6 外圆粗、精车循环示例

表 5-4 用 G71、G70 指令编写图 5-6 所示零件的加工程序

程序号 O5002;

程序段号	程序内容	说明
N10	G97 G99 M03 S800 F0.3;	主轴正转，转速为 800r/min，刀具进给量为 0.3mm/r
N20	T0101;	换 1 号外圆车刀，执行 01 号刀补
N30	G00 X52. Z2. M08;	快速定位至循环起点，切削液开
N40	G71 U2. R0.5;	粗车循环，背吃刀量为 2mm，退刀量为 0.5mm
N50	G71 P60 Q170 U0.5 W0.06;	精车路线由 N60 ~ N170 决定，X 向精车余量为 0.5mm Z 向精车余量为 0.06mm
N60	G00 X0 S1400 F0.1;	精车，主轴转速为 1400r/min，进给量为 0.1mm/r
N70	G01 Z0;	精车路线
N80	X33.;	
N90	X35. W-1.;	
N100	Z-20.;	
N110	X38.;	
N120	X40. W-1.;	
N130	Z-40.;	
N140	X43.;	
N150	X45. W-1.;	
N160	Z-53.;	
N170	X51.;	
N180	G70 P60 Q170;	精车循环，精车各表面
N190	G00 X100. Z100.;	快速退刀至换刀点
N200	M30;	程序结束

任务实施

编写加工程序，工件坐标系原点设在工件右端面的中心。参考程序见表 5-5 和表 5-6。

表 5-5 参考程序（一）

程序号 O5003;(用 G90、G01 指令编写零件的加工程序)

程序段号	程 序 内 容	说　明
N10	G97 G99 M03 S800 F0. 3;	主轴正转,转速为 800r/min,进给量为 0. 3mm/r
N20	T0101;	换 1 号外圆车刀,执行 01 号刀补
N30	G00 X42. Z2. M08;	快速定位至循环起点,切削液开
N40	G90 X35. 5 Z－50. ;	ϕ30mm 外圆切削循环,X 向留 0. 5mm 的余量
N50	X30. Z－30. 1;	ϕ20mm 外圆切削循环第一次,Z 向留 0. 1mm 的余量
N60	X25. ;	ϕ20mm 外圆切削循环第二次
N70	X20. 5;	ϕ20mm 外圆切削循环第三次,X 向留 0. 5mm 的余量
N80	G00 X0 S1400 F0. 1;	精车,主轴转速为 1400r/min,进给量为 0. 1mm/r
N90	G01 Z0;	
N100	X18. ;	
N110	X20.　W－1. ;	
N120	Z－30. ;	精车轮廓（N90～N160）
N130	X33. ;	
N140	X35.　W－1. ;	
N150	Z－50. ;	
N160	X42. ;	
N170	G00 X100. Z100. ;	快速退刀至换刀点
N180	M30;	程序结束

表 5-6 参考程序（二）

程序号 O5004;（用 G71 和 G70 指令编写零件的加工程序）

程序段号	程 序 内 容	说　明
N10	G97 G99 M03 S800 F0. 3;	主轴正转,转速为 800r/min,刀具进给量为 0. 3mm/r
N20	T0101;	换 1 号外圆车刀,执行 01 号刀补
N30	G00 X42.　Z2.　M08;	快速定位至循环起点,切削液开
N40	G71 U2. R0. 5;	粗车循环,背吃刀量为 2mm,退刀量为 0. 5mm
N50	G71 P60　Q140　U0. 5 W0. 1;	精车路线由 N60～N140 指定,X 向精车余量为 0. 5mm,Z 向精车余量为 0. 1mm
N60	G00 X0 S1400 F0. 1;	精车,主轴转速为 1400r/min,进给量为 0. 1mm/r
N70	G01 Z0;	
N80	X18. ;	
N90	X20. W－1. ;	
N100	Z－30. ;	精车路线（N70～N140）
N110	X33. ;	
N120	X35. W－1. ;	
N130	Z－50. ;	
N140	X42. ;	
N150	G70 P60 Q140;	精车循环,精车各表面
N160	G00 X100. Z100. ;	快速退刀至换刀点
N170	M30;	程序结束

任务三　加工与检验

知识准备

1. 操作过程注意事项

1）程序输入完毕，必须认真检查、模拟正确，经教师检查后再进行加工操作。

2）对于台阶轴，一般先车端面，有利于确定长度方向的尺寸。对刀时，用外圆车刀试切车端面，由于刀尖角较小，由外向内切削，副切削刃工作，加工量宜控制在0.5mm以下，否则容易在车端面的过程中出现扎刀现象而将刀尖损坏。

3）在加工过程中，一定要集中精力，将手放在进给保持按钮上，如遇到紧急情况则迅速按下，以防发生意外；若中途改变加工思路，不要按复位键，要使用进给保持按钮，防止刀尖受损。

2. 台阶轴的检验方法

1）常用台阶轴测量工具有游标卡尺、千分尺、深度游标卡尺和卡规。

2）使用量具前应仔细对量具进行校准。

3）台阶轴工件的检测部位主要以外径、长度、深度尺寸为主。对于自由公差或公差较大的部位，一般选用游标卡尺；对于公差要求严格的部位，选用外径游标卡尺（测外径、长度）和深度游标卡尺（测深度）；表面粗糙度值则可根据经验目测或使用粗糙度样板进行对比测定。

3. 外圆常见加工质量分析

数控车床在加工外圆的过程中会遇到各种各样的加工误差问题。下面对外圆加工过程中较常出现的问题、产生的原因、预防及解决的办法进行分析，见表5-7。

表5-7　外圆常见加工质量分析

问题现象	产生原因	预防和消除
工件外圆尺寸超差	1. 刀具数据不准确 2. 程序错误 3. 工件尺寸计算错误	1. 调整或重新设定刀具数据 2. 检查、修改加工程序 3. 正确计算工件尺寸
外圆表面质量太差	1. 切削用量选择不当 2. 刀尖产生积屑瘤	1. 调高主轴转速，降低进给量 2. 选择合适的切削速度范围
工件圆度超差或产生锥度	1. 车床主轴间隙过大 2. 程序错误 3. 工件装夹不合理	1. 调整车床主轴间隙 2. 检查、修改加工程序 3. 增加工件装夹刚性
圆柱出现大小头	机床导轨磨损	通过程序控制进行磨损补偿

任务实施

1. 工件的加工

按下列操作步骤完成工件的加工，见表5-8。

表 5-8 加工台阶轴的操作步骤

实训项目	加工台阶轴	设备编号	
		设备名称	
操作步骤	操作内容	操作要点	
准备工作	检查机床,准备好工具、量具、刀具和毛坯	机床运转正常,量具校对准确,刀具高度调整好	
装夹毛坯和刀具	装夹毛坯;安装刀具	毛坯伸出长度应合适并找正夹牢;刀具安装角度应准确	
试切对刀	试切端面,输入 Z 向刀补 试切外圆,测量并输入 X 向刀补	检查对刀的准确性,可通过 MDI 方式执行刀补,检查刀尖位置与坐标显示是否一致	
输入程序	在编辑状态下,完成程序的输入	注意程序的代码、指令格式,输入完成后对照原程序检查一遍	
空运行检查	在自动方式下将机床锁住,进入空运行状态,调出图形窗口,设置好图形参数,开始执行	检查刀具轨迹与编程轮廓是否一致,结束空运行后,注意机床回参考点	
输入磨耗值	在相应的刀具号上,根据情况输入磨耗值	X 方向的磨耗为直径值	
单段运行	自动加工开始前,先按下单段键,运行正常后按循环启动键	单段循环开始时,进给和快速倍率由低到高,运行中检查刀尖位置和走刀轨迹是否准确	
自动连续加工	关闭单段循环,执行连续加工	注意监控机床的运行,若发现异常,应按下循环停止按钮,处理完成后,恢复加工	
通过磨耗调整尺寸	精车后测量工件尺寸,根据实测尺寸通过磨耗进行尺寸修正	磨耗调整后,重新运行精车程序,直至尺寸合格	
结束工作	清理、维护机床,关机并填写操作记录	对需润滑的部位加润滑油,先关闭系统电源,再关闭车床总电源	

2. 工件的检测

按下列步骤对工件进行检测。

1）用外径千分尺测量 ϕ20mm 的外圆直径。

2）用游标卡尺依次测量 ϕ35mm 的外圆直径、ϕ20mm 的外圆长度 30mm、工件总长 45mm 及倒角 $C1$。

3）用粗糙度样板检测零件表面粗糙度值。

项目评估

学生和教师按要求分别填写项目评估卡，见表 5-9。

表 5-9 加工台阶轴项目评估卡

班级		姓名		学号		日期	
项目名称		加工台阶轴					
基本检查		序号	检查项目	配分	学生自评	教师评分	
	编程	1	加工工艺制订正确	2			
		2	切削用量选用合理	2			
		3	程序正确、简单、规范	3			
	操作	4	操作正确,维护保养规范	3			
		5	服从安排,安全、文明生产	5			
	纪律	6	不迟到、不早退、不旷课	5			
基本检查结果总计				20			

（续）

	序号	图样尺寸	允差	量具	配分	实际尺寸		分数
						学生自测	教师检测	
精度检测	1	ϕ20mm	$^{0}_{-0.033}$ mm	外径千分尺	25			
	2	ϕ35mm		游标卡尺	10			
	3	长 30mm		游标卡尺	10			
	4	长 45mm	±0.1mm	游标卡尺	15			
	5	表面粗糙度值	*Ra*1.6μm	粗糙度样板	6			
	6	表面粗糙度值	*Ra*3.2μm	粗糙度样板	8			
	7	倒角	*C*1	游标卡尺	6			
精度检测结果总计					80			
基本检查结果			精度检测结果				总成绩	

学生签字：　　　　　　　　实习指导教师签字：

知识拓展

端面切削循环指令 G94

1. 功能

该指令主要用于一些长度较短、端面较大零件的垂直端面或锥形端面的加工。

2. 指令格式

G94 X(U)__ Z(W)__ F__;

其中：X、Z 表示端面切削终点的绝对坐标；

U、W 表示端面切削终点相对于循环起点的增量坐标。

3. 进给路线

如图 5-7 所示，刀具从循环起点 *A* 开始以 G00 的方式快速到达指令中 Z 坐标处（*B*

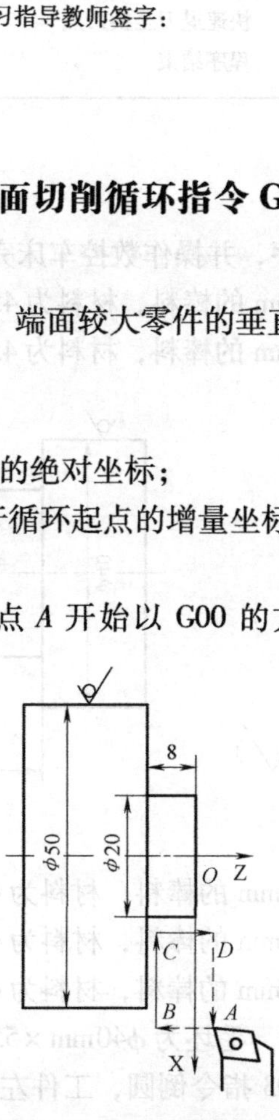

图 5-7　端面切削循环

点），再以 G01 的方式切削进给到终点坐标处（C 点），并退至循环起点的 Z 坐标处（D 点），最后以 G00 的速度返回到循环起点 A，准备下一个动作。

4. 编程示例

用 G94 指令编写如图 5-7 所示工件的加工程序，参考程序见表 5-10。

表 5-10 用 G94 指令编写图 5-7 所示零件的加工程序

程序号 O5005；		
程序段号	程序内容	说明
N10	G97 G99 M03 S700 F0.2；	主轴正转，转速为 700r/min，进给量为 0.2mm/r
N20	T0101；	换 1 号外圆车刀，执行 01 号刀补
N30	G00 X52. Z2. M08；	快速定位至循环起点，切削液开
N40	G94 X20.5 Z－2.；	端面切削循环第一次，Z 向每次背吃刀量 2mm，X 向留 0.5mm 的余量
N50	Z－4.；	端面切削循环第二次
N60	Z－6.；	端面切削循环第三次
N70	Z－7.9；	端面切削循环第四次，Z 方向留 0.1mm 的余量
N80	Z－8.0 X20. S1200 F0.1；	精车端面，主轴转速为 1200r/min，进给量为 0.1mm/r
N90	G00 X100. Z100.；	快速退刀至换刀点
N100	M30；	程序结束

技能训练

编制下列台阶轴的粗、精车程序，并操作数控车床完成工件的加工。

1. 如图 5-8 所示，毛坯为 ϕ40mm 的棒料，材料为 45 钢。
2. 如图 5-9 所示，毛坯为 ϕ40mm 的棒料，材料为 45 钢。

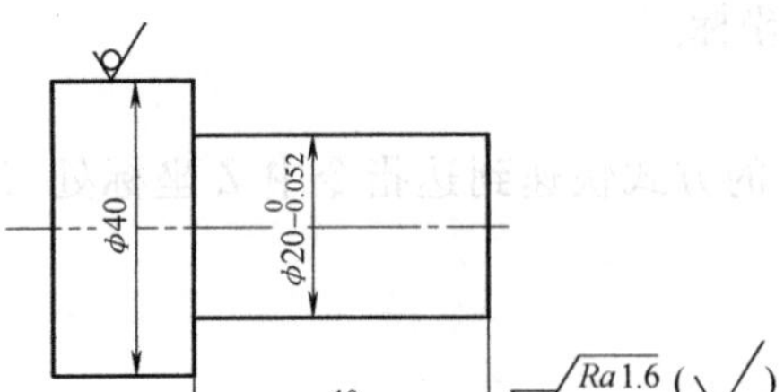

图 5-8 题 1 图

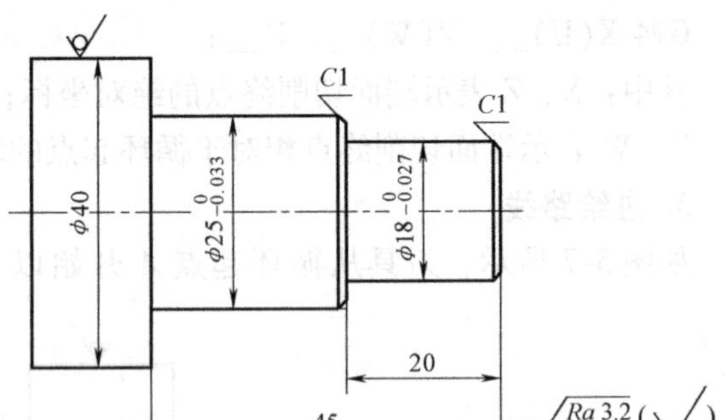

图 5-9 题 2 图

3. 如图 5-10 所示，毛坯为 ϕ50mm 的棒料，材料为 45 钢。
4. 如图 5-11 所示，毛坯为 ϕ40mm 的棒料，材料为 45 钢。
5. 如图 5-12 所示，毛坯为 ϕ40mm 的棒料，材料为 45 钢。
6. 加工如图 5-13 所示的台阶轴，毛坯为 ϕ40mm×55mm 的棒料，材料为 45 钢。要求编程时用 G01 指令倒角，用 G02 或 G03 指令倒圆，工件左端粗车加工用 G94 指令，右端粗车加工用 G90 或 G71 指令。

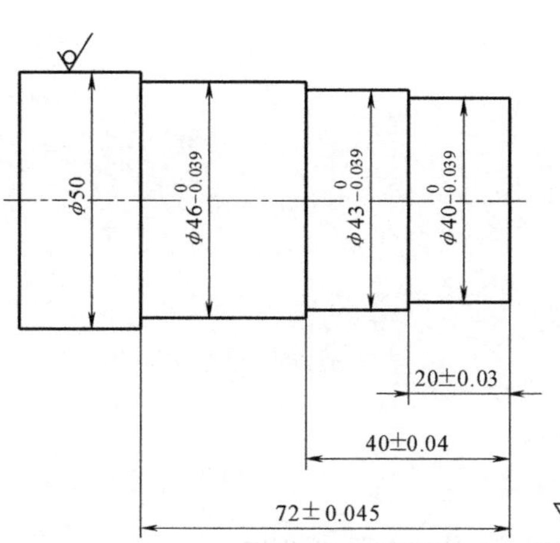

图 5-10 题 3 图

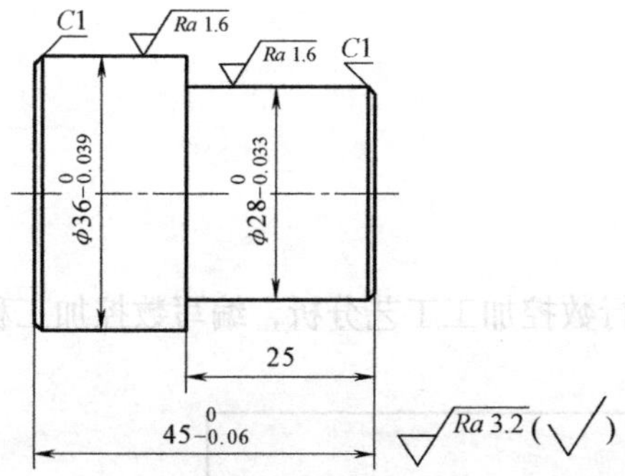

图 5-11 题 4 图

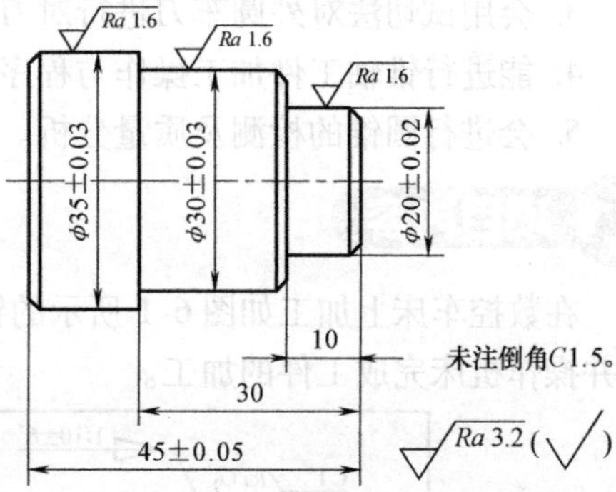

图 5-12 题 5 图

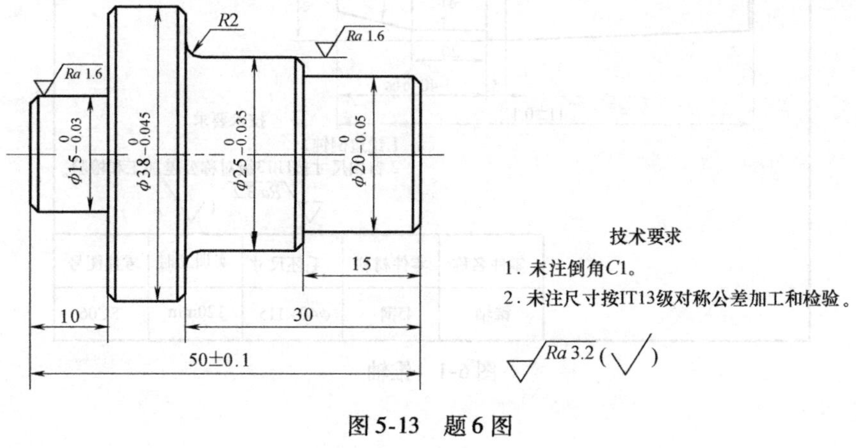

图 5-13 题 6 图

项目六

加工锥轴

项目要求

1. 掌握锥轴加工相关工艺知识，并能进行工艺分析。
2. 会用 G90 和 G71 指令编写锥轴加工程序。
3. 会用试切法对外圆车刀进行对刀。
4. 能进行锥轴工件加工操作与程序的调试。
5. 会进行圆锥的检测及质量分析。

项目内容

在数控车床上加工如图 6-1 所示的锥轴，要求进行数控加工工艺分析，编写数控加工程序并操作机床完成工件的加工。

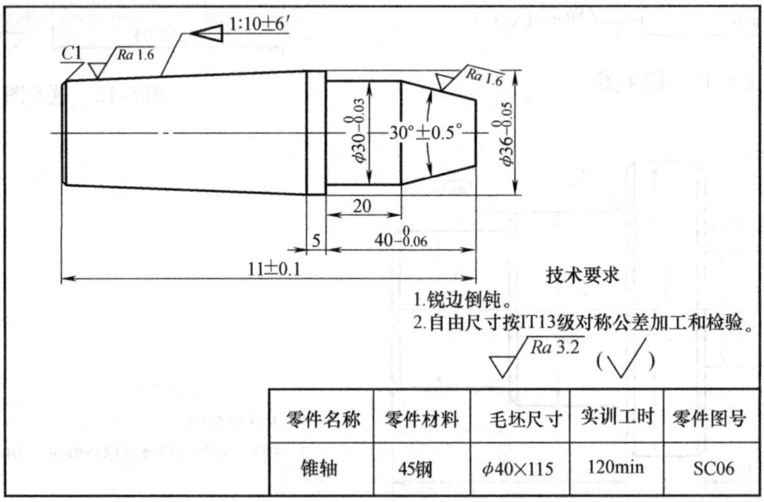

零件名称	零件材料	毛坯尺寸	实训工时	零件图号
锥轴	45钢	φ40×115	120min	SC06

图 6-1　锥轴

任务一　制订加工工艺

知识准备

锥轴有短锥和长锥、正锥和倒锥之分。圆锥面配合的同轴度高，拆卸方便，当圆锥的锥角较小（3°～5°）时，能够传递较大的转矩，因此在机器制造中被广泛应用。如车床主轴前段锥孔、尾座套筒锥孔、锥度心轴、圆锥定位销等都采用圆锥面配合。

1. 锥轴的常见技术要求

1）圆锥体的锥角或锥度公差。

2）圆锥表面的圆跳动公差。

3）圆锥母线的直线度及与内锥的配合精度（接触面积）。

4）圆锥体的轴线与其他外圆轴线的同轴度要求。

5）圆锥表面质量及热处理表面硬度等。

2. 车刀的选择

车外圆锥时，一般选用90°或93°偏刀；车正锥时，可选择刀尖角为80°、55°或35°刀片；车倒锥时，为避免车刀副后刀面与已加工表面发生干涉，根据需要选择副偏角较大的55°或35°刀片，如图6-2所示。

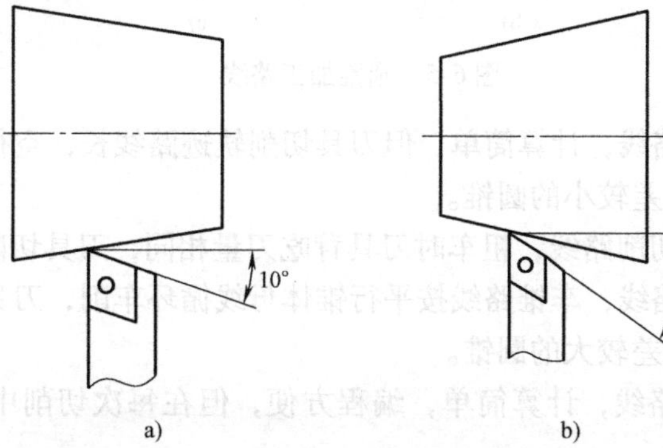

图6-2　车刀的选择

a）80°刀片车正锥　b）55°刀片车倒锥

3. 圆锥参数及圆锥尺寸的计算

如图6-3所示，常见圆锥台几何参数如下。

1）大端直径 D。

2）小端直径 d。

3）锥台长度 L。

4）圆锥半角 $\alpha/2$，$\tan(\alpha/2)=(D-d)/2L$。

5）锥度 C。锥度是圆锥台大端直径与小端直径的差值与圆锥台长度之比，即

$$C=(D-d)/\mathrm{L}$$

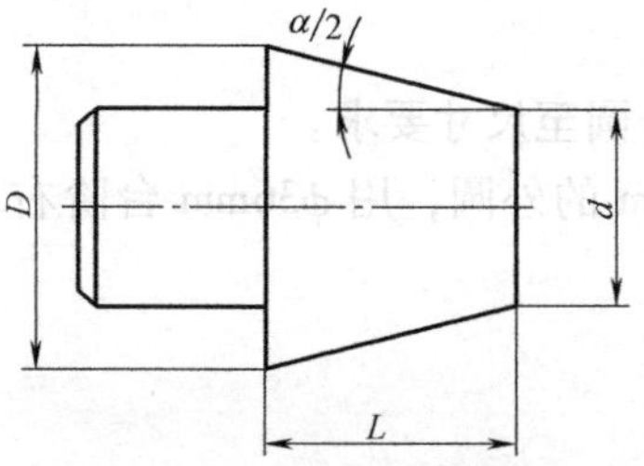

图6-3　圆锥台几何参数

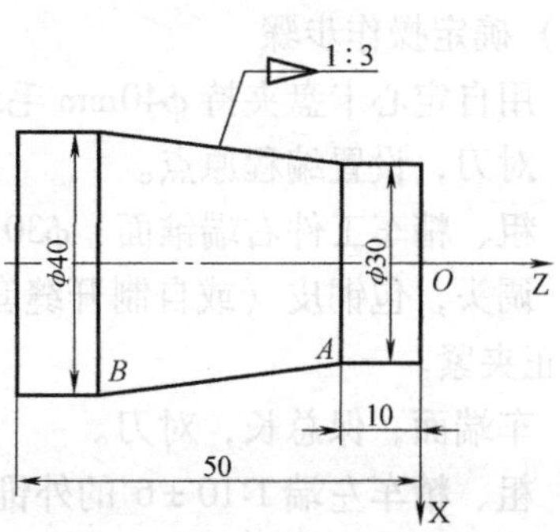

图6-4　圆锥台坐标值的计算

在编写圆锥台的加工程序时，需要确定圆锥台起点与终点的坐标值。如图 6-4 所示，确定锥台小端 A 点与大端 B 点坐标值的方法如下：

由图 6-4 可知，A 点坐标为 X = 30mm，Z = −10mm；锥台的锥度 $C = (D - d)/L, 1/3 = (40 - 30)/L, L = 30\text{mm}$，所以 B 点坐标为 X = 40mm，Z = −40mm。

4. 锥轴的车削方法

下面以正锥为例分析圆锥台的加工路线，如图 6-5 所示。

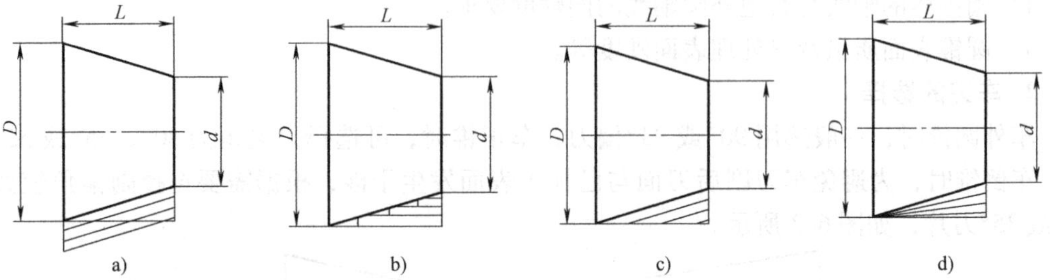

图 6-5 圆锥加工路线

图 6-5a 所示的进给路线，计算简单，但刀具切削轨迹路线长，空行程多，切削效率低，适合切削大、小端直径之差较小的圆锥。

图 6-5b 所示的阶梯切削路线，粗车时刀具背吃刀量相同，刀具切削轨迹路线最短。

图 6-5c 所示的进给路线，车锥路线按平行锥体母线循环车削，刀具切削轨迹路线较短，适合切削大、小端直径之差较大的圆锥。

图 6-5d 所示的进给路线，计算简单，编程方便，但在每次切削中背吃刀量是变化的，且刀具切削轨迹路线较长。

任务实施

1. 技术要求分析

该零件是以外锥为主要结构的轴，左端包含要求较高的长锥（1:10 ±6′）和 ϕ36mm 的圆柱，右端包含 30° ±0.5°的短锥和 ϕ30mm 的圆柱。外圆锥表面粗糙度值要求为 Ra1.6μm，其余表面粗糙度值要求为 Ra3.2μm。由于左端外锥要求较高，需要进行半精加工，同时要增加中间检验和磨损补偿环节。

2. 制订加工方案

根据零件的工艺特点及毛坯尺寸，零件需调头装夹，先加工右端，再调头加工左端。

（1）确定操作步骤

1）用自定心卡盘夹持 ϕ40mm 毛坯的外圆，伸出卡盘长度大于 50mm，找正夹紧。

2）对刀，设置编程原点。

3）粗、精车工件右端锥面、ϕ30mm 和 ϕ36mm 的外圆至尺寸要求。

4）调头，包铜皮（或自制开缝套筒），夹持 ϕ30mm 的外圆，用 ϕ36mm 台阶右端面定位，找正夹紧。

5）车端面，保总长，对刀。

6）粗、精车左端 1:10 ±6′的外锥至尺寸要求。

（2）选择刀具，填写刀具选择卡 见表 6-1。

表 6-1 加工锥轴的刀具选择卡

项目名称		加工锥轴	零件名称	锥轴	零件图号		SC06
序号	刀具号	刀具名称	刀片规格	刀尖位置 T	数量	加工表面	备注
1	T0101	93°外圆右偏刀	80°菱形，$R0.8$mm	3	1	外轮廓	粗车
2	T0202	93°外圆右偏刀	80°菱形，$R0.2$mm	3	1	外轮廓	精车

（3）制订加工工序，填写工序卡 见表 6-2。

表 6-2 加工锥轴工序卡

项目名称	加工锥轴	工件材料	45	车床系统	FANUC 0i TC	工序号	001
程序名	O6003 ~ O6005	车床名称	CKA6150		夹具名称	自定心卡盘	
工步号	工步内容		G 功能	T 刀具	切削用量		
					主轴转速 $n/\text{r}\cdot\text{min}^{-1}$	进给速度 $f/\text{mm}\cdot\text{r}^{-1}$	背吃刀量 a_p/mm
1	粗车右端外锥及 $\phi30$mm 和 $\phi36$mm 的外圆		G71	T0101	800	0.3	2
2	精车右端外锥及 $\phi30$mm 和 $\phi36$mm 的外圆		G70	T0202	1400	0.1	0.5
3	调头，车端面，保总长		手动	T0101	700	0.15	<1.5
4	粗车左端 1:10 ± 16′的外锥		G90/G71	T0101	800	0.3	2
5	精车左端 1:10 ± 16′的外锥		G01/G70	T0202	1400	0.1	0.5

任务二 编写数控加工程序

知识准备

1. 刀尖圆弧半径补偿

（1）刀尖圆弧半径补偿的概念　编写程序时，编程人员应按照车刀刀位点移动的轮廓线进行程序的编写。实际上，为了延长车刀的使用寿命，车刀的刀位点并非假想的绝对尖锐点，而是有一段圆弧过渡刃，如图 6-6 所示。刀具进行车削时，实际切削点是过渡刃圆弧与工件轮廓表面的切点。

车削圆柱面或端面时，实际切削刃的轨迹与零件轮廓一致并无误差产生。但车削锥面、圆弧时，工件轮廓与实际车出的形状产生误差，发生过切或欠切误差（图 6-7）。若零件精度要求不高或留有精加工余量，可忽略此误差，否则应考虑刀尖圆弧半径对零件形状的影响。

一般的数控系统均有刀尖圆弧半径补偿功能，可对刀尖圆弧半径引起的误差进行补偿，称为刀尖圆弧半径补偿。

（2）刀尖圆弧半径补偿的方法　刀尖圆弧半径补偿的方法是在加工前，通过机床数控系统的操作面板向系统存储器中输入刀尖圆弧半径补偿的相关参数，即刀尖圆弧半径 R 和

刀尖方位 *T*。

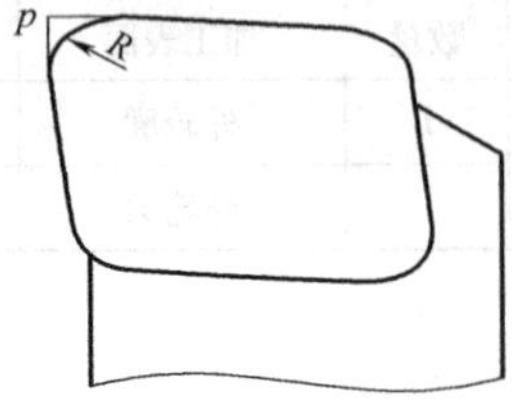

图 6-6　假想刀尖与圆弧过渡刃

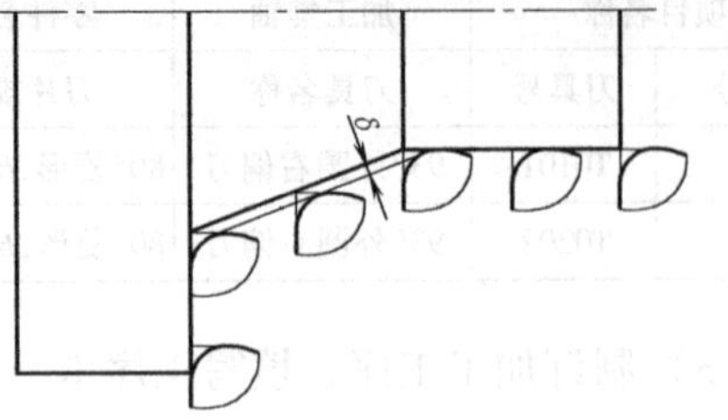

图 6-7　车圆锥产生的误差

编程时，按零件轮廓编程，并在程序中采用刀尖圆弧半径补偿指令。当系统执行程序中的刀尖圆弧半径补偿指令时，数控装置读取存储器中相应刀具号的半径补偿参数，刀具自动沿刀尖方位 *T* 方向，偏离零件轮廓一个刀尖圆弧半径值 *R*，如图 6-8 所示，刀具按刀尖圆心轨迹运动，使实际切削刃与工件轮廓重合，加工出所要求的零件轮廓。

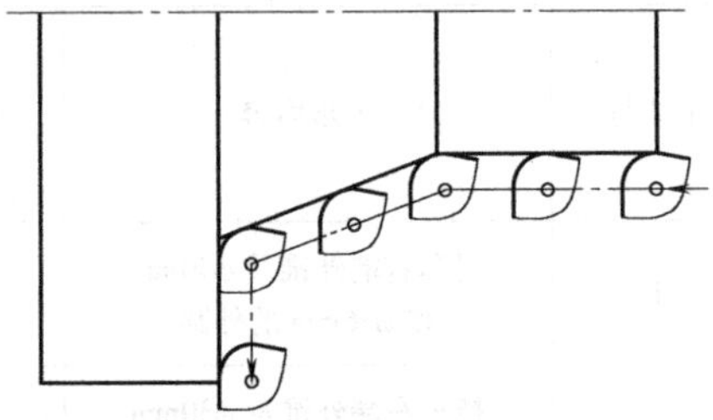

图 6-8　刀尖圆弧半径补偿

（3）刀尖圆弧半径补偿的参数及设置

1）刀尖半径。补偿刀尖圆弧半径大小后，刀具自动偏离零件轮廓一个刀尖圆弧半径距离。因此，必须将刀尖圆弧半径尺寸值输入到系统的存储器中。数控车刀刀尖半径有 0.2mm、0.4mm、0.8mm 和 1.0mm。一般粗加工取 0.8mm，半精加工取 0.4mm，精加工取 0.2mm。若粗、精加工采用一把刀，一般刀尖圆弧半径取 0.4mm。

2）车刀形状和位置。车刀形状不同，决定了刀尖圆弧所处的位置不同，执行刀尖圆弧半径补偿时，刀具自动偏离零件轮廓的方向也就不同，因此也要把代表车刀形状和位置的参数输入到存储器中。车刀形状和位置参数称为刀尖方位 *T*。如图 6-9 和图 6-10 所示，刀尖方位 *T* 共有 9 种，分别用参数 0 ~ 9 表示，*P* 为理论刀尖点。常用刀尖方位 *T*：外圆右偏刀 *T*=3，镗孔右偏刀 *T*=2。

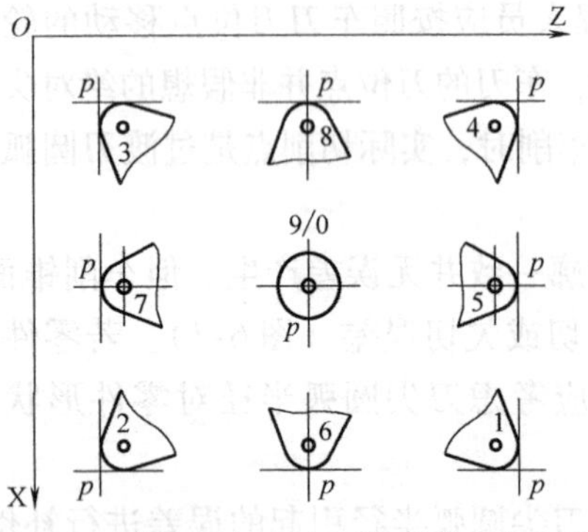

图 6-9　前置刀架，车刀的形状和位置

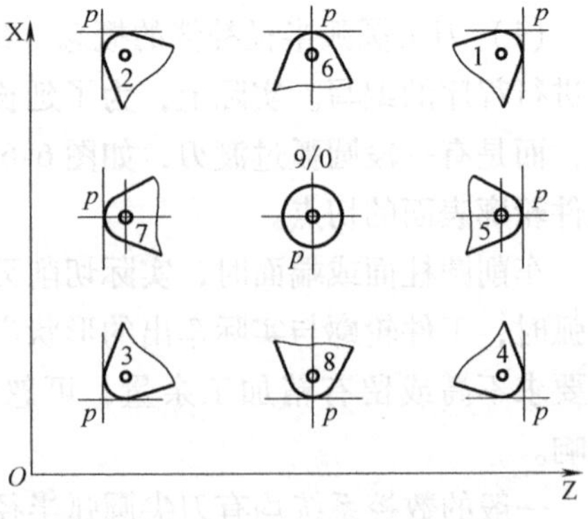

图 6-10　后置刀架，车刀的形状和位置

（4）刀具半径补偿指令 G41、G42、G40

1）指令格式。

G41 G00/G01 X __ Z __ F __；（刀尖圆弧半径左补偿）

G42 G00/G01 X __ Z __ F __；（刀尖圆弧半径右补偿）

G40 G00/G01 X __ Z __ F __；（取消刀尖圆弧半径补偿）

其中：X、Z 为建立（G41、G42）或取消（G40）刀尖圆弧半径补偿程序段中，刀具移动的终点坐标。

2）G41、G42 的判别方法。编程时，刀尖圆弧半径补偿偏置方向的判别如图 6-11 所示。向着 Y 坐标轴的负方向并沿刀具的移动方向看，当刀具处在加工轮廓左侧时，称为刀尖圆弧半径左补偿，用 G41 表示；当刀具处在加工轮廓右侧时，称为刀尖圆弧半径右补偿，用 G42 表示。通过判断可得出，不管是前置刀架还是后置刀架，加工外轮廓都用 G42 指令，加工内轮廓都用 G41 指令。

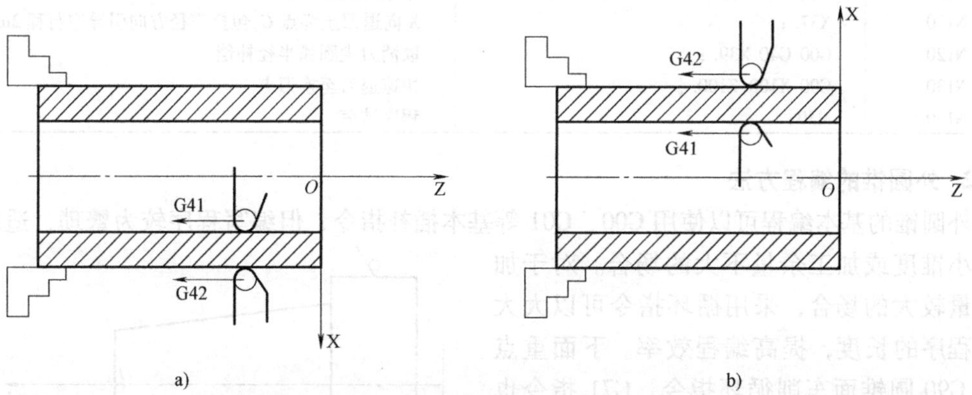

图 6-11　刀尖圆弧半径补偿偏置方向的判定

a）前置刀架，+Y 向内　b）后置刀架，+Y 向外

3）编程注意事项。

① G41、G42、G40 指令应与 G00 或 G01 指令写在同一程序段，通过直线运动建立或取消刀补，而不能与圆弧插补指令 G02、G03 写在同一个程序段内。

② G41、G42、G40 为模态指令。

③ G41、G42 不能同时使用，即在程序中，前面程序段有了 G41，后面的程序就不能继续使用 G42，必须先使用 G40 解除 G41 指令后，才能使用 G42 指令，否则不能正常进行刀具补偿，并会发生欠切或过切现象。

④ 刀尖圆弧半径补偿的建立应在切削进程启动之前完成，这样能够防止从工件轮廓上起刀带来的过切现象；反之，要在切削进程完成之后用移动命令来执行刀具补偿指令的取消；通常采用增加引导空行程运行的程序段来建立或取消刀尖圆弧半径补偿。

4）编程示例。应用刀尖圆弧自动补偿功能编写如图 6-12 所示零件的精加工程序，已知刀尖圆弧半径 $R=0.4$mm。参考程序见表 6-3。

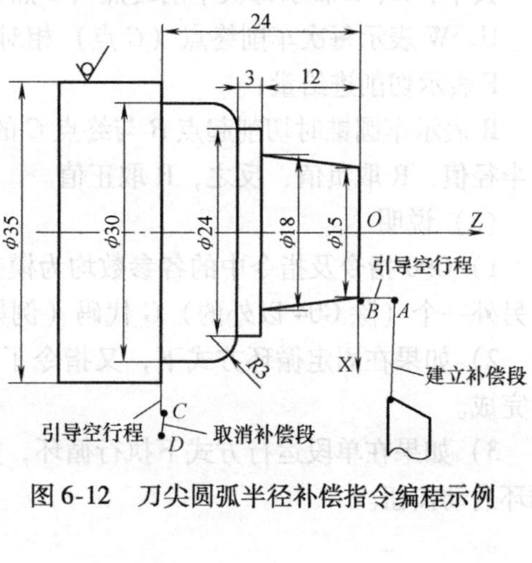

图 6-12　刀尖圆弧半径补偿指令编程示例

表 6-3 用刀尖圆弧半径补偿指令编写图 6-12 所示工件的加工程序

程序号 O6001;		
程序段号	程序内容	说　明
N10	G97 G99 M03 S1400 F0. 1;	主轴正转,转速为1400r/min,刀具进给量为0. 1mm/r
N20	T0101;	换 1 号外圆车刀,执行 01 号刀补
N30	G00 X37.　Z2.　M08;	快速定位至起刀点(无补偿),切削液开
N40	G42 X15. ;	快进至 *A* 点,建立刀尖圆弧半径右补偿
N50	G01 Z0;	直线进给至切削起点 *B*(已补偿)
N60	X18. Z－12. ;	加工锥体
N70	X24. ;	车台阶
N80	Z－15. ;	车 ϕ24mm 外圆
N90	G03 X30. W－3. R3. ;	车 *R*3mm 圆弧,补偿有效
N100	G01 Z－24. ;	车 ϕ30mm 外圆
N110	X37. ;	X 向退刀至终点 *C*,包括直径方向引导空行程 2mm
N120	G00 G40 X39. ;	取消刀尖圆弧半径补偿
N130	G00 X100. Z100. ;	快速退刀至换刀点
N140	M30;	程序结束

2. 外圆锥的编程方法

外圆锥的基本编程可以使用 G00、G01 等基本插补指令，但编写程序较为繁琐，适应于加工小锥度或加工余量不大的场合。对于加工余量较大的场合，采用循环指令可以大大缩短程序的长度，提高编程效率。下面重点讲解 G90 圆锥面车削循环指令，G71 指令也可用于外正锥的加工编程。

（1）走刀轨迹　如图 6-13 所示，G90 指令完成一次锥面切削包括以下四个动作：进刀（G00）、切削（G01）、退刀（G01）、返回（G00）。

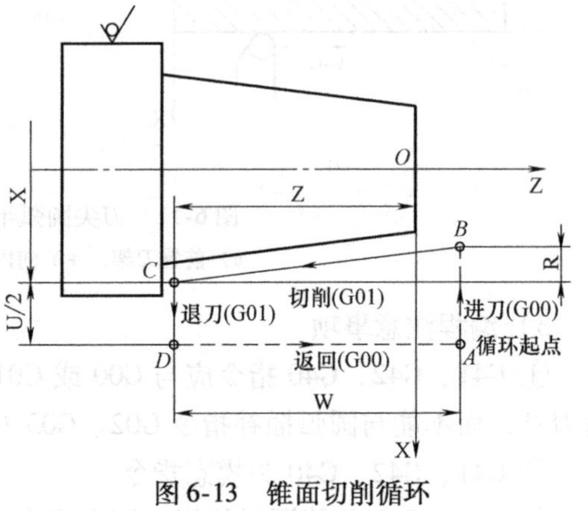

图 6-13　锥面切削循环

（2）指令格式

G90 X（U）__ Z（W）__ R__ F__;

其中：X、Z 表示每次车削终点（*C* 点）的绝对坐标；

U、W 表示每次车削终点（*C* 点）相对于循环起点（*A* 点）的增量坐标；

F 表示切削进给量；

R 表示车圆锥时切削起点 *B* 与终点 *C* 的半径差值。该值有正负号，若 *B* 点半径值小于 *C* 点半径值，R 取负值；反之，R 取正值。

（3）说明

1）G90 指令及指令中的各参数均为模态值，一经指定一直有效，在完成固定循环后可用另外一个（除 G04 以外的）G 代码（例如 G00）取消其作用。

2）如果在固定循环方式下，又指令了 M、S、T 功能，则固定循环和 M、S、T 功能同时完成。

3）如果在单段运行方式下执行循环，则每一循环分四段进行，执行过程中必须按四次循环启动按钮。

4）循环起点（A 点）应距离零件端面 1～2mm。

（4）编程示例 如图 6-14 所示，用 ϕ40mm×60mm 的棒料毛坯加工零件的锥面，试编写加工程序。

1）半径差 R 的计算。循环起点 A 点的坐标设为（X42.，Z2.），设锥面切削起点 B 点的直径为 d。则

$$(30-d)/42=(30-20)/40$$

$$d=19.5\text{mm}$$

$$R=(19.5\text{mm}-30\text{mm})/2=-5.25\text{mm}$$

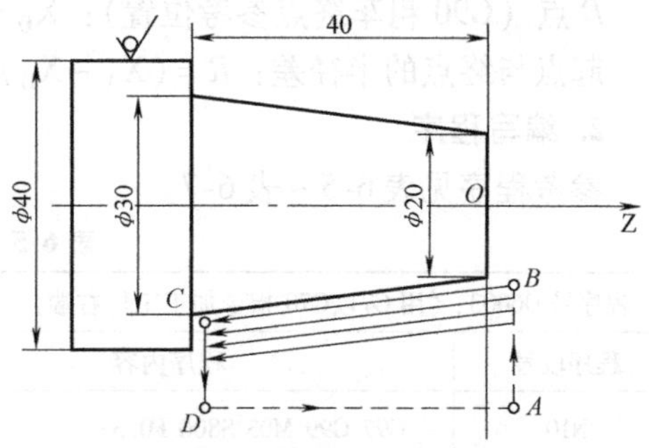

图 6-14 锥面加工示例

2）每次切削终点 X 值的计算。总余量为 40mm－19.5mm＝20.5mm，留精车余量 0.5mm，粗车每次直径方向背吃刀量为 5mm，分四次切完。

第一次起点 40mm－5mm＝35mm，终点 35mm＋5.25mm×2＝45.5mm；

第二次终点 45.5mm－5mm＝40.5mm；

第三次终点 40.5mm－5mm＝35.5mm；

第四次终点 35.5mm－5mm＝30.5mm。

3）编程。参考程序见表 6-4。

表 6-4 用 G90 指令编写图 6-14 所示锥面的加工程序

程序号 O6002；

程序段号	程序内容	说明
N10	G97 G99 M03 S800 F0.3；	主轴正转，转速为 800r/min，进给量为 0.3mm/r
N20	T0101；	换 1 号外圆车刀，执行 01 号刀补
N30	G00 G42 X42. Z2. M08；	快速定位至循环起点，建立刀尖圆弧半径补偿，切削液开
N40	G90 X45.5 Z－39.9. R－5.25；	锥面切削循环第一次，Z 向精车余量为 0.1mm
N50	X40.5.；	锥面切削循环第二次
N60	X35.5；	锥面切削循环第三次
N70	X30.5；	锥面切削循环第四次，X 向精车余量为 0.5mm
N80	X30. Z－40. S1400 F0.1；	精车锥面，主轴转速为 1400r/min，进给量为 0.1mm/r
N90	G00 G40 X100.	刀具快速离开工件，取消刀尖圆弧半径补偿
N100	Z100.；	快速退刀至换刀点
N110	M30；	程序结束

任务实施

1. 相关数值计算

（1）右端 30°短圆锥小端直径的计算 根据公式 $\tan(\alpha/2)=(D-d)/2L$ 得 $d=D-2L\tan(\alpha/2)$，代入数据，得

$$d=(30-2\times20\times\tan15°)\text{mm}=19.28\text{mm}$$

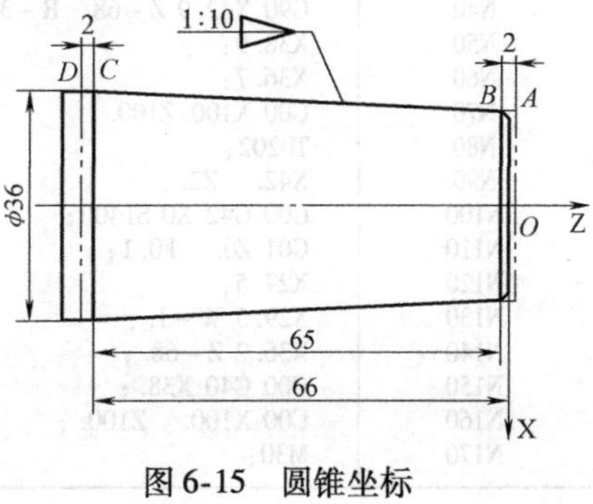

图 6-15 圆锥坐标

（2）左端锥度 1:10 长锥的相关数值计算

先计算 *B* 点的坐标。如图 6-15 所示，$L_{CB}=65$，应用公式 $1/10=(D-d)/L_{CB}$，得 $d=D-0.1\times L_{CB}=(36-0.1\times65)\text{mm}=29.5\text{mm}$，即 $X_B=29.5\text{mm}$

A 点（G90 粗车起点参考位置）：$X_A=(36-0.1\times67)\ \text{mm}=29.3\text{mm}$

D 点（G90 粗车终点参考位置）：$X_D=(36+0.1\times2)\ \text{mm}=36.2\text{mm}$

起点与终点的半径差：$R=(X_A-X_D)/2=-3.45\text{mm}$

2. 编写程序

参考程序见表 6-5 ~ 表 6-7。

表 6-5 参考程序（一）

程序号 O6003；（用 G71、G70 指令加工工件右端）		
程序段号	程序内容	说明
N10	G97 G99 M03 S800 F0.3；	主轴正转，转速为 800r/min，进给量为 0.3mm/r
N20	T0101；	换 1 号外圆车刀，执行 01 号刀补
N30	G00 X42. Z2. M08；	快速定位至循环起点，切削液开
N40	G71 U2. R0.5；	粗车循环，背吃刀量为 2mm，退刀量为 0.5mm
N50	G71 P60 Q140 U0.4 W0.05；	精车路线由 N60 ~ N140 决定，X 向精车余量为 0.4mm
N60	G00 G42 X0 S1400 F0.1；	Z 向精车余量为 0.05mm
N70	G01 Z0；	精车，主轴转速为 1400r/min，进给量为 0.1mm/r
N80	X19.28；	精车路线
N90	X30. Z-20.；	
N100	Z-40.；	
N110	X36.；	
N120	Z-46.；	
N130	X41.；	
N140	G00 G40 X42.；	
N150	X100. Z100.；	快速回到换刀点
N160	T0202；	换 2 号外圆精车刀，执行 02 号刀补
N170	G00 X42. Z2.；	快速定位至循环起点
N180	G70 P60 Q140；	精车循环，精车各表面
N190	G00 X100. Z100.；	快速退刀至换刀点
N200	M30；	程序结束

表 6-6 参考程序（二）

程序号 O6004；（用 G90 指令加工工件左端）		
程序段号	程序内容	说明
N10	G97 G99 M03 S800 F0.3；	主轴正转，转速为 800r/min，进给量为 0.3mm/r
N20	T0101；	换 1 号外圆车刀，执行 01 号刀补
N30	G00 X42. Z2. M08；	快速定位至循环起点，切削液开
N40	G90 X42.9 Z-68 R-3.45；	锥面切削循环第一次，
N50	X38.9；	锥面切削循环第二次
N60	X36.7；	锥面切削循环第三次，X 方向留 0.5mm 的精车余量
N70	G00 X100. Z100.；	快速回到换刀点
N80	T0202；	换 2 号外圆精车刀，执行 02 号刀补
N90	X42. Z2.；	快速接近工件
N100	G00 G42 X0 S1400；	精车路线第一段，建立刀具半径补偿，主轴正转，转速为 1400r/min 进给量为 0.1mm/r
N110	G01 Z0. F0.1；	
N120	X27.5；	
N130	X29.5 W-1.；	
N140	X36.2 Z-68.；	
N150	G00 G40 X38.；	精车路线最后一段
N160	G00 X100. Z100.；	快速退刀至换刀点
N170	M30；	程序结束

表 6-7 参考程序（三）

程序号 O6005；(用 G71、G70 指令加工工件左端)

程序段号	程序内容	说 明
N10	G97 G99 M03 S800 F0.3;	主轴正转,转速为 800r/min,进给量为 0.3mm/r
N20	T0101;	换 1 号外圆车刀,执行 01 号刀补
N30	G00 X42. Z2. M08;	快速定位至循环起点,切削液开
N40	G71 U2. R0.5;	粗车循环,背吃刀量为 2mm,退刀量为 0.5mm
N50	G71 P60Q110U0.5 W0.05;	精车路线由 N60 ~ N110 决定,X 向精车余量为 0.5mm,Z 向精车余量为 0.05mm
N60	G00 G42 X0 S1400 F0.1;	精车,主轴转速为 1400r/min,进给量为 0.1mm/r
N70	G01 Z0;	精车路线
N80	X27.5;	
N90	X29.5 W-1.;	
N100	X36.2 Z-68.;	
N110	G00 G40 X42.;	
N120	X100. Z100.;	快速回到换刀点
N130	T0202;	换 2 号外圆精车刀,执行 02 号刀补
N140	G00 X42. Z2.;	快速定位至循环起点
N150	G70 P60 Q110;	精车循环,精车各表面
N160	G00 X100. Z100.;	快速退刀至换刀点
N170	M30;	程序结束

任务三 加工与检验

知识准备

1. 操作过程中的注意事项

1）安装外圆车刀时，刀尖一定要与工件轴线等高，否则车出的圆锥母线呈双曲线。

2）必须在教师现场指导下进行程序的调试，不得擅自操作。

3）进行粗、精车两把刀的对刀时要注意工件坐标系原点的统一性。

4）对要求较高的外锥进行加工时应注意中间检验，判断和调整好误差，以保证加工精度。

2. 圆锥的检验方法

常用以下两种方法测量锥角。

（1）用圆锥量规测量 当工件是标准圆锥时，可用圆锥量规来测量锥角。圆锥量规分为圆锥套规和圆锥塞规两种，圆锥套规用于测量外锥面，圆锥塞规用于测量内锥面。

用圆锥塞规检验内圆锥时，先在塞规表面顺着圆锥素线用显示剂均匀涂上三条线（相互间隔 120°），然后将塞规放入内圆锥内转动 1/4 周，观察显示剂的擦去情况。如果显示剂擦去均匀，说明圆锥接触良好，锥度正确。如果大端擦去、小端没擦去，说明锥角小了；反之说明锥角大了。

用圆锥套规检验外圆锥时，检验方法和用圆锥塞规检验内圆锥的方法类似，不同的是显示剂涂在工件上。

（2）用游标万能角度尺测量 这种方法测量锥角的精度不高，只适于单件、小批量生产。游标万能角度尺的精度有2′和5′两种，其读数方法与游标卡尺相似。

3. 圆锥面的加工误差分析

圆锥面的加工误差分析见表6-8。

表6-8 圆锥面的加工误差分析

问题现象	产生原因	预防和消除方法
锥度不符合要求	1. 程序错误 2. 工件装夹不正确	1. 检查、修改程序错误 2. 检查工件的安装，增强安装刚度
锥面径向尺寸不符合要求	1. 刀具磨损 2. 没考虑刀尖圆弧半径补偿	1. 及时更换磨损大的刀具 2. 编程时考虑刀尖圆弧半径补偿
切削过程中出现干涉现象	圆锥半角大于刀具副偏角	1. 选择正确的刀具 2. 改变切削方式
出现双曲线误差	车刀刀尖没有对准工件轴线	车刀刀尖必须严格对准工件轴线

任务实施

1. 工件的加工

按以下操作步骤完成工件的加工，见表6-9。

表6-9 加工锥轴的操作步骤

实训项目	加工锥轴	设备编号	
		设备名称	
操作步骤	操作内容	操作要点	
准备工作	检查机床，准备好工具、量具、刀具和毛坯	机床运行正常，量具校对准确，刀具高度调整好	
装夹毛坯和刀具	装夹毛坯，安装刀具	毛坯伸出长度应合适并找正夹牢；刀具安装角度应准确	
试切对刀	先对粗车刀，试切端面，输入Z向刀补；试切外圆，测量并输入X向刀补。再对精车刀，刀尖接触已加工好的端面和外圆，然后分别输入Z向和X向刀补，输入刀尖位置号T3，*R*0.2mm	检查对刀的准确性，可通过MDI方式执行刀补，检查刀尖位置与坐标显示是否一致	
输入程序	在编辑状态下，完成程序的输入	注意程序的代码和指令格式，输入完成后对照原程序检查一遍	
空运行检查	在自动方式下将机床锁住，进入空运行状态，调出图形窗口，设置好图形参数，开始执行	检查刀具轨迹与编程轮廓是否一致，结束空运行后，注意机床回参考点	
输入磨耗值	在相应的刀具号上，根据情况输入磨耗值	X方向的磨耗为直径值	
单段运行	自动加工开始前，先按下单段键，然后按循环启动键	单段循环开始时，进给和快速倍率由低到高，运行中检查刀尖位置和走刀轨迹是否准确	
自动连续加工	关闭单段循环，执行连续加工	注意监控机床的运行，若发现异常，应按下循环停止按钮，处理完成后，恢复加工	
通过磨耗调整尺寸	精车后测量工件尺寸，根据实测尺寸通过磨耗进行尺寸修正	磨耗调整后，重新运行精车程序，直至尺寸合格	
结束工作	清理、维护机床，关机并填写操作记录	对需润滑的部位加润滑油，先关闭系统电源，再关闭车床总电源	

2. 工件的检测

按下列步骤对工件进行检测。

1）用外径千分尺测量 ϕ30mm 和 ϕ36mm 的外圆直径。

2）用深度千分尺测量长度 40mm。

3）用游标卡尺依次测量工件总长 111mm 及倒角 $C1$。

4）用粗糙度样板检测零件表面粗糙度值。

5）用游标万能角度尺测量右端 30°外锥。

6）用圆锥套规检验左端 1:10 外锥。

项目评估

学生和教师按要求分别填写项目评估卡，见表 6-10。

表 6-10 加工锥轴项目评估卡

班级		姓名		学号		日期
项目名称		加工锥轴				
基本检查		序号	检查项目	配分	学生自评	教师评分
	编程	1	加工工艺制订正确	2		
		2	切削用量选用合理	2		
		3	程序正确、简单、规范	3		
	操作	4	操作正确，维护保养规范	3		
		5	服从安排，安全、文明生产	5		
	纪律	6	不迟到、不早退、不旷课	5		
基本检查结果总计				20		

精度检测	序号	图样尺寸	允差	量具	配分	实际尺寸		分数
						学生自测	教师检测	
	1	外锥 30°	±0.5°	游标万能角度尺	15			
	2	外圆 ϕ30mm	$^{0}_{-0.03}$mm	外径千分尺	10			
	3	外圆 ϕ36mm	$^{0}_{-0.05}$mm	外径千分尺	10			
	4	外锥 1:10	±6′	圆锥套规	20			
	3	长 40mm	$^{0}_{-0.06}$mm	深度千分尺	10			
	4	长 111mm	±0.1mm	游标卡尺	10			
	5	表面粗糙度值	Ra1.6μm、Ra3.2μm	粗糙度样板	5			
精度检测结果总计					80			
基本检查结果		精度检测结果				总成绩		

学生签字： 实习指导教师签字：

知识拓展

端面粗加工复合循环指令 G72

1. 功能

该指令与 G71 指令类似，不同之处是刀具沿平行 X 轴方向切削，是从外径向轴心方向以端面切削的形式进行外形循环加工，适用于对大、小径之差较大而长度较短的盘类工件端面复杂形状进行粗车。

2. 走刀轨迹

如图 6-16 所示，该指令只需指定粗加工背吃刀量（Δd）、精加工余量（Δu/2、Δw）和精加工路线（*A*→*A*′→*B*），系统便可自动计算出粗加工进给路线和走刀次数，完成粗加工。

图 6-16 中 *A* 为刀具循环起点，执行粗车循环时，刀具从 *A* 点移动到 *C* 点，粗车循环结束后，刀具返回 *A* 点。

3. 指令格式

G72　W<u>Δd</u>　R<u>e</u>;

G72　P<u>ns</u>　Q<u>nf</u>　U<u>Δu</u>　W<u>Δw</u>　F<u>f</u>;

其中：Δd 为每次循环 Z 向吃刀量（取正值）。

精加工路线 ns ~ nf 及方向顺序为从循环起点 *A* 到切削起点 *A*′，再到切削终点 *B*。

其他符号的意义与 G71 指令相同。

4. 说明

1）使用 G72 指令时，零件沿 X 轴的外形必须是单调递增或单调递减的。

2）在 FANUC 系统中，顺序号 ns 程序段必须沿 Z 向进刀，且不能出现 X 轴的运动指令，否则会出现程序报警。

5. 编程示例

零件如图 6-17 所示，毛坯为 ϕ160mm × 100mm 的棒料，应用 G72 循环指令编程。

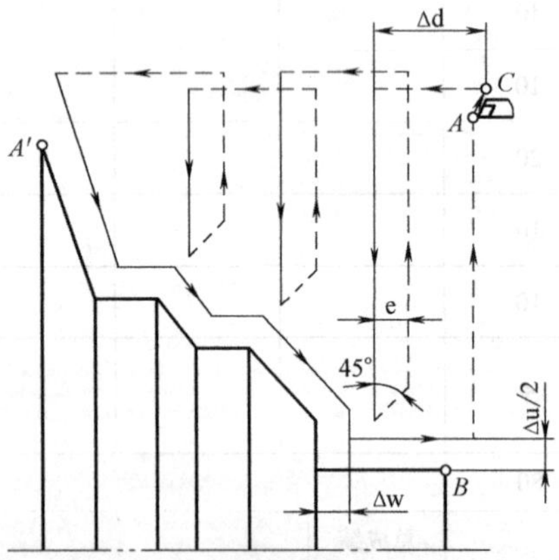

图 6-16　G72 指令循环轨迹图

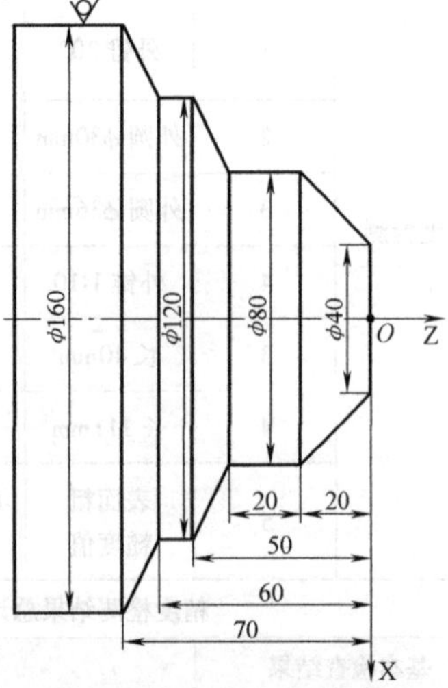

图 6-17　G72 指令编程示例

参考程序见表6-11。

表6-11 用G72指令编写图6-17所示工件的加工程序

程序号 O6006；		
程序段号	程序内容	说明
N10	G97 G99 M03 S700 F0.2；	主轴正转，转速为700r/min，进给量为0.2mm/r
N20	T0101；	换1号外圆车刀，执行1号刀补
N30	G00 X162. Z2. M08；	快速定位至循环起点，切削液开
N40	G72 W2. R0.5；	端面粗车循环，Z向背吃刀量为2mm，退刀量为0.5mm
N50	G72 P60 Q140 U0.4 W0.1；	精车路线由N60～N140决定，X向精车余量为0.4mm Z向精车余量为0.1mm
		精车，主轴转速为1000r/min，进给量为0.1mm/r
N60	G00 G42 Z-70. S1000 F0.1；	精车路线
N70	G01 X160.；	
N80	X120. Z-60.；	
N90	Z-50.；	
N100	X80. Z-40.；	
N110	Z-20.；	
N120	X40. Z0；	
N130	Z1.；	
N140	G00 G40 Z2.；	
N150	G70 P60 Q140；	端面精车循环，精车各表面
N160	G00 X100. Z100.；	快速退刀至换刀点
N170	M30；	程序结束

技能训练

编制下列锥轴的粗、精车程序，并操作数控车床完成工件的加工。

1. 如图6-18所示，毛坯为ϕ40mm的棒料，材料为45钢。
2. 如图6-19所示，毛坯为ϕ40mm×105mm的棒料，材料为45钢。

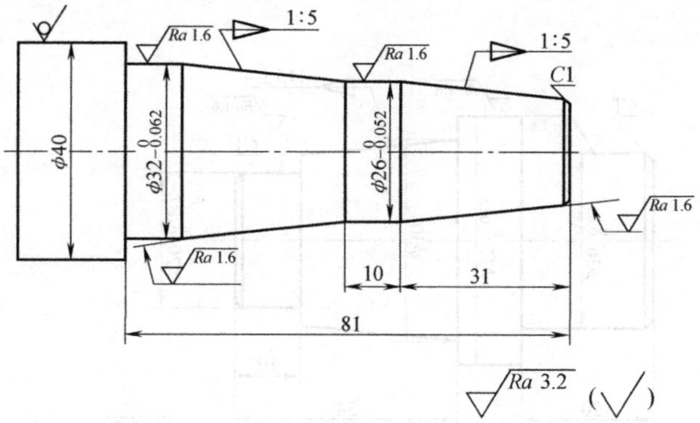

图6-18 题1图

3. 如图6-20所示，毛坯为ϕ45mm×65mm的棒料，材料为45钢。

4. 如图 6-21 所示，毛坯为 ϕ40mm×70mm 的棒料，材料为 45 钢。

5. 如图 6-22 所示，毛坯为 ϕ40mm 的棒料，材料为 45 钢。

6. 加工如图 6-23 所示的阶梯轴，要求工件左端粗车加工用 G71 指令，右端粗车加工用 G72 指令，毛坯为 ϕ45mm×85mm 的棒料，材料为 45 钢。

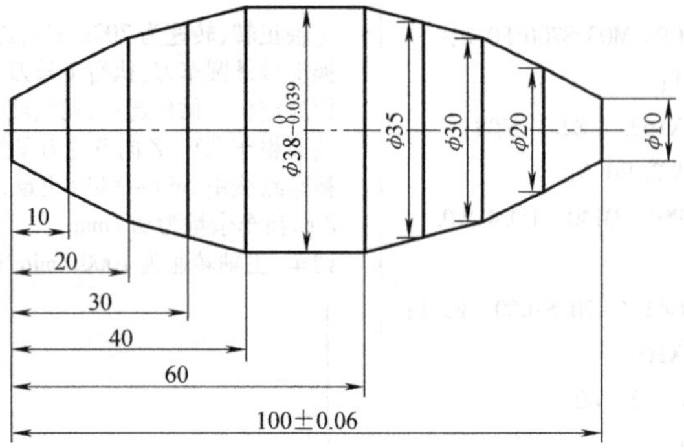

图 6-19 题 2 图

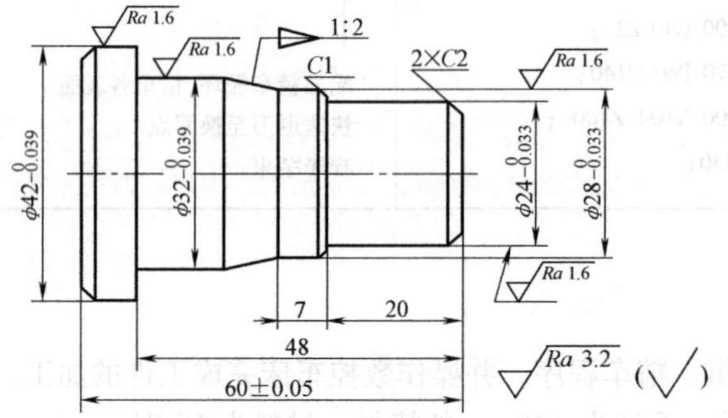

图 6-20 题 3 图

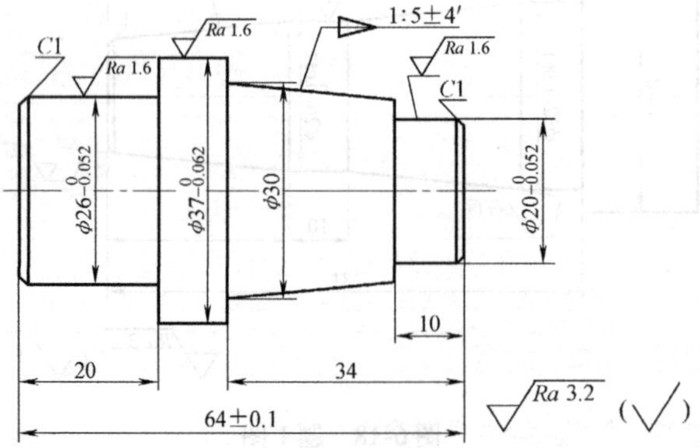

图 6-21 题 4 图

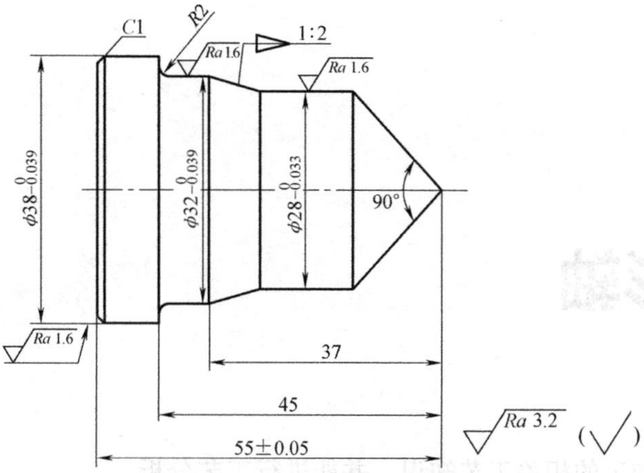

图 6-22 题 5 图

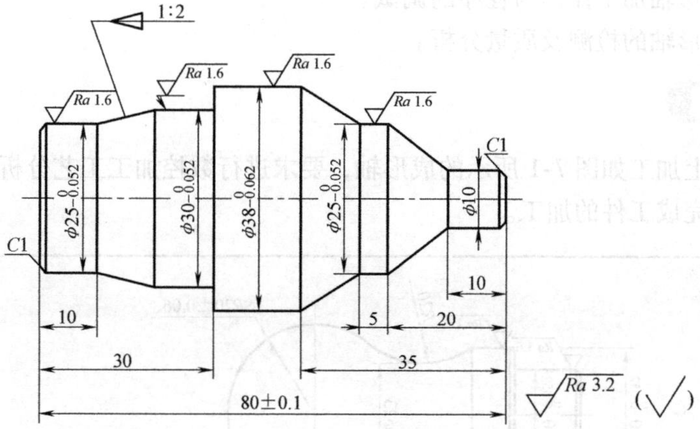

图 6-23 题 6 图

项目七 加工成形轴

项目要求

1. 掌握成形轴加工的相关工艺知识，并能进行工艺分析。
2. 会用 G73 指令编写成形轴的加工程序。
3. 能进行成形轴加工操作与程序的调试。
4. 会进行成形轴的检测及质量分析。

项目内容

在数控车床上加工如图 7-1 所示的成形轴，要求进行数控加工工艺分析，编写数控加工程序并操作机床完成工件的加工。

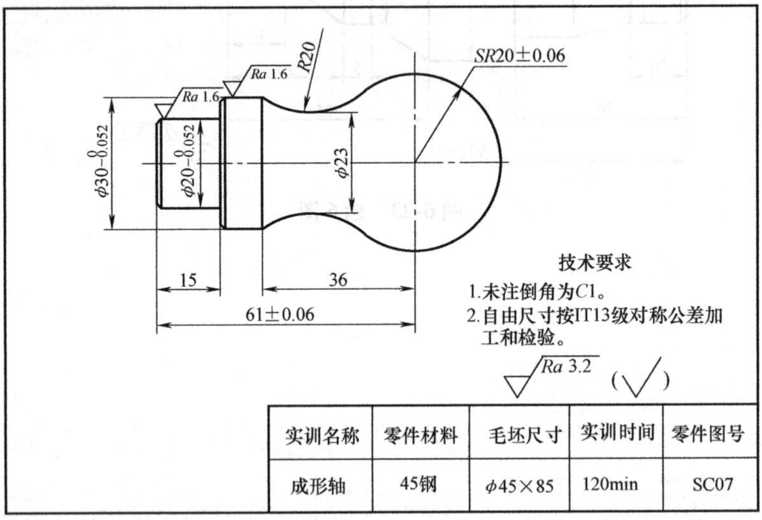

图 7-1　成形轴

任务一　制订加工工艺

知识准备

机械零件中有些零件的表面素线是某种曲线，如圆弧、椭圆、双曲线和抛物线等，这些带有曲线的表面称为成形面。由于设计和使用方面的要求，这类零件应用得比较广泛，如各种手柄和带圆球的把手等。

1. 成形轴的常见技术要求

1）圆弧的尺寸及形状要求。

2）弧面的圆跳动、同轴度等位置要求。

3）圆弧的光滑连接、表面质量及热处理表面硬度要求等。

2. 车刀的选择

（1）尖形车刀 对于大多数精度要求不高的成形面，一般可选用尖形车刀。选用这类车刀切削圆弧，一定要选择合理的副偏角，防止副切削刃与已加工圆弧面产生干涉。因此，加工凹圆弧时，刀具的副偏角 κ_r' 应大于圆弧起点的切入角 α；加工凸圆弧时，刀具的副偏角 κ_r' 应大于圆弧终点的切出角 β，如图 7-2 所示。

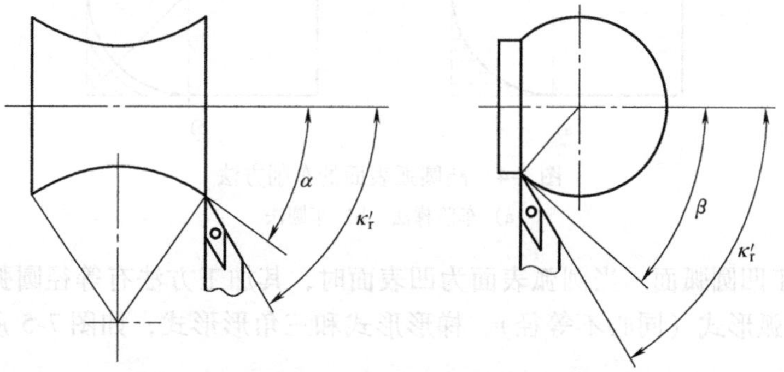

图 7-2 圆弧加工刀具副偏角与切入、切出角

a）车凹弧 b）车凸弧

（2）圆弧形车刀 圆弧形车刀的主要特征是构成主切削刃的切削刃形状为一条轮廓误差很小的圆弧。该圆弧刃的每一点都是圆弧形车刀的刀尖，因此刀位点在圆弧的圆心上。圆弧形车刀特别适宜于车削各种光滑连接的成形面，加工精度和表面质量较尖形车刀高。在选用圆弧形车刀车削圆弧时，切削刃的圆弧半径应小于或等于零件上凹形轮廓的最小曲率半径，以免发生加工干涉。

对于工件上半径较小的凹弧，如图 7-3 所示的圆弧槽，通常选用等半径的圆弧刀，使用 G01 直线插补指令用直进法加工。

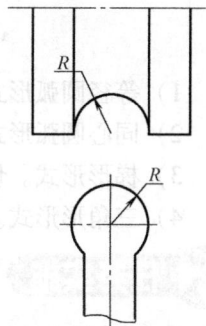

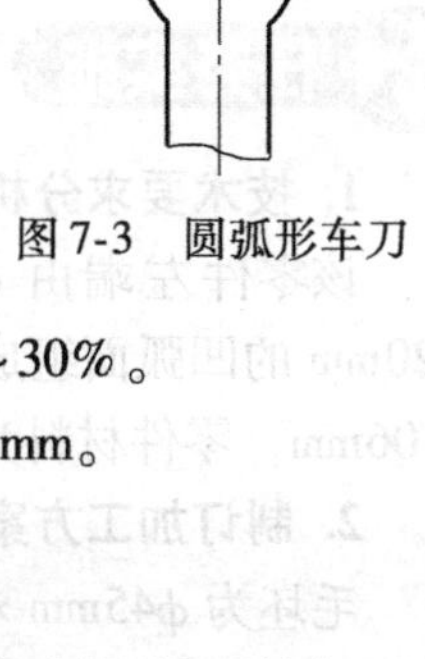

图 7-3 圆弧形车刀

3. 切削用量的选择

由于成形面在粗加工过程中常常出现切削不均匀的情况，背吃刀量应小于外圆柱面及圆锥面加工的背吃刀量，一般粗加工背吃刀量 $a_p = 1 \sim 1.5\text{mm}$，其进给速度也较低，可以参照一般外圆加工减少 20% ~30%。精加工时应尽量使精加工余量均匀，通常取精加工余量为 0.2 ~0.4mm。

4. 成形轴的加工方法

成形轴加工一般分为粗加工和精加工。

圆弧面的粗加工与一般外圆柱面、圆锥面的加工不同。曲线加工的切削用量不均匀，背吃刀量过大，容易损坏刀具，在粗加工中要考虑加工路线和切削方法。其总体原则是在保证背吃刀量尽可能均匀的情况下，减少走刀次数和空行程。

（1）粗加工凸圆弧面　圆弧表面为凸面时，通常有车阶梯法和车圆法（同心圆法）两种加工方法，如图7-4所示。

1）车阶梯法。车阶梯法即用车阶梯的方法切除圆弧毛坯余量。此方法的车刀空行程较短，如图7-4a所示。车阶梯法一般适用于圆心角小于90°的圆弧粗车。

2）车圆法。车圆法即用不同的半径切除毛坯余量。此方法的车刀空行程较长，如图7-4b所示。车圆法适用于圆心角大于90°的圆弧粗车。

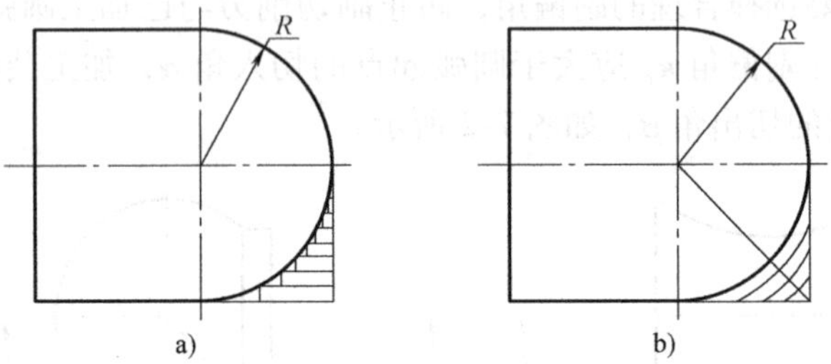

图7-4　凸圆弧表面的车削方法
a）车阶梯法　b）车圆法

（2）粗加工凹圆弧面　当圆弧表面为凹表面时，其加工方法有等径圆弧形式（等径不同心）、同心圆弧形式（同心不等径）、梯形形式和三角形形式，如图7-5所示。其各自的特点如下：

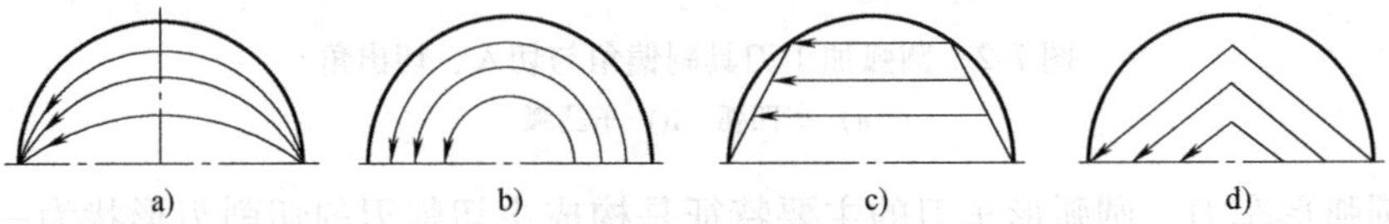

图7-5　凹圆弧面的加工方法
a）等径圆弧形式　b）同心圆弧形式　c）梯形形式　d）三角形形式

1）等径圆弧形式。计算和编程最简单，但进给路线较其他几种方式长。

2）同心圆弧形式。进给路线短，且精车余量最均匀。

3）梯形形式。切削力分布合理，切削率高。

4）三角形形式。进给路线较同心圆弧形式长，但比梯形和等径圆弧形式短。

任务实施

1. 技术要求分析

该零件左端由 ϕ20mm 的圆柱和 ϕ30mm 的台阶组成，右端由 SR20mm 的凸弧面和 R20mm 的凹弧面组成。外径公差为 0.052mm，圆弧尺寸精度要求不高，总长要求为 81 ± 0.06mm，零件材料为45钢，表面粗糙度值要求为 Ra1.6μm 和 Ra3.2μm。

2. 制订加工方案

毛坯为 ϕ45mm×85mm 的棒料，工件两端无相互位置度要求，因此用自定心卡盘分两次装夹，即可满足加工要求。

(1) 确定操作步骤

1) 用自定心卡盘夹持 ϕ45mm 毛坯的外圆，伸出卡盘长度大于 40mm，找正夹紧。

2) 对刀，设置编程原点。

3) 粗、精车工件左端 ϕ20mm 的外圆及 ϕ30mm 的台阶至尺寸要求。

4) 调头，包铜皮夹持 ϕ20mm 的外圆，用 ϕ30mm 的台阶定位，找正夹紧。

5) 车端面，保总长，对刀。

6) 粗、精车右端 *SR*20mm 和 *R*20mm 的成形面至尺寸要求。

(2) 选择刀具，填写刀具选择卡　见表 7-1。

表 7-1　加工成形轴刀具选择卡

项目名称		加工成形轴	零件名称	成形轴	零件图号		SC07
序号	刀具号	刀具名称	刀片规格	刀尖位置	数量	加工表面	备注
1	T0101	93°外圆右偏刀	80°菱形 *R*0.4mm	T3	1	左端外圆及台阶	粗、精车
2	T0202	93°外圆右偏刀	35°菱形 *R*0.2mm	T3	1	右端成形面	粗、精车

(3) 制订加工工序，填写工序卡　见表 7-2。

表 7-2　加工成形轴工序卡

项目名称	加工成形轴	工件材料	45 钢	车床系统	FANUC 0i TC	工序号	001
程序名	O7003、O7004	车床名称	CKA6150		夹具名称	自定心卡盘	
工步号	工步内容		G 功能	T 刀具	切削用量		
					主轴转速 n/(r/min)	进给速度 f/(mm/r)	背吃刀量 a_p/mm
1	粗车左端外圆及台阶		G71	T0101	800	0.3	2
2	精车左端外圆及台阶		G70	T0101	1400	0.1	0.5
3	调头，车端面，保总长		手动	T0202	700	0.15	<1.5
4	粗车右端成形面		G73	T0202	700	0.15	
5	精车右端成形面		G70	T0202	1400	0.1	0.3

任务二　编写数控加工程序

知识准备

1. 固定形状粗车循环指令 G73

(1) 功能　适用于粗车轮廓形状与零件轮廓形状基本接近的毛坯，如铸造、锻造类毛坯，或工件轮廓形状变化非单调的棒料毛坯。

(2) 走刀轨迹　如图 7-6 所示，该指令只需指定 X、Z 方向的总退刀量（Δi、Δk）、粗加工循环次数、精加工余量（Δu/2、Δw）和精加工路线（*A*→*A*′→*B*），系统便可自动计算出粗加工背吃刀量，给出粗加工路线，完成各外圆表面的粗加工。

图 7-6 中 *A* 为刀具循环起点，该点应距离零件 1～2mm。执行粗车循环时，刀具从 *A* 点

快速移动到 *C* 点，移动距离分别为 Δi + Δu/2、Δk + Δw，这样粗加工循环之后自动留出精加工余量 Δu/2、Δw，粗车循环结束后，刀具返回 *A* 点。

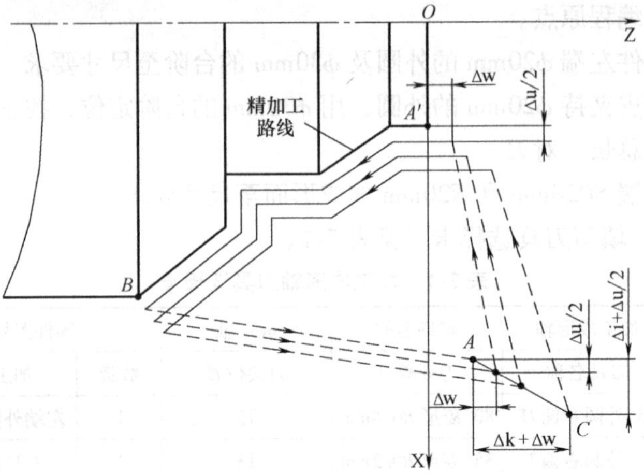

图 7-6　G73 走刀轨迹

（3）指令格式

G73 UΔi　WΔk　Rd；

G73 Pns　Qnf　UΔu　WΔw　Ff1；

参数说明：

Δi 表示 X 轴方向总退刀量（半径值）；

Δk 表示 Z 轴方向总退刀量；

d 表示粗车循环次数；

ns 表示精加工路线的第一个程序段的段号；

nf 表示精加工路线的最后一个程序段的段号；

Δu 表示 X 方向的精加工余量（直径值）；

Δw 表示 Z 方向的精加工余量；

f1 表示粗车进给量。

（4）编程格式

G00 X＿　Z＿；　　（快速定位到循环起点）

G73 UΔi　WΔk　Rd；　　（设置 X、Z 方向的总退刀量及粗车次数）

G73 Pns　Qnf　UΔu　WΔw　Ff1；　　（设置精车路线起止程序段号 ns、nf，精加工余量 Δu、Δw，粗车进给量 f1）

Nns G00/G01　X＿　Ff2；

.

.

Nnf；　　（精车路线描述）

（5）说明

1）刀具轨迹平行于工件的轮廓，故适合加工铸造和锻造成形的坯料。

2）Δi 表示 X 方向的总退刀量，即 X 方向最大粗车总余量，经验公式为

Δi =（毛坯直径 − 工件轮廓上最小直径 − Δu）/2

3）Δk = 毛坯 Z 方向的总余量 - Δw。

4）d 为粗车循环次数，计算方法为：d = Δi /预设的背吃刀量，取整数。

5）当工件轮廓中有大的凸弧或凹弧时，为避免产生切削误差，Δk 和 Δw 通常取零。

6）在 FANUC 系统中，顺序号 ns 程序段可以向 X 轴或 Z 轴的任意方向进刀。

7）在粗车循环过程中，刀尖圆弧半径补偿功能无效。为避免过切，应留出较大的精加工余量。一般 U 方向取两倍的刀尖圆弧半径值。

8）G73 指令用于棒料车削时，会有较长的空行程。

2. 外圆精车循环指令（G70）

（1）功能　使用该精加工循环指令切除 G73 指令粗加工后留下的精加工余量。

（2）指令格式

G70　Pns　Qnf

其中：ns 为精车路线的第一个程序段段号；

nf 为精车路线的最后一个程序段段号。

（3）说明

1）在 G73 程序段中规定的 F、S、T 对于 G70 指令无效，但在执行 G70 指令时，顺序号 ns ~ nf 程序段之间的 F、S、T 有效。

2）当 G70 指令循环加工结束时，刀具返回循环起点并读下一句程序。

3. 编程实例

［例 7-1］　如图 7-7 所示，设切削起始点在 *A*（60，5）；X、Z 方向粗加工余量分别为 3mm 和 0.9mm；粗加工次数为 3；X、Z 方向的精加工余量分别为 0.6mm 和 0.1mm。其中双点画线部分为工件毛坯，用 G73、G70 指令编写该零件的粗、精加工程序。

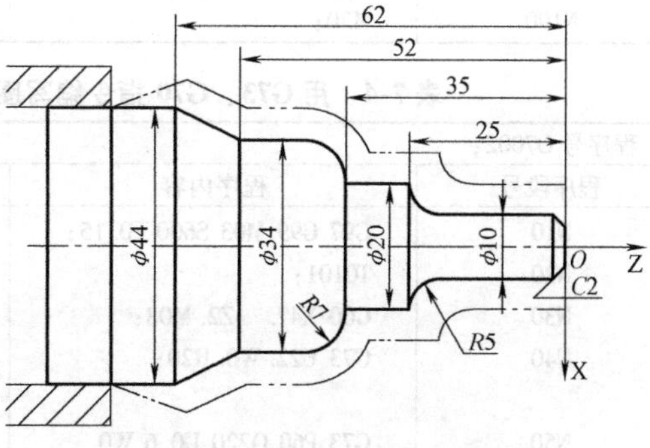

图 7-7　铸、锻造毛坯的加工

参考程序见表 7-3。

［例 7-2］　如图 7-8 所示，用 G73、G70 指令编写该零件的粗、精加工程序，已知毛坯为 ϕ45mm 的棒料，材料为 45 钢。参考程序见表 7-4。

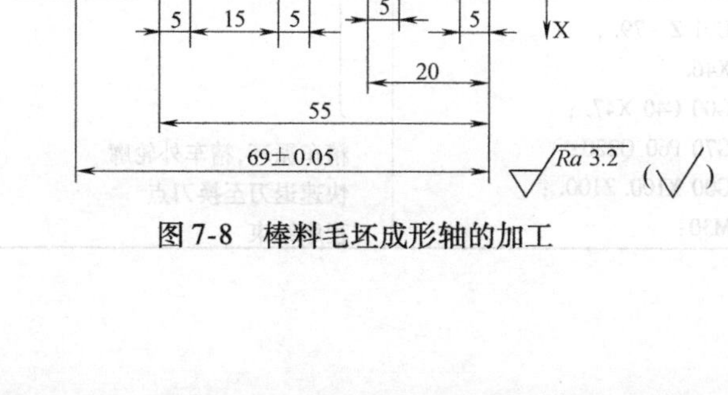

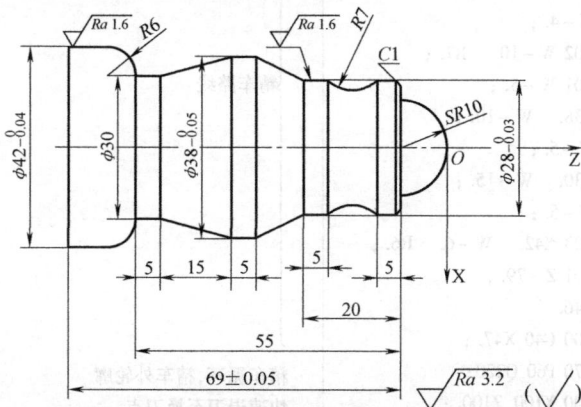

图 7-8　棒料毛坯成形轴的加工

表 7-3 用 G73、G70 指令编写图 7-7 所示铸、锻造毛坯的加工程序

程序号 O7001;

程序段号	程序内容	说 明
N10	G97 G99 M03 S700 F0.2;	主轴正转,转速为 700r/min,进给量为 0.2mm/r
N20	T0101;	外圆车刀 T01
N30	G00 X60. Z5. M08;	快速进刀至循环起点,切削液开
N40	G73 U3. W0.9 R3.;	定义 G73 粗车循环,X 方向总退刀量为 3mm,Z 方向总退刀量为 0.9mm,粗车循环 3 次
N50	G73 P60 Q160 U0.6 W0.1;	精车路线由 N60 ~ N160 指定,X 方向的精车余量为 0.6mm,Z 方向的精车余量为 0.1mm
N60	G00 G42 X0;	精车路线
N70	G01 Z0 S1200 F0.1;	
N80	X6.;	
N90	X10. W-2.;	
N100	Z-20.;	
N110	G02 U10. W-5. R5.;	
N120	G01 Z-35.;	
N130	G03 U14. W-7. R7.;	
N140	G01 Z-52.;	
N150	X44. Z-62.;	
N160	G00 G40 X46.;	
N170	G70 P60 Q160;	精车循环加工外轮廓
N180	G00 X100. Z100.;	快速退刀至换刀点
N190	M30;	程序结束

表 7-4 用 G73、G70 指令编写图 7-8 所示棒料毛坯成形轴的加工程序

程序号 O7002;

程序段号	程序内容	说 明
N10	G97 G99 M03 S600 F0.15;	主轴正转,转速为 600r/min,进给量为 0.15mm/r
N20	T0101;	换 1 号外圆车刀,55°菱形刀片
N30	G00 X47. Z2. M08;	快速定位至循环起点,切削液开
N40	G73 U22. W0. R20;	定义 G73 粗车循环,X 方向总退刀量为 22.0mm,Z 方向总退刀量为 0mm,粗车循环 20 次
N50	G73 P60 Q220 U0.6 W0.;	精车路线由 N60 ~ N220 指定,X 方向的精车余量为 0.6mm,Z 方向的精车余量为 0mm
N60	G00 G42 X-1. S1400 F0.1;	精车路线
N70	G01 Z0;	
N80	X0.;	
N90	G03 X20. Z-10. R10.;	
N100	G01 X26.;	
N110	X28. W-1.;	
N120	W-4.;	
N130	G02 W-10. R7.;	
N140	G01 W-5.;	
N150	X38. W-10.;	
N160	W-5.;	
N170	X30. W-15.;	
N180	W-5.;	
N190	G03 X42. W-6. R6.;	
N200	G01 Z-79.;	
N210	X46.	
N220	G00 G40 X47.;	
N230	G70 P60 Q220;	精车循环,精车外轮廓
N240	G00 X100. Z100.;	快速退刀至换刀点
N250	M30;	程序结束

任务实施

1. 相关数值计算

精车如图 7-9 所示的工件外形，需计算出 A 点的坐标，计算过程如下：

1）在△BDE 中，利用勾股定理求出 BD。

$$BD=\sqrt{EB^2-ED^2}=\sqrt{40^2-31.5^2}\text{mm}=24.65\text{mm}$$

2）在△BDE 和△BCA 中，利用相似三角形求出 BC 和 CA。

$BC/BD=BA/BE \quad BC/24.65=20/40 \quad BC=12.33\text{mm}$

$AC/ED=BA/BE \quad AC/31.5=20/40 \quad AC=15.75\text{mm}$

所以 A 点的 X 坐标为：X = 15.75 × 2 = 31.5

A 点的 Z 坐标为：Z = −(20 + 12.33) = −32.33

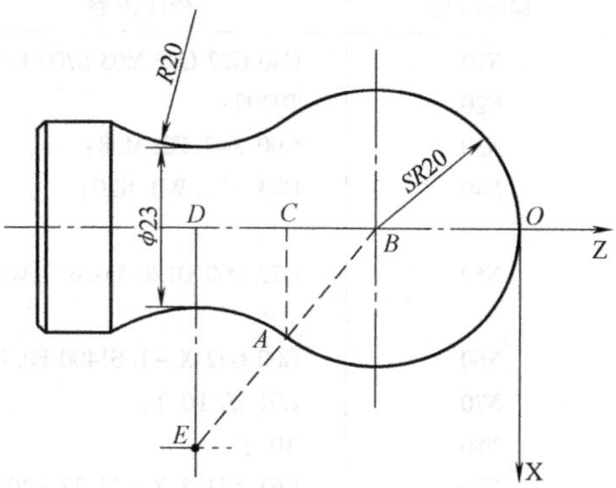

图 7-9 节点坐标的计算

2. 编写加工程序

参考程序见表 7-5 和表 7-6。

表 7-5 参考程序（一）

程序号 O7003；（粗、精车左端外圆轮廓）

程序段号	程序内容	说明
N10	G40 G97 G99 M03 S800 F0.3；	主轴正转，转速为 800r/min，刀具进给量为 0.3mm/r
N20	T0101；	换 1 号外圆车刀
N30	G00 X47. Z2. M08；	快速定位至循环起点，切削液开
N40	G71 U2. R0.5；	粗车循环，背吃刀量为 2mm，退刀量为 0.5mm
N50	G71 P60 Q150 U0.5 W0.05；	精车路线由 N60 ~ N150 指定，X 向精车余量为 0.5mm Z 向精车余量为 0.05mm
N60	G00 G42 X0 S1400 F0.1；	精车，主轴正转，转速为 1400r/min，刀具进给量为 0.1mm/r
N70	G01 Z0.；	精车路线
N80	X18.；	精车路线
N90	X20. Z−1.；	精车路线
N100	Z−15.；	精车路线
N110	X28.；	精车路线
N120	X30. W−1.；	精车路线
N130	Z−35.；	精车路线
N140	X46.；	精车路线
N150	G00 G40 X47.；	精车路线
N160	G70 P60 Q150；	精车循环，精车外轮廓
N170	G00 X100. Z100.；	快速退刀至换刀点
N180	M30；	程序结束

表 7-6 参考程序（二）

程序号 O7004；(粗、精车右端成形面)

程序段号	程序内容	说明
N10	G40 G97 G99 M03 S700 F0.15；	主轴正转，转速为700r/min，进给量为0.15mm/r
N20	T0202；	外圆车刀T02，调用02号刀补
N30	G00 X47. Z2. M08；	快速定位至循环起点，切削液开
N40	G73 U22. W0. R20；	粗车循环，X方向总退刀量为22mm，Z方向总退刀量为0mm，粗车循环20次
N50	G73 P60 Q120 U0.6 W0.；	精车路线由N60～N120指定，X方向的精车余量为0.6mm，Z方向的精车余量为0mm
N60	G00 G42 X－1. S1400 F0.1；	精车路线
N70	G01 Z0 F0.1；	
N80	X0.；	
N90	G03 X31.5. Z－32.33 R20.；	
N100	G02 X30. Z－56. R20.；	
N110	G01 X31.；	
N120	G00 G40 X47.；	
N130	G70 P60 Q120；	精车循环，精车外轮廓
N140	G00 X100. Z100.；	快速退刀至换刀点
N150	M30；	程序结束

任务三 加工与检验

知识准备

1. 操作过程中的注意事项

1）程序输入完毕，必须认真检查、模拟正确，经教师检查允许后再进行加工操作。

2）车削工件右端时，因工件伸出较长，容易产生振动及让刀现象，所以分为粗车、半精车和精车三个加工阶段，并且选择相对较小的切削用量。

3）检验半径偏差时，测量样板应通过工件中心，采用透光法测量，并配合千分尺加以综合检验。

2. 成形轴上的圆弧检验方法

（1）用半径样板检验 半径样板就是R规，如图7-10a所示。R规是利用光隙法测量圆弧半径的工具。测量时必须使R规的测量面与工件的圆弧完全、紧密地接触。当测量面与工件的圆弧中间没有间隙时，工件的圆弧半径则为此时对应的R规上所表示的数字，否则工件上的圆弧半径为不合格，具体情况如图7-10b所示。由于此方法是目测，故准确度不是很高，只能做定性测量。当检验轴类零件的圆弧曲率半径时，半径样板要放在径向界面内。

如果圆弧半径有公差要求，根据工件圆弧半径的极限偏差选两片（或制造两块）极限样板，对于凸面圆弧，用上限半径样板去检验时，允许其两边沿漏光，用下限半径样板检验时，允许其中间漏光，此时可确定该工件的圆弧半径在公差范围内。对于凹面圆弧，漏光情况则相反。

半径样板使用后应擦净，擦时要从铰链端向工作端方向擦，切勿逆擦，以防半径样板折断或弯曲，擦净后将其存放起来。

如果是多段圆弧相接的形状，则需用线切割机床自制薄片样板来进行检查。

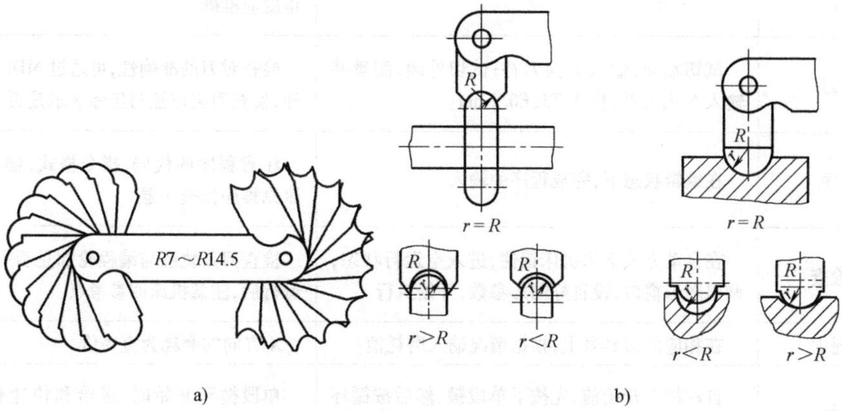

图 7-10 半径样板及其使用方法

a）半径样板 b）完全合格和不合格的各种情况

（2）用三坐标仪检验 检查精度要求较高的圆弧时，可以使用三坐标仪等先进工具，这样不但能检查出尺寸精度，还能检查出形状和位置精度。

3. 成形轴上圆弧加工误差分析

成形轴上圆弧加工误差分析见表 7-7。

表 7-7 成形轴上圆弧加工误差分析

问题现象	产生原因	预防和消除方法
圆弧凸凹方向不对	顺、逆圆弧 G02、G03 判断错误	检查、修改程序错误
圆弧尺寸不符合要求	1. 刀具磨损 2. 没考虑刀尖圆弧半径补偿 3. 程序错误	1. 及时更换磨损大的刀具 2. 编程时考虑刀尖圆弧半径补偿 3. 检查并改正程序错误
切削过程中出现干涉现象（过切）	1. 刀具参数不正确 2. 刀具安装不正确	1. 选择正确刀具 2. 正确安装刀具
圆弧在象限处有刀痕	机床 X 轴反向间隙过大	重新测定、调整机床反向间隙

任务实施

1. 工件的加工

按下列操作步骤完成工件的加工，见表 7-8。

表 7-8 成形轴加工的操作步骤

实训项目	加工成形轴	设备编号	
		设备名称	
操作步骤	操作内容	操作要点	
准备工作	检查机床，准备好工具、量具、刀具和毛坯	机床运行正常，量具校对准确，刀具高度调整好	

（续）

操作步骤	操作内容	操作要点
装夹毛坯和刀具	装夹毛坯,安装刀具	毛坯伸出长度应合适并找正夹牢;刀具安装角度应准确
试切对刀	试切端面,输入 Z 向刀补;试切外圆,测量并输入 X 向刀补;输入 T3,*R*0.2mm	检查对刀的准确性,可通过 MDI 方式执行刀补,检查刀尖位置与坐标显示是否一致
输入程序	在编辑状态下,完成程序的输入	注意程序的代码、指令格式,输入完成后对照原程序检查一遍
空运行检查	在自动方式下将机床锁住,进入空运行状态,调出图形窗口,设置好图形参数,开始执行	检查刀具轨迹与编程轮廓是否一致,结束空运行后,注意机床回参考点
输入磨耗值	在相应的刀具号上,根据情况输入磨耗值	X 方向的磨耗为直径值
单段运行	自动加工开始前,先按下单段键,然后按循环启动键	单段循环开始时,进给和快速倍率由低到高,运行中检查刀尖位置和走刀轨迹是否准确
自动连续加工	关闭单段循环,执行连续加工	注意监控机床的运行,若发现异常,应按下循环停止按钮,处理完成后,恢复加工
通过磨耗调整尺寸	精车后测量工件尺寸,根据实测尺寸通过磨耗进行尺寸修正	磨耗调整后,重新运行精车程序,直至尺寸合格
结束工作	清理、维护机床,关机并填写操作记录	对需润滑的部位加润滑油,先关闭系统电源,再关闭车床总电源

2. 工件的检验

按下列步骤对工件进行检验。

1）用外径千分尺测量 ϕ20mm 和 ϕ30mm 的外圆及 *SR*20mm 的球头直径。

2）用外径千分尺测量工件总长 81±0.06mm（61±0.06mm）。

3）用游标卡尺测量长度 15mm 及 *C*1 倒角。

4）用 *R*20mm 的半径样板检测 *R*20mm 的圆弧。

5）用粗糙度样板检测表面粗糙度值。

项目评估

学生和教师按要求分别填写项目评估卡，见表 7-9。

知识拓展

G71 和 G73 指令的联合使用

由于实训件的毛坯多为圆棒料，如果只使用单一的 G73 指令来编程，虽然程序简单，但空刀次数较多，降低了加工效率，因此实际加工时往往选用 G71 指令去除单调轮廓余量，再用 G73 指令去除凹陷非单调部分的余量，如图 7-11 所示。

表 7-9 加工成形轴项目评估卡

班级		姓名		学号		日期	
项目名称		加工成形轴					

		序号	检查项目	配分	学生自评	教师评分
基本检查	编程	1	加工工艺制订正确	2		
		2	切削用量选用合理	2		
		3	程序正确、简单、规范	3		
	操作	4	操作正确，维护保养规范	3		
		5	服从安排，安全、文明生产	5		
	纪律	6	不迟到、不早退、不旷课	5		
基本检查结果总计				20		

	序号	图样尺寸	允差	量具	配分	实际尺寸		分数
						学生自测	教师检测	
精度检测	1	外圆 ϕ20mm	$^{0}_{-0.052}$mm	外径千分尺	10			
	2	外圆 ϕ30mm	$^{0}_{-0.052}$mm	外径千分尺	10			
	3	*R*20mm 的圆弧		*R*20mm 的半径样板	20			
	4	*SR*20mm 的球头		外径千分尺	20			
	3	长 15mm		游标卡尺	5			
	4	长 81mm (61mm)	±0.06mm	外径千分尺	10			
	5	表面粗糙度值	*Ra*1.6μm、*Ra*3.2μm	粗糙度样板	5			
精度检测结果总计					80			
基本检查结果		精度检测结果		总成绩				

学生签字： 实习指导教师签字：

编程示例：零件如图 7-12 所示，毛坯为 ϕ50mm × 100mm 的棒料，试编写零件的加工程序。

图 7-11 用 G71、G73 指令粗车零件

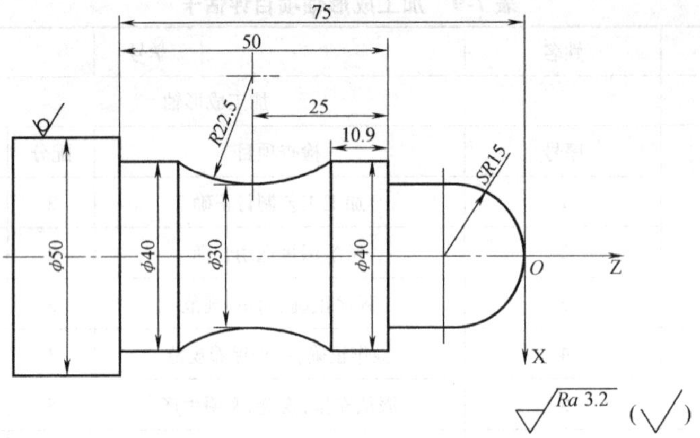

图 7-12　G71、G73 指令粗车零件编程示例

参考程序见表 7-10。

表 7-10　用 G71 和 G73 指令编写图 7-12 所示零件的参考程序

程序号 O7005;		
程序段号	程序内容	说　明
N10	G97 G99 M03 S800 F0.3;	主轴正转,转速为 800r/min,刀具进给量为 0.3mm/r
N20	T0101;	换 1 号外圆车刀,80°菱形刀片
N30	G00 X52. Z2.　M08;	快速定位至循环起点,切削液开
N40	G71 U2. R0.5;	粗车循环,粗车除 R22.5mm 凹弧外的其他轮廓,背吃刀量为 2mm,退刀量为 0.5mm
N50	G71 P60 Q130 U0.5 W0;	精车路线由 N60 ~ N130 指定,X 向精车余量为 0.5mm,Z 向精车余量为 0mm
N60	G00 X-1.;	精车路线
N70	G01 Z0.;	
N80	X0.;	
N90	G03 X30.　Z-15.　R15.;	
N100	G01 W-10.;	
N110	X40.;	
N120	W-50.;	
N130	G00　X52.;	
N140	G00 X100. Z100.;	快速退刀至换刀点
N150	T0202;	换 2 号外圆车刀,35°菱形刀片
N160	G00 X42. Z-35.9;	快速定位至循环起点
N170	G73 U5. W0. R5;	粗车循环,粗车 R22.5mm 的凹弧,X 方向总退刀量为 5mm,Z 方向总退刀量为 0mm,粗车循环 5 次
N180	G73 P190 Q210 U0.5 W0. F0.15;	精车路线由 N190 ~ N210 指定,X 方向的精车余量为 0.5mm,Z 方向的精车余量为 0mm
N190	G01　X40.;	精车路线
N200	G02 W-28.2 R22.5;	
N210	G01 X42;	
N220	G00　Z2. S1400　F0.1;	
N230	G42 X-1.;	精车工件外轮廓
N240	G01 Z0.;	
N250	X0.;	
N260	G03 X30.　Z-15.　R15.;	
N270	G01 W-10.;	
N280	X40.;	
N290	W-10.9;	
N300	G02 W-28.2　R22.5;	
N310	G01 W-10.9;	
N320	X51.;	
N330	G00 G40 X52.;	
N340	X100. Z100.;	快速退刀至换刀点
N350	M30;	程序结束

技能训练

编制下列成形轴的粗、精车程序，并操作数控车床完成工件的加工。

1. 如图 7-13 所示，毛坯为 ϕ35mm × 115mm 的棒料，材料为 45 钢。

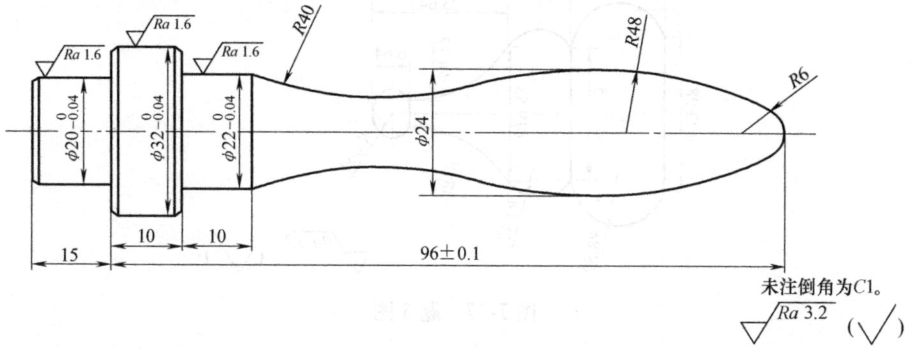

图 7-13　题 1 图

2. 如图 7-14 所示，毛坯为 ϕ50mm × 105mm 的棒料，材料为 45 钢。

3. 如图 7-15 所示，毛坯为锻件，余量为 5mm，材料为 45 钢。

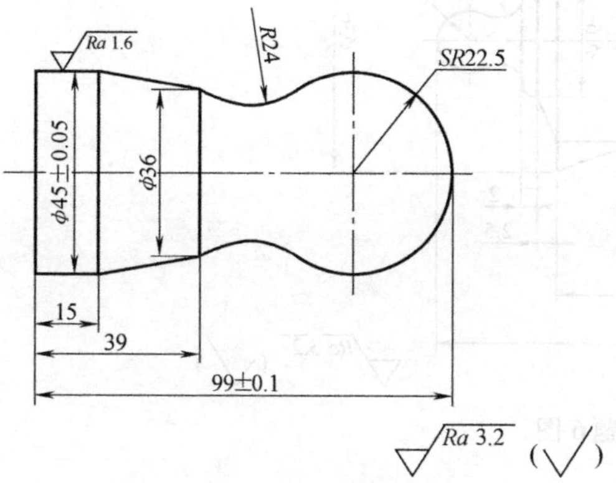

图 7-14　题 2 图

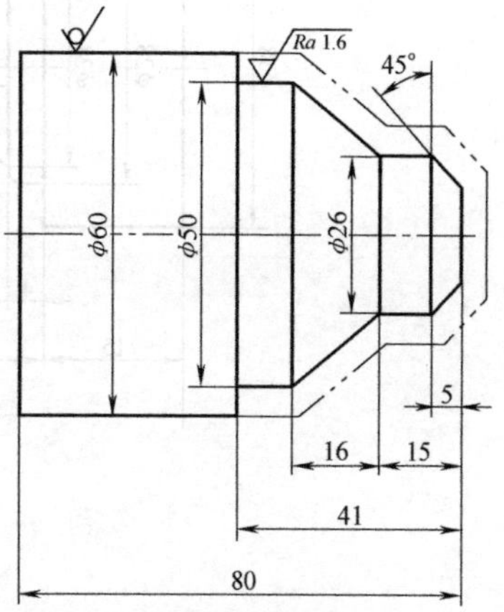

图 7-15　题 3 图

4. 如图 7-16 所示，毛坯为 ϕ40mm × 40mm 的棒料，材料为 45 钢，完成陀螺的加工。

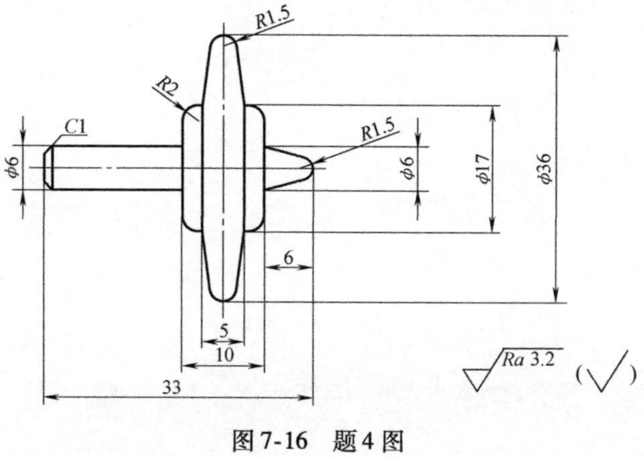

图 7-16　题 4 图

5. 如图 7-17 所示，毛坯为 ϕ35mm 的棒料，材料为 45 钢，完成葫芦的加工。

6. 加工如图 7-18 所示的奖杯，要求联合使用 G71 和 G73 指令进行粗车。

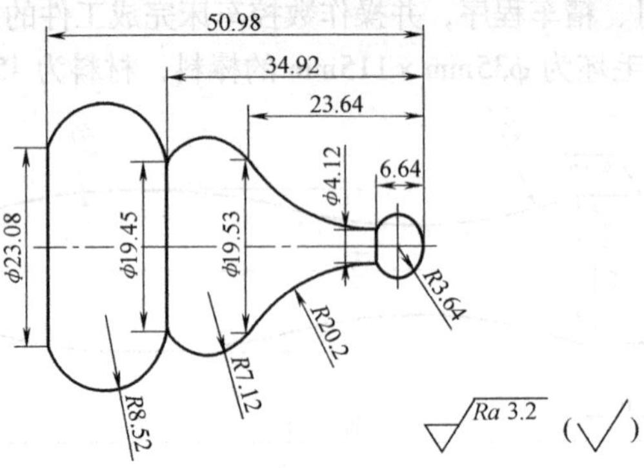

图 7-17　题 5 图

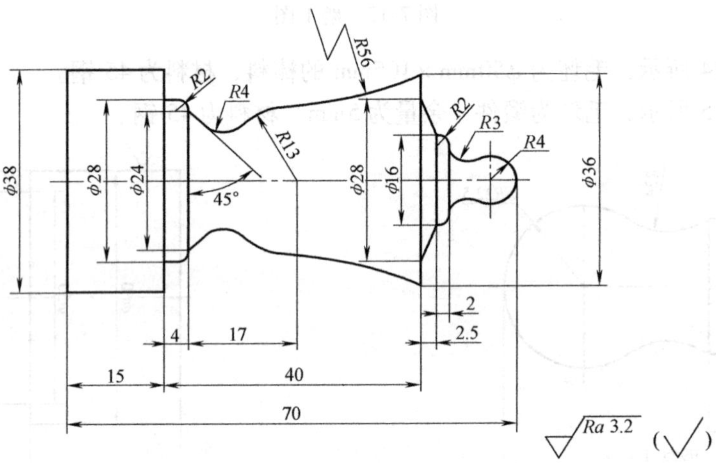

图 7-18　题 6 图

项目八
加工槽轴

项目要求

1. 掌握加工槽的相关工艺知识，并能进行工艺分析。
2. 会确定槽的加工路线并编写槽的加工程序。
3. 能正确进行车槽刀的选择、安装及对刀。
4. 能进行槽轴的加工操作与程序调试。
5. 会对工件上槽的加工质量进行检测和控制。

项目内容

在数控车床上加工如图 8-1 所示的槽轴，要求进行数控加工工艺分析，编写数控加工程序并操作机床完成工件的加工。

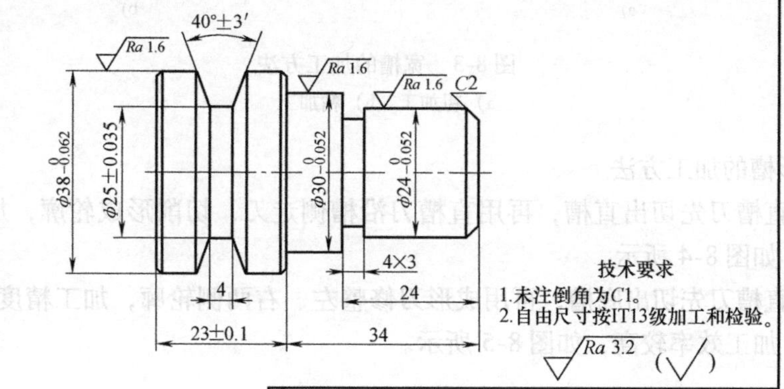

零件名称	零件材料	毛坯尺寸	实训工时	零件图号
槽轴	45钢	ϕ40×65	150min	SC08

图 8-1　槽轴

任务一　制订加工工艺

知识准备

在车床加工中，如车削内孔、螺纹时，为便于退出刀具并将工序加工到毛坯底部，常在待加工面的末端预先制出退刀的空槽，称为退刀槽。

在轴上车削加工的V形槽，通常用来安装V带，以传递运动和动力。

1. 槽的种类

根据槽的宽度不同，分为宽槽和窄槽两种。

(1) 窄槽　槽的宽度不大，采用切削刃宽度等于槽宽的车槽刀就可一次车出的槽称为窄槽。

(2) 宽槽　槽宽度大于车槽刀切削刃宽度，车槽刀不能一次车出的槽称为宽槽。

2. 槽的加工方法

(1) 窄槽的加工方法　加工窄槽用G01指令直进切削。精度要求较高时，车槽至尺寸后，用G04指令使刀具在槽底停留几秒钟，以光整槽底，如图8-2所示。

(2) 宽槽的加工方法　加工宽槽要分几次进刀，每次车削轨迹在宽度上应略有重叠，并要留有精加工余量，最后精车槽侧和槽底，如图8-3所示。

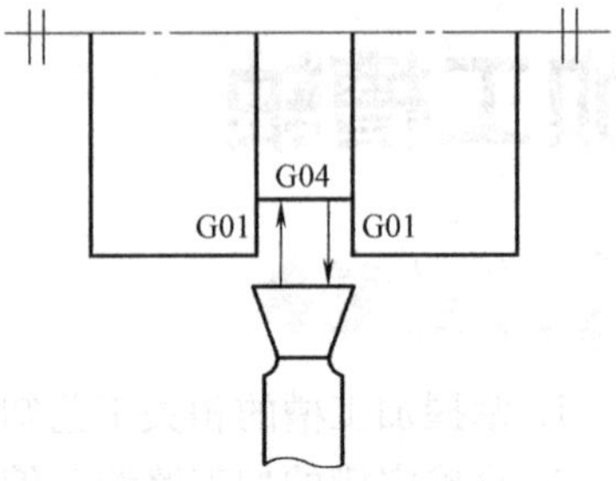

图8-2　窄槽的加工方法

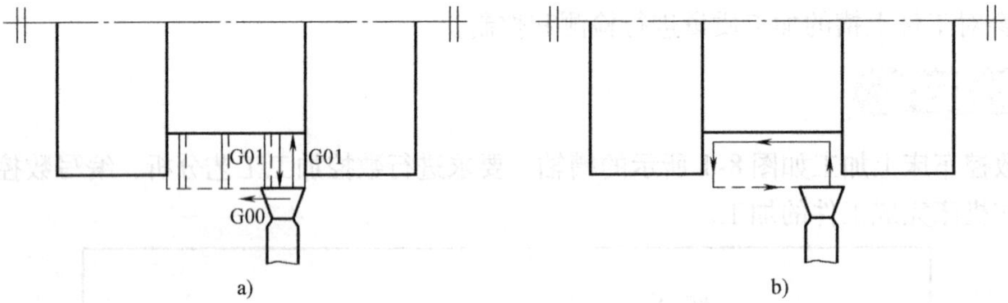

图8-3　宽槽的加工方法
a) 粗加工　b) 精加工

(3) V形槽的加工方法

1) 选用直槽刀先切出直槽，再用直槽刀沿槽侧走刀，切削形成轮廓，加工精度较高，但效率较低，如图8-4所示。

2) 选用直槽刀先切出底槽，再用成形刀修整左、右两侧轮廓，加工精度取决于刀具的切削刃精度，加工效率较高，如图8-5所示。

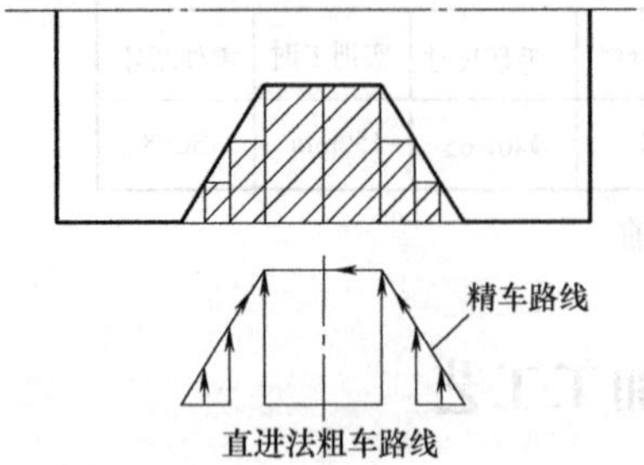

图8-4　V形槽的加工方案Ⅰ

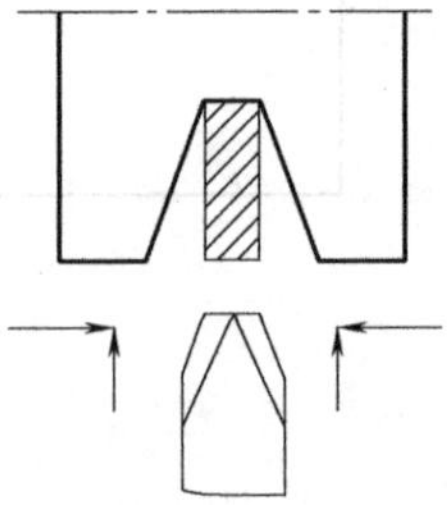
图8-5　V形槽的加工方案Ⅱ

为防止工件在精车后切槽产生较大的切削力而引起变形，破坏了精车的加工精度，一般在轴类零件上切槽应在精车之前进行。如果零件精度要求不高，刚性较好，也可在精车后切槽。

3. 刀具的选择及刀位点的确定

切槽及切断选用车槽刀，车槽刀一般有三个刀位点，即左刀位点、右刀位点和中心刀位点，如图 8-6 所示，编程时一般选择左刀位点 1。

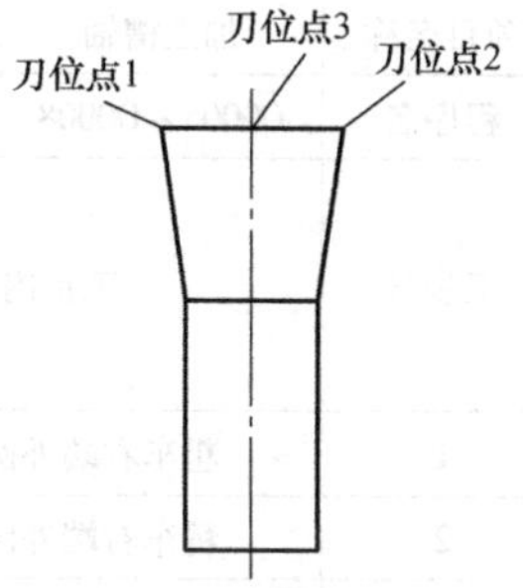

图 8-6 车槽刀刀位点

4. 切槽与切断编程的注意事项

1）在整个加工程序中应采用同一个刀位点。

2）为避免刀具与零件的碰撞，刀具车完槽后退刀时，应先沿 X 方向退到安全位置，然后再回换刀点。

3）切槽时，背向力较大，易产生振动，因此切削刃宽度、主轴转速和进给量都不宜太大。一般切削刃宽度为 3 ~5mm，主轴转速 $n = 300 \sim 500$r/min，进给量 $f = 0.04 \sim 0.06$mm/r。

任务实施

1. 技术要求分析

该零件包括外圆、退刀槽和 V 形槽，退刀槽尺寸为 4mm ×3mm，V 形槽夹角为 40° ±3′，槽底直径为 ϕ25 ±0.035mm，外圆公差为 0.062mm 和 0.052mm，总长要求为 57 ±0.1mm，零件材料为 45 钢，表面粗糙度值要求为 Ra1.6μm 和 Ra3.2μm。

2. 制订加工方案

根据零件的工艺特点及毛坯尺寸，零件需调头装夹。因零件精度要求不高，刚性较好，所以在精车外圆后再切槽。

（1）确定操作步骤

1）用自定心卡盘夹持 ϕ40mm 毛坯的外圆，伸出卡盘长度 50mm，找正夹紧。

2）对刀，设置编程原点。

3）粗、精车工件右端 ϕ24mm、ϕ30mm 和 ϕ38mm（长度至 V 形槽的中间）的外圆至尺寸要求。

4）车 4mm ×3mm 的退刀槽。

5）调头，包铜皮夹持 ϕ30mm 的外圆，用 ϕ38mm 的台阶定位，找正夹紧。

6）手动车端面，保总长，对刀。

7）粗、精车右端 ϕ38mm（长度至 V 形槽的中间）的外圆至尺寸要求。

8）粗、精车 V 形槽至尺寸要求。

（2）选择刀具，填写刀具选择卡 见表 8-1。

表 8-1 槽轴加工刀具选择卡

项目名称		加工槽轴	零件名称	槽轴	零件图号		SC08
序号	刀具号	刀具名称	刀片规格	刀尖位置	数量	加工表面	备注
1	T0101	93°外圆偏刀	80°菱形 R0.4mm	T3	1	外圆、台阶及端面	粗、精车
2	T0202	外槽车刀	宽 4mm	—	1	退刀槽及 V 形槽	粗、精车

（3）制订加工工序，填写工序卡 见表 8-2。

表 8-2 加工槽轴工序卡

项目名称	加工槽轴	工件材料	45 钢	车床系统	FANUC 0i TC	工序号	001
程序名	O0005 ~ O0008	车床名称	CKA6150		夹具名称	自定心卡盘	
工步号	工步内容		G 功能	T 刀具	切削用量		
					主轴转速 n/(r/min)	进给速度 f/(mm/r)	背吃刀量 a_p/mm
1	粗车右端外圆及台阶		G71	T0101	800	0.3	2
2	精车右端外圆及台阶		G70	T0101	1400	0.1	0.5
3	车 4mm × 3mm 槽		G01	T0202	350	0.05	4
4	调头,车端面,保总长		手动	T0101	700	0.15	<1.5
5	粗车左端外圆		G71	T0101	800	0.3	1
6	精车左端外圆		G70	T0101	1400	0.1	0.5
7	粗车 V 形槽		G75	T0202	350	0.05	4
8	精车 V 形槽		G01	T0202	700	0.05	0.05 ~ 0.5

任务二 编写数控加工程序

知识准备

对于一般的窄槽或切断加工，采用 G01 指令即可，当精度要求较高时，采用 G04 指令暂停；对于宽槽或多槽的加工，可采用复合循环指令 G75 及子程序进行编程加工。

1. G01 指令切槽

编程示例：如图 8-7 所示，车削直槽，槽宽 5mm 并完成两个 0.5mm 宽的倒角。

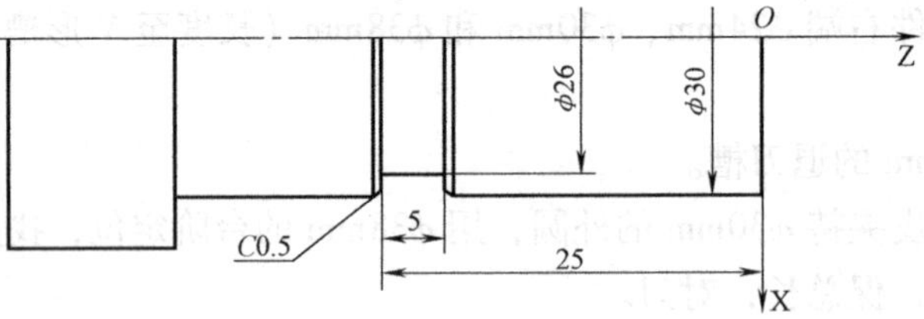

图 8-7 车直槽

编程路线分析：工件原点设在右端面，车槽刀刀位点为左刀尖，车槽刀的宽度等于槽宽，且需用车槽刀车倒角，故加工此槽需三刀完成，先车出直槽，然后分别车出左、右两个倒角。

参考程序见表 8-3。

2. 进给暂停指令 G04

(1) 指令格式

G04 X __;

G04 U __;

G04 P __;

表 8-3 用 G01 指令编写图 8-7 所示直槽的加工程序

程序号 O8001；		
程序段号	程序内容	说 明
N10	G97 G99 M03 S300；	主轴正转，转速为 300r/min
N20	T0202；	刀宽为 5mm 的车槽刀 T02
N30	G00 X32. Z2.；	快速进刀接近工件
N40	Z－25.；	至车槽起点，准备车槽
N50	G01 X26. F0.05；	车槽至槽底，设进给量为 0.05mm/r
N60	X30. F0.1；	退刀
N70	W－0.5；	左移 0.5mm
N80	X29. W0.5；	车左倒角
N90	X30.；	退刀
N100	W0.5；	右移 0.5mm
N110	X29. W－0.5；	车右倒角
N120	X32.；	退刀
N130	G00 X100. Z100.；	快速回换刀点
N140	M30；	程序结束

其中：X、U、P 为暂停时间。X、U 后面可用带小数点的数，单位为 s。如 G04 X4.0 表示前面的程序执行完后，要经过 4s 的进给暂停后，才能执行下面的程序段；如采用 P 值表示，P 后面不允许用小数点，单位为 ms，如 G04 P4000 表示暂停 4s。G04 是非模态指令，只有在单独的程序段中指令才起作用。

(2) 功能 执行该指令后进给暂停至指定时间，暂停时间过后，继续执行下一段程序。

(3) 应用 常用于车槽、锪孔等加工，刀具相对于工件做短时间的无进给光整加工，以提高零件表面质量。

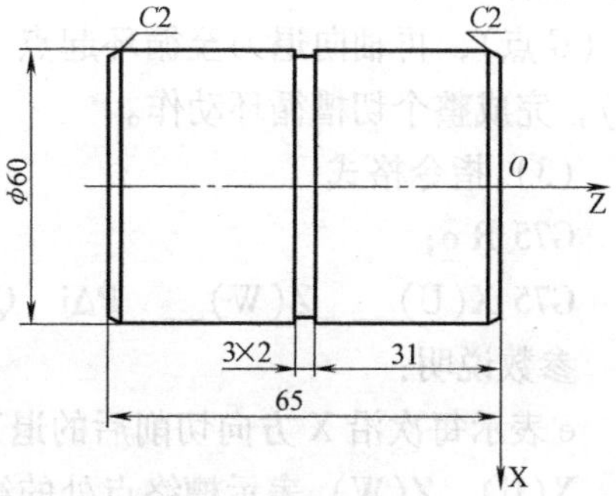

图 8-8 车窄槽

(4) 编程示例 编写如图 8-8 所示零件上窄槽的加工程序。毛坯尺寸为 ϕ60mm × 65mm，材料为 45 钢。

参考程序见表 8-4。

表 8-4 用 G04 指令编写图 8-8 所示窄槽的加工程序

程序号 O8002；		
程序段号	程序内容	说 明
N10	G97 G99 M03 S300；	主轴正转，转速为 300r/min
N20	T0202；	换 2 号车槽刀，刀宽为 3mm
N30	G00 X62. Z2.；	快速进刀接近工件
N40	Z－34.；	至车槽起点，准备车槽
N50	G01 X56. F0.05；	车槽至槽底，进给量为 0.05mm/r
N60	G04 P3000；	进给暂停 3s
N70	G01 X62.；	退刀
N80	G00 X100. Z100.；	快速回换刀点
N90	M30；	程序结束

3. 径向切槽复合循环指令 G75

(1) 功能　适合于在外圆柱面上切削沟槽或切断加工，断续分层切入时便于处理深沟槽的断屑和散热。

(2) 走刀轨迹　如图 8-9 所示。

1) 刀具从循环起点（*A* 点）开始，沿径向进刀 Δi 并到达 *C* 点。

2) 退刀 e（断屑）并到达 *D* 点。

3) 按该循环递进切削至径向终点 X 坐标处。

4) 退到径向起刀点，完成一次切削循环。

5) 沿轴向位移 Δk 移至 *F* 点，进行第二层切削循环。

6) 依次循环直至刀具切削至程序终点坐标处（*B* 点），径向退刀至起刀点（*G* 点），再轴向退刀至循环起点（*A* 点），完成整个切槽循环动作。

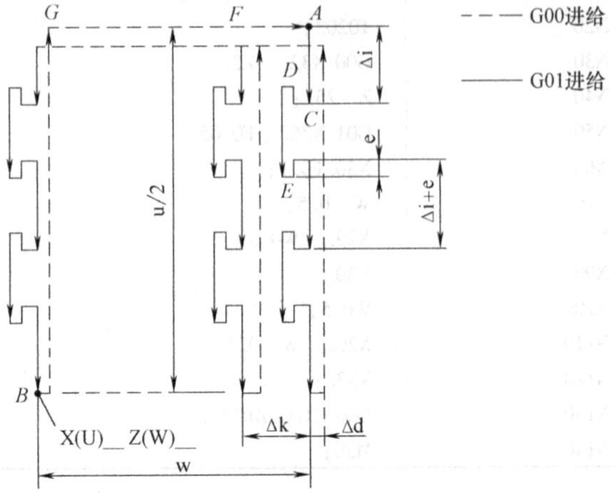

图 8-9　径向切槽循环走刀轨迹

(3) 指令格式

G75 R e;

G75 X(U)__ Z(W)__ PΔi QΔk RΔd Ff;

参数说明：

e 表示每次沿 X 方向切削后的退刀量（半径值）；

X(U)、Z(W) 表示槽终点处的绝对坐标或相对起点的增量坐标；

Δi 表示 X 方向的每次背吃刀量，单位为 μm（半径值）；

Δk 表示刀具完成一次径向切削后，在 Z 方向的移动距离，单位为 μm；

Δd 表示切削到终点时 Z 方向的退刀量，无要求时通常不指定；

f 表示径向切削时的进给速度。

(4) 说明

1) 指令格式中的 Δk 值可省略或设定值为 0。当 Δk 值设定为 0 时，循序执行时刀具仅做 X 向进给而不做 Z 向偏移。

2) 对于格式中的 Δi、Δk 值，在 FANUC 系统中，不能输入小数点，而直接输入最小编程单位 μm，如 P1000 表示径向每次背吃刀量为 1mm。

(5) 编程示例

[**例 8-1**]　用 G75 指令编写如图 8-10 所示宽槽的加工程序，ϕ40mm 的外圆已加工完毕，车槽刀的宽度为 4mm，刀位点为左刀尖。

参考程序见表 8-5。

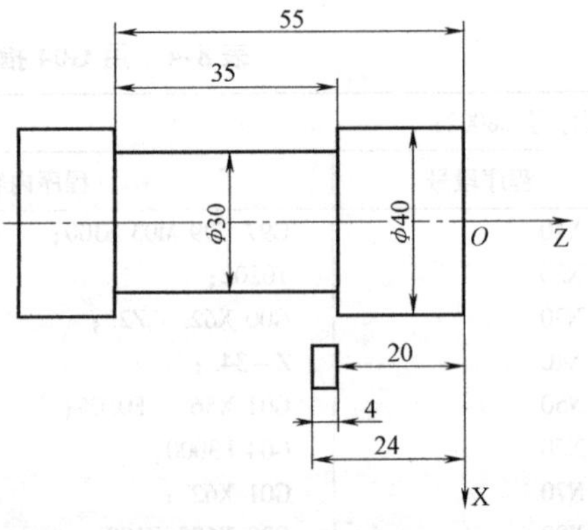

图 8-10　车宽槽

表 8-5 用 G75 指令编写图 8-10 所示宽槽的加工程序

程序号 O8003；

程序段号	程序内容	说明
N10	G97 G99 M03 S300；	主轴正转，转速为 300r/min
N20	T0202；	换 2 号车槽刀，刀宽为 4mm
N30	G00 X42. Z-24.；	快速进刀至车槽循环起点
N40	G75 R1.；	车槽循环，分层切削时退刀量为 1mm
N50	G75 X30. Z-55. P2500 Q3800 F0.06；	每层背吃刀量 2.5mm，从起点 X42 计算槽深，车槽刀 Z 向移动距离为 3.8mm，进给量为 0.06mm/r
N60	G00 X100. Z100.；	快速回换刀点
N70	M30；	程序结束

［例 8-2］ 用 G75 指令编写如图 8-11 所示宽槽的加工程序以及工件的切断程序。总长留 1mm 的余量，ϕ40mm 的外圆已加工完毕，车槽（断）刀的宽度为 4mm，刀位点为左刀尖。

参考程序见表 8-6。

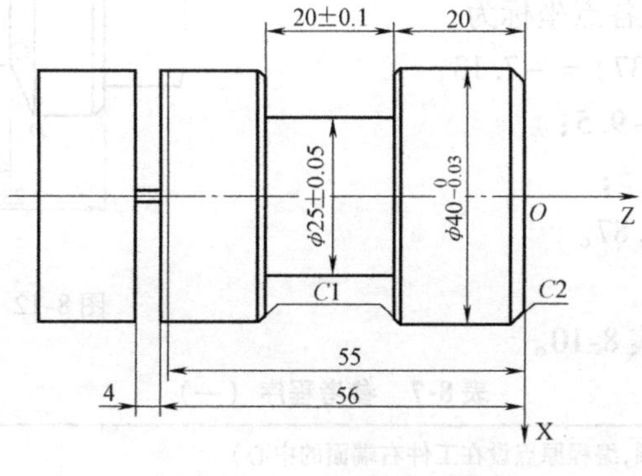

图 8-11 车宽槽及切断

表 8-6 用 G75 指令编写图 8-11 所示宽槽及切断的加工程序

程序号 O8004；

程序段号	程序内容	说明
N10	G97 G99 M03 S300；	主轴正转，转速为 300r/min
N20	T0202；	换 2 号车槽刀，刀宽为 4mm
N30	G00 X42. Z-24.4；	快速进刀至车槽循环起点，Z 向留 0.4mm 的余量
N40	G75 R1.；	车槽循环，分层切削时退刀量为 1mm
N50	G75 X25.5 Z-39.6. P3000 Q3800 F0.06；	每次粗车径向背吃刀量为 3.0mm，Z 向移动距离为 3.8mm，槽两侧留 0.4mm、槽底留 0.25mm 的余量
N60	G01 Z-23. F0.5；	Z 向定位至右端倒角切削起点
N70	X40.；	X 向定位至右端倒角切削起点
N80	X38. W-1.0 F0.05；	车右倒角
N90	X25.；	精车槽右侧面
N100	Z-40.；	精车槽底
N110	X40.；	退刀
N120	W-1.0；	移至左倒角起点
N130	X38. W1.0；	车左倒角

（续）

程序号 O8004；		
程序段号	程序内容	说　明
N140	X25.；	精车槽左侧面
N150	X41.；	退刀，X向定位至切断起点
N160	G00 Z－60.；	Z向定位至切断起点
N170	G75 R1.；	切断工件，分层切削时退刀量为1mm
N180	G75 X3. P3000　F0.06；	每次径向背吃刀量为3mm，切至直径3mm处
N190	G00 X100.；	X向退刀至安全位置
N200	Z100.；	Z向退刀
N210	M30；	程序结束

任务实施

1. 相关数值计算

V形槽基点坐标的计算。如图8-12所示，V形槽的两侧面长度 $L=(38-25)\tan20°/2\text{mm}=6.5\times0.364\text{mm}=2.37\text{mm}$，因此各点坐标为

$Z_A=-(23/2-2-2.37)=-7.13$；

$Z_B=-(23/2-2)=-9.5$；

$Z_C=-9.5-4=-13.5$；

$Z_D=Z_C-2.37=-15.87$。

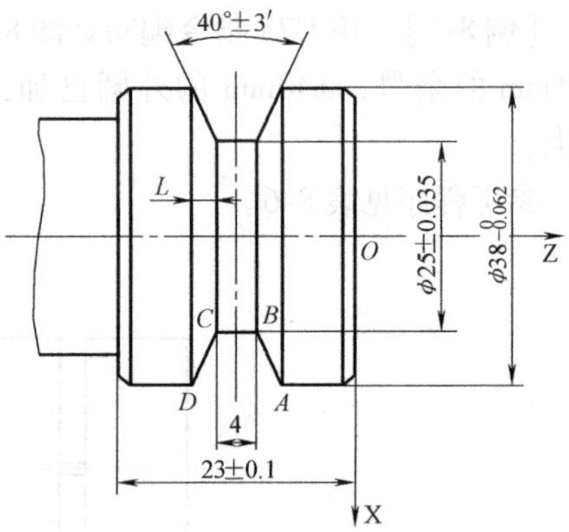

图8-12　V形槽坐标计算

2. 编写加工程序

参考程序见表8-7～表8-10。

表8-7　参考程序（一）

程序号 O8005；（粗、精车右端外圆，编程原点设在工件右端面的中心）		
程序段号	程序内容	说　明
N10	G97 G99 M03 S800 F0.3；	主轴正转，转速为800r/min，刀具进给量为0.3mm/r
N20	T0101；	换1号外圆车刀
N30	G00 X42. Z2.　M08；	快速定位至循环起点，切削液开
N40	G71 U2. R0.5；	外圆粗车循环，背吃刀量为2mm，退刀量为0.5mm
N50	G71 P60 Q170 U0.5 W0.；	精车路线由N60～N170指定，X向精车余量为0.5mm Z向精车余量为0mm
N60	G00 G42 X－1.　S1400 F0.1；	快速进刀，刀尖圆弧半径右补偿，精车时主轴正转，转速为1400r/min，刀具进给量为0.1mm/r
N70	G01 Z0.；	精加工轮廓起点
N80	X20.；	倒角起点
N90	X24. Z－2.；	车C2倒角
N100	Z－24.；	车外圆
N110	X30.；	车台阶
N120	Z－34.；	车外圆
N130	X36.；	车台阶至倒角起点
N140	X38.　W－1.；	车倒角
N150	Z－45.；	车外圆
N160	X41.；	X向退刀
N170	G00 G40 X42.；	取消刀补
N180	G70 P60 Q170；	精车循环
N190	G00 X100. Z100.；	快速退刀至换刀点
N200	M30；	程序结束

表 8-8 参考程序（二）

程序号 O8006；(车 4mm×3mm 的槽)		
程序段号	程序内容	说　明
N10	G97 G99 M03 S350；	主轴正转，转速为 350r/min
N20	T0202；	换 2 号车槽刀，刀宽为 4mm
N30	G00 Z－24.；	快速进刀，Z 向至车槽起点
N40	X32.	X 向至车槽起点，准备车槽
N50	G01 X18.　F0.05；	车槽至槽底，进给量为 0.05mm/r
N60	G04 P4000；	进给暂停 4s
N70	G01 X32.；	X 向退刀
N80	G00 X100. Z100.；	快速回换刀点
N90	M30；	程序结束

表 8-9 参考程序（三）

程序号 O8007；(粗、精车左端外圆)		
程序段号	程序内容	说　明
N10	G97 G99 M03 S800 F0.3；	主轴正转，转速为 800r/min，刀具进给量为 0.3mm/r
N20	T0101；	换 1 号外圆车刀
N30	G00 X42. Z2.；	快速定位至循环起点，切削液开
N40	G71 U2. R0.5；	粗车循环，背吃刀量为 2mm，退刀量为 0.5mm
N50	G71 P60　Q120 U0.5 W0.；	精车路线由 N60～N120 指定，X 向精车余量为 0.5mm，Z 向精车余量为 0mm
N60	G00 G42 X－1.　S1400 F0.1；	快速进刀，刀尖圆弧半径右补偿，精车主轴正转，转速为 1400r/min，刀具进给量为 0.1mm/r
N70	G01 Z0；	精加工轮廓起点
N80	X36.；	倒角起点
N90	X38.　W－1.；	车倒角
N100	Z－13.；	车外圆
N110	X39.；	X 向退刀
N120	G00 G40 X42.	取消刀补
N130	G70 P60　Q120；	精车循环
N140	G00 X100. Z100.；	快速退刀至换刀点
N150	M30；	程序结束

表 8-10 参考程序（四）

程序号 O8008；(粗、精车 V 形槽)		
程序段号	程序内容	说　明
N10	G97 G99 M03 S350；	主轴正转，转速为 350r/min
N20	T0202；	换 2 号车槽刀
N30	G00 X40. Z－13.5.；	快速进刀至车槽循环起点
N40	G75 R1.；	粗车槽循环，车 4mm×6.5mm 的直槽
N50	G75 X25.6 P3000 F0.06；	槽底留 0.3mm 的精车余量
N60	G00 W2.27；	快速 Z 向右移 2.27mm
N70	G01 X38.；	至槽右侧面起点
N80	X25.6 W－2.27；	粗车槽右侧面，侧面留 0.1mm 的精车余量
N90	X38.；	X 向退刀
N100	W－2.27；	Z 向左移 2.27mm，至槽右侧面起点
N110	X25.6 W2.27；	粗车槽左侧面，侧面留 0.1mm 的精车余量

（续）

程序号 O8008;（粗、精车 V 形槽）		
程序段号	程序内容	说　明
N120	X38. ;	X 向退刀
N130	W - 2. 37;	Z 向左移 2. 37mm
N140	X25.　W2. 37;	精车槽左侧面
N150	G01 X38.	X 向退刀
N160	W2. 37	Z 向右移 2. 37mm
N170	X25.　W - 2. 37;	精车槽右侧面
N180	G04 P4000;	精车槽底
N190	G01 X40.	X 向退刀
N200	G00 X100.　Z100. ;	快速退刀至换刀点
N210	M30;	程序结束

任务三　加工与检验

知识准备

1. 切槽（断）加工的特点

（1）切削变形大　切槽（断）时，由于刀具的主切削刃和左、右副切削刃同时参与切削，切屑排出时，受到槽两侧的摩擦、挤压作用，随着切削的深入，切断处直径逐渐减小，相对的切削速度也减小，挤压现象更为严重，以至于切削变形大。

（2）切削力大　由于切槽（断）时，刀具与工件摩擦，以及被加工金属的塑性变形大，所以在相同切削用量的情况下，切槽（断）的切削力比一般车外圆时的切削力大 20% ~50%。

（3）切削温度高　切槽（断）时，塑性变形大，摩擦剧烈，故产生的切削热也较多。另外，切槽（断）时刀具处于半封闭状态，同时刀具切削部分的散热面积小，切削温度高，因此会加剧刀具的磨损。

（4）刀具刚性差　通常切槽刀主切削刃宽度较窄（一般为 3 ~5mm），刀头狭长，所以刀具刚性差，切削过程中容易产生振动。

（5）排屑困难　切槽时，切屑在狭窄的槽内排出，受到槽壁摩擦阻力的影响，切屑排出比较困难；并且断碎的切屑还可能卡在槽内，引起振动和损坏刀具。所以切断时要使切屑按一定的方向卷曲，使其顺利排出。

2. 操作过程中的注意事项

切槽及切断的过程中很容易由于切削参数选择不当或刀具、工件装夹问题造成刀体折断，因此在加工中要十分注意。

1）安装切槽（断）刀时，刀具的中心平面要与工件轴线保持垂直，保证两副偏角对称，以获得理想的加工面，减少加工中的振动。

2）切槽（断）刀刀尖必须与工件中心等高（±0. 1mm），以降低切削阻力，减少毛刺。否则在切断实心工件时，不能切到中心，而且容易折断刀具。

3）切槽（断）刀伸出刀架的长度不宜过长，进给要缓慢均匀。切断时，必须要放慢进给速度，以免冲击力损坏刀片。

4）切削过程中应注意退刀方向，避免产生撞刀现象。切槽后应先沿径向（X 向）退到安全位置，然后再回换刀点。

5）切槽（断）时需要加注切削液进行冷却润滑。

6）进行对刀操作时，要注意切槽刀刀位点的选取。上述参考程序均采用切槽刀左刀尖作为编程刀位点。

7）退刀槽的检测，一般用游标卡尺测量槽宽和槽底直径。

8）V 形槽的各个尺寸可以用定制的角度样板进行测量与检验。

3. 切槽刀的对刀方法

切槽刀对刀时采用左侧刀尖为刀位点，与编程采用的刀位点一致，其对刀方法如图 8-13 所示。

（1）Z 轴对刀方法（图 8-13a）

1）在手动方式下，使主轴正转。

2）在手摇方式下移动刀具，使切槽刀的左侧刀尖刚好接触已车好的工件右端面。

3）刀具沿 +X 向退出，Z 向不动。

4）Z 轴偏移参数的输入：进入 OFFSET/SETTING 的“形状”显示窗口，将光标移动到与刀具号相应的刀补号上，键入“Z0”，按软键“测量”。注意刀具号为 T02。

（2）X 轴对刀方法（图 8-13b）

1）在手动方式下，使主轴正转。

2）在手摇方式下移动刀具，使切槽刀的主切削刃刚好接触已加工的工件外圆（或车一段外圆）。

3）刀具沿 +Z 向退出，X 向不动，主轴停转，测出外圆直径 d。

4）X 轴偏移参数的输入：进入 OFFSET/SETTING 的“形状”显示窗口，将光标移动到与刀具号相应的刀补号上，键入“Xd”，按软键“测量”。注意刀具号为 T02。

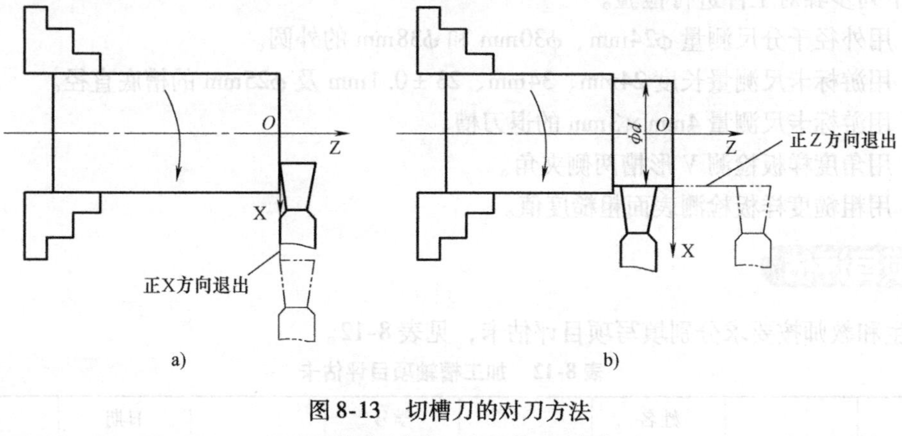

图 8-13 切槽刀的对刀方法

a）Z 轴对刀方法 b）X 轴对刀方法

任务实施

1. 工件的加工

按下列操作步骤完成工件的加工，见表 8-11。

表 8-11 槽轴加工的操作步骤

实训项目	加工槽轴	设备编号	
		设备名称	
操作步骤	操作内容	操作要点	
准备工作	检查机床,准备好工具、量具、刀具和毛坯	机床运行正常,量具校对准确,刀具高度调整好	
装夹毛坯和刀具	装夹毛坯,安装刀具	毛坯伸出长度应合适并找正夹牢;刀具安装角度应准确	
试切对刀	先对外圆车刀,试切端面,输入 Z 向刀补;试切外圆,测量并输入 X 向刀补。再对车槽刀,输入参数时注意刀补号	检查对刀的准确性,可通过 MDI 方式执行刀补,检查刀尖位置与坐标显示是否一致	
输入程序	在编辑状态下完成程序的输入	注意程序的代码和指令格式,输入完成后对照原程序检查一遍	
空运行检查	在自动方式下将机床锁住,进入空运行状态,调出图形窗口,设置好图形参数,开始执行	检查刀具轨迹与编程轮廓是否一致,结束空运行后,注意机床回参考点	
输入磨耗值	在相应的刀具号上,根据情况输入磨耗值	X 方向的磨耗为直径值	
单段运行	自动加工开始前,先按下单段键,然后按循环启动键	单段循环开始时,进给和快速倍率由低到高,运行中检查刀尖位置和走刀轨迹是否准确	
自动连续加工	关闭单段循环,执行连续加工	注意监控机床的运行,若发现异常,应按下循环停止按钮,处理完成后,恢复加工	
通过磨耗调整尺寸	精车后测量工件尺寸,根据实测尺寸通过磨耗进行尺寸修正	磨耗调整后,重新运行精车程序,直至尺寸合格	
结束工作	清理、维护机床,关机并填写操作记录	对需润滑的部位加润滑油,先关闭系统电源,再关闭车床总电源	

2. 工件的检验

按下列步骤对工件进行检验。

1）用外径千分尺测量 $\phi24$mm、$\phi30$mm 和 $\phi38$mm 的外圆。

2）用游标卡尺测量长度 24mm、34mm、23 ±0. 1mm 及 $\phi25$mm 的槽底直径。

3）用游标卡尺测量 4mm ×3mm 的退刀槽。

4）用角度样板检测 V 形槽两侧夹角。

5）用粗糙度样板检测表面粗糙度值。

项目评估

学生和教师按要求分别填写项目评估卡，见表 8-12。

表 8-12 加工槽轴项目评估卡

班级		姓名		学号		日期	
项目名称		加工槽轴					
基本检查	编程	序号	检查项目		配分	学生自评	教师评分
		1	加工工艺制订正确		2		
		2	切削用量选用合理		2		
		3	程序正确、简单、规范		3		

（续）

项目名称	加工槽轴							
基本检查	操作	4	操作正确，维护保养规范		3			
		5	服从安排，安全、文明生产		5			
	纪律	6	不迟到、不早退、不旷课		5			
基本检查结果总计					20			
精度检测	序号	图样尺寸	允差	量具	配分	实际尺寸		分数
						学生自测	教师检测	
	1	外圆 ϕ38mm	$^{0}_{-0.062}$mm	外径千分尺	10			
	2	外圆 ϕ30mm	$^{0}_{-0.052}$mm	外径千分尺	5			
	3	槽底 ϕ25mm	±0.035mm	游标卡尺	10			
	4	外圆 ϕ24mm	$^{0}_{-0.052}$mm	外径千分尺	5			
	5	角度 40°	±3′	角度样板	15			
	6	沟槽	4mm×3mm	游标卡尺	15			
	7	长 23mm	±0.1mm	游标卡尺	5			
	8	长 24mm		游标卡尺	5			
	9	长 34mm		游标卡尺	5			
	10	表面粗糙度值	*Ra*1.6μm、*Ra*3.2μm	粗糙度样板	5			
精度检测结果总计					80			
基本检查结果		精度检测结果		总成绩				
学生签字：		实习指导教师签字：						

知识拓展

多槽的加工

轴上多槽的加工通常应用子程序或 G75 循环指令进行编程。

1. 子程序编程

程序分为主程序和子程序。通常 CNC 是按主程序的指示运动的，如果在主程序中遇到子程序的指令，则 CNC 按子程序运动。在子程序中遇到返回主程序的指令时，CNC 便返回主程序继续执行。

（1）子程序的定义　在实际生产中，常遇到零件几何形状完全相同，结构需多次重复加工的情况，这种情况需每次在不同位置编制相同动作的程序。把程序中某些动作路线顺序固定且重复出现的程序单独列出来，按一定格式编成一个独立的程序并存储起来，就形成了所谓的子程序。

（2）子程序的作用　使用子程序可以减少不必要的重复编程，从而达到简化编程的目的。在主程序执行过程中，如果需要执行子程序的加工动作轨迹，只要在主程序中调用子程序即可，同时子程序也可调用另一个子程序。这样可以简化程序的编制和节省 CNC 系统的内存空间。

（3）子程序的编制格式　子程序是一个单独的程序。在子程序的开头，在地址码 O 后写上子程序号，在子程序的结尾用 M99 指令，表示子程序结束、返回主程序。如

O××××；（子程序号）

．．．

M99；（子程序结束并返回主程序）

（4）子程序的调用　在主程序中，调用子程序的指令是一个程序段，其格式随具体的数控系统而定。FANUC 数控系统常用的子程序调用格式有以下两种。

1）M98 P××××　L××××；

其中：M98 表示调用子程序；

P 后面的四位数为子程序号；

L 后面的数字表示重复调用子程序的次数。

子程序号及调用子程序次数前的 0 可省略不写。如果只调用子程序一次，则地址 L 及其后的数字可省略。

例如：M98 P100 L5；（表示连续调用子程序 O100 五次）

M98 P100 ；（表示调用子程序 O100 一次）

2）M98 P××××　××××；

P 后最多可以跟八位数，前四位表示调用次数，省略时为调用一次，后四位表示调用的子程序号。

例如：M98 P48866；（表示连续调用子程序 O8866 四次）

M98 P2366；（表示调用子程序 O2366 一次）

M98 P23；（表示调用子程序 O23 一次）

（5）子程序的嵌套　为了进一步简化程序，可以让子程序调用另一个子程序，称为子程序嵌套。上一级子程序与下一级子程序的关系，与主程序与第一层子程序的关系相同。

主程序调用同一个子程序执行加工，最多可执行 999 次；子程序调用另一个子程序执行加工，最多可调用 4 层子程序。当然，不同的数控系统执行的次数及调用的层数可能不同。

（6）编程示例　编写如图 8-14 所示零件上槽的加工程序，ϕ30mm 的外圆已加工完毕，车槽刀宽为 2mm。

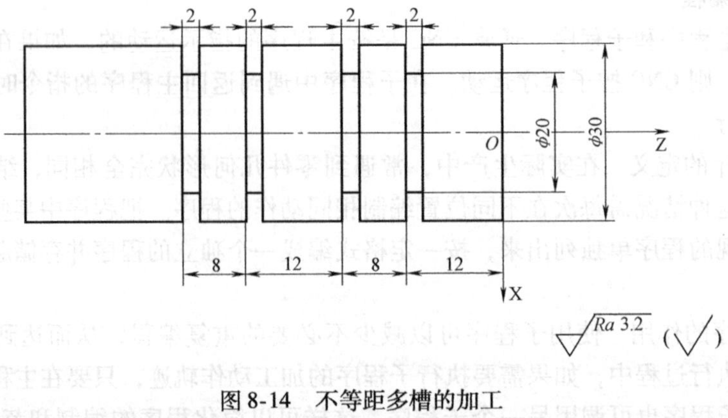

图 8-14　不等距多槽的加工

参考程序见表 8-13 和表 8-14。

表 8-13 图 8-14 所示不等距多槽加工的主程序

程序号 O8009;(主程序)		
程序段号	程序内容	说 明
N10	G40 G97 G99 M03 S300;	主轴正转,转速为 300r/min
N20	T0202;	宽为 2mm 的车槽刀 T02
N30	G00 X32. Z0.;	快速进刀至调用子程序的起点
N40	M98 P28010;	调用子程序 O8010 两次
N50	G00 X100. Z100.;	快速退刀
N60	M30;	程序结束

表 8-14 图 8-14 所示不等距多槽加工的子程序

程序号 O8010;(子程序)		
程序段号	程序内容	说 明
N10	G00 W-12.;	Z 向左移 12mm,至车槽起点
N20	G01 X20. F0.05;	车槽,进给量为 0.05mm/r
N30	G04 P4000;	槽底暂停 4s
N40	G01 X32.;	X 向退刀
N50	G00 W-8.;	Z 向左移 8mm,至车槽起点
N60	G01 X20. F0.05;	车槽,进给量为 0.05mm/r
N70	G04 P4000;	槽底暂停 4s
N80	G01 X32.;	X 向退刀
N90	M99;	子程序结束,返回主程序

2. G75 循环指令编程

车削不等距槽调用子程序编程比较简单,而车削等距槽采用循环指令编程则比较简单。

编程示例:编写如图 8-15 所示零件切槽加工的程序,ϕ40mm 的外圆已加工完毕,车槽刀宽度为 4mm。

参考程序见表 8-15。

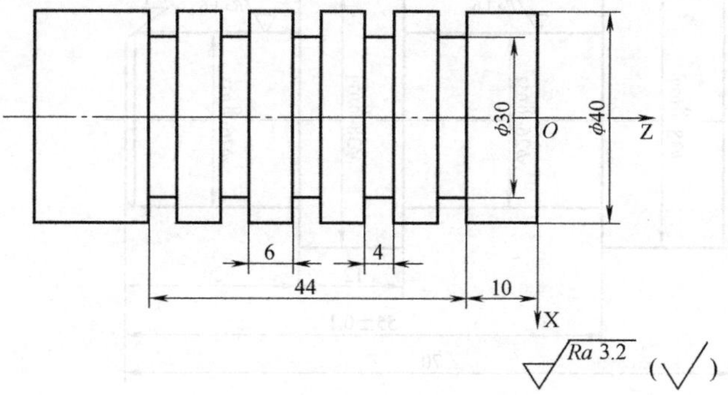

图 8-15 等距多槽的加工

表 8-15 用 G75 指令编写图 8-15 所示等距多槽的加工程序

程序号 O8011;		
程序段号	程序内容	说 明
N10	G97 G99 M03 S300;	主轴正转,转速为 300r/min
N20	T0202;	宽为 4mm 的车槽刀 T02
N30	G00 X42. Z-14.;	快速进刀至循环起点
N40	G75 R1.;	车槽循环,分层切削时退刀量为 1mm
N50	G75 X30. Z-54. P3000 Q10000 F0.06;	终点坐标为 X30. Z-54.,每次径向背吃刀量为 3mm,Z 向移动间距为 10mm
N60	G00 X100. Z100.;	快速退刀
N70	M30;	程序结束

技能训练

编制下列零件的加工程序，并操作数控车床完成工件的加工。

1. 如图 8-16 所示，毛坯为 ϕ40mm × 70mm 的棒料，材料为 45 钢。

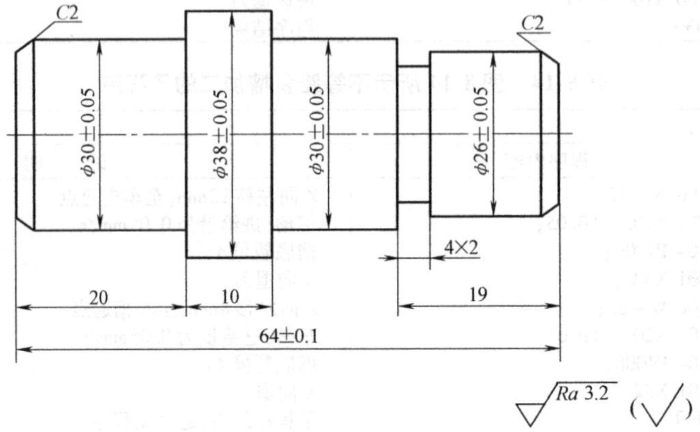

图 8-16　题 1 图

2. 如图 8-17 所示，毛坯为 ϕ40mm × 75mm 的棒料，材料为 45 钢。

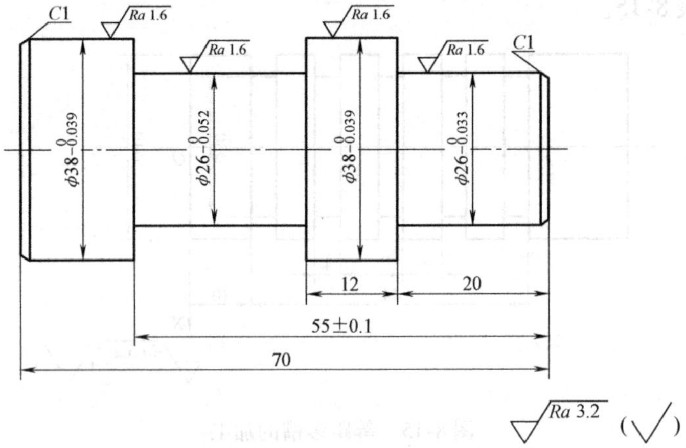

图 8-17　题 2 图

3. 如图 8-18 所示，毛坯为 ϕ50mm × 55mm 的棒料，材料为 45 钢。

4. 如图 8-19 所示，毛坯为 ϕ45mm 的棒料，材料为 45 钢。

5. 如图 8-20 所示，毛坯为 ϕ45mm × 105mm 的棒料，材料为 45 钢。

6. 运用子程序加工如图 8-21 所示的多槽轴，已知毛坯为 ϕ30mm 的长棒料，材料为 45 钢。

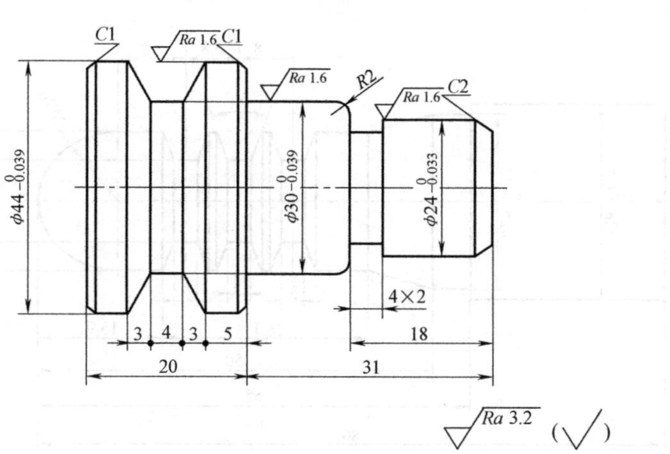

图 8-18 题 3 图

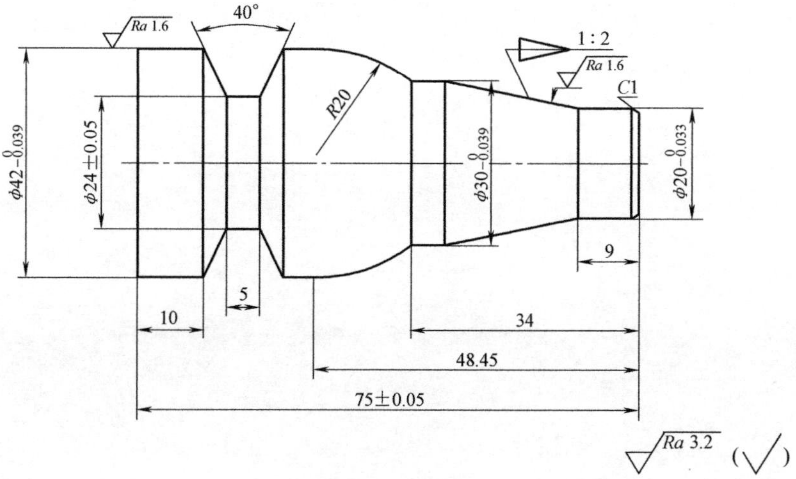

图 8-19 题 4 图

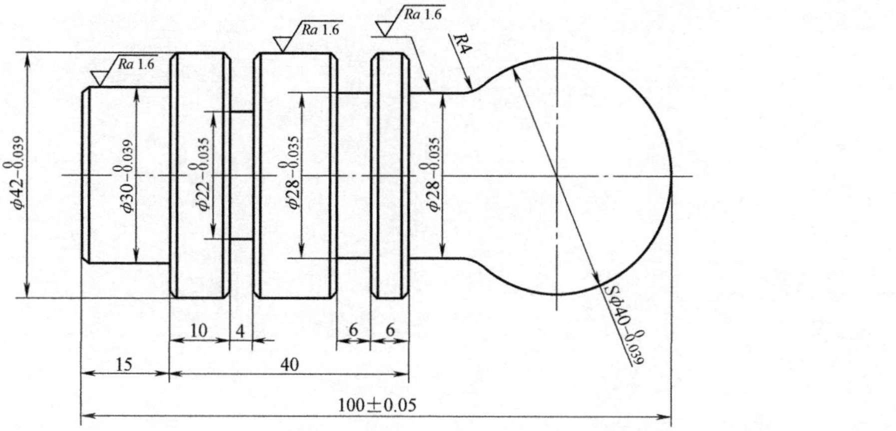

图 8-20 题 5 图

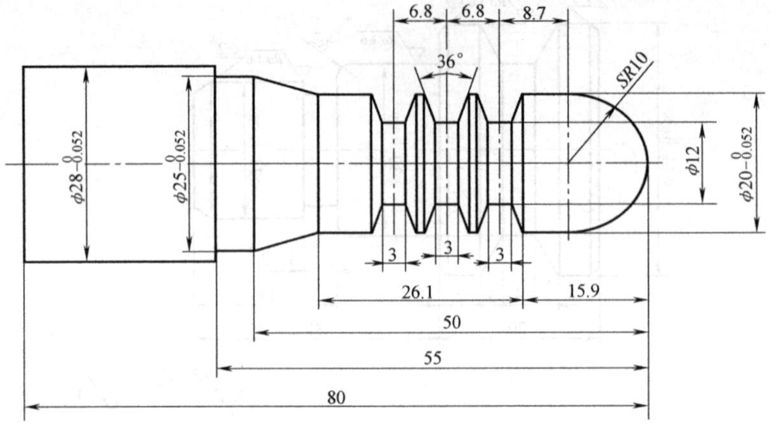
6.8
6.8
8.7
36°
SR10
$\phi28_{-0.052}^{0}$
$\phi25_{-0.052}^{0}$
$\phi12$
$\phi20_{-0.052}^{0}$
3
3
3
26.1
15.9
50
55
80

图 8-21　题 6 图

项目九
加工螺纹轴

项目要求

1. 掌握螺纹轴加工的相关工艺知识，并能进行工艺分析。
2. 会利用 G32、G92 和 G76 指令编写螺纹的加工程序。
3. 能正确进行螺纹车刀的选择、安装及对刀操作。
4. 会进行螺纹轴加工操作及程序调试。
5. 会对螺纹的加工质量进行检测和控制。

项目内容

在数控车床上加工如图 9-1 所示的螺纹轴，要求进行数控加工工艺分析，编写数控加工程序并操作机床完成工件的加工。

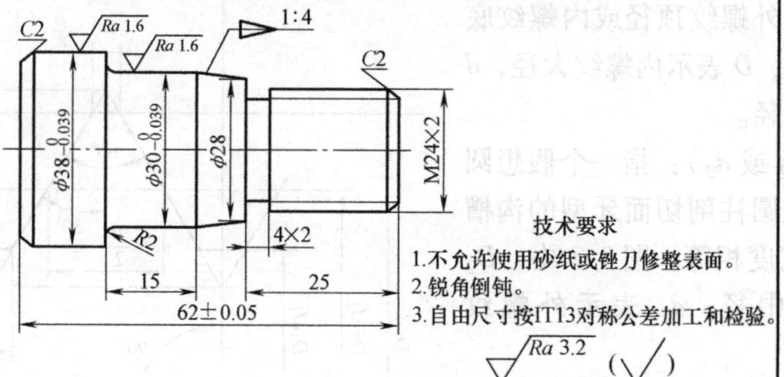

零件名称	零件材料	毛坯尺寸	实训工时	零件图号
螺纹轴	45钢	φ40棒料	150min	SC09

图 9-1　螺纹轴

任务一　制订加工工艺

知识准备

螺纹是零件上常见的一种结构。带螺纹的零件是机器设备中重要的零件之一，作为标准件，其用途十分广泛，能起到联接、传动、紧固等作用。螺纹车削是数控车床上一个主要的加工任务，螺纹的形成是刀具的直线移动与主轴旋转按严格的比例同时运动完成的，即工件每旋转一圈，刀具前进一个导程（单线螺纹为一个螺距），这样刀具就会在工件轮廓上按设定的螺旋轨迹切削形成螺旋槽。螺纹车刀属于成形刀，螺纹的螺距和尺寸精度受机床精度影响，牙型精度则由刀具精度保证。

1. 螺纹加工基础知识

（1）常用螺纹的牙型　沿螺纹轴线剖切的截面内，螺纹轮廓的形状称为螺纹的牙型。由于螺纹车刀切削刃的形状不同，在工件表面切去部分的截面形状也不同，所以可以加工出各种不同牙型的螺纹。常用螺纹的牙型有三角形、梯形和矩形，如图 9-2 所示。

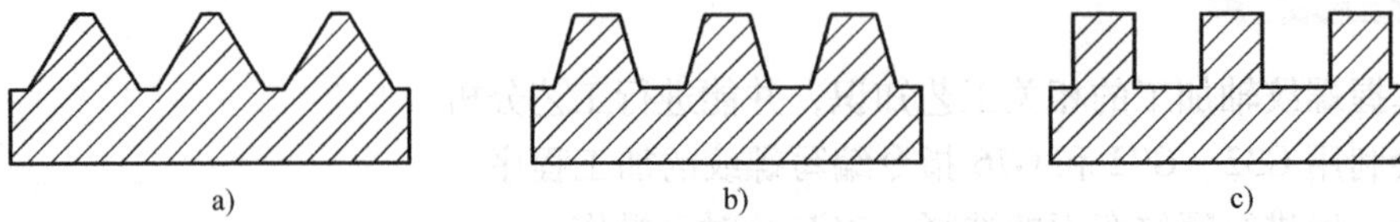

图 9-2　常用螺纹的牙型
a）三角形　b）梯形　c）矩形

牙型角是指在螺纹牙型上相邻两牙侧间的夹角。普通螺纹的牙型角为 60°，多用于联接和锁紧；梯形螺纹牙型角为 30°，梯形螺纹和矩形螺纹多用于动力传递。

（2）普通螺纹牙型的基本参数　如图 9-3 所示，在普通螺纹的理论牙型中，各参数说明如下：

公称直径（D 或 d）：螺纹大径的基本尺寸，指外螺纹顶径或内螺纹底径。图 9-3 中，D 表示内螺纹大径，d 表示外螺纹大径。

中径（D_2 或 d_2）：指一个假想圆柱的直径，该圆柱剖切面牙型的沟槽和凸起部分宽度相等。图 9-3 中，D_2 表示内螺纹中径，d_2 表示外螺纹中径。

小径（D_1 或 d_1）：指外螺纹底径和内螺纹顶径。图 9-3 中，D_1 表示内螺纹小径，d_1 表示外螺纹小径。

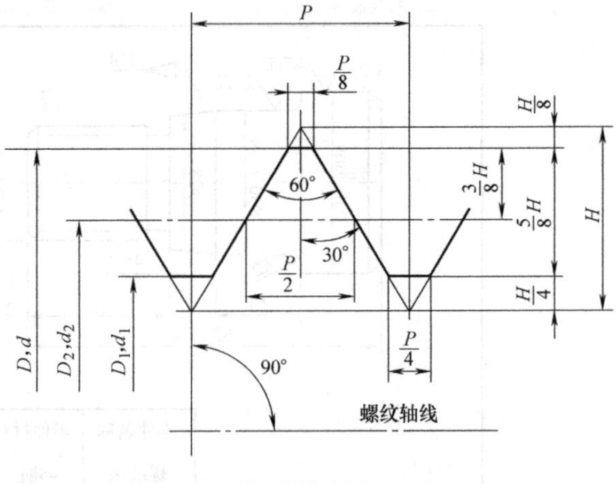

图 9-3　普通螺纹的基本牙型

螺距（P）：螺纹上相邻两牙在中径上对应两点间的轴向距离。

导程（L）：同一条螺旋线上相邻两牙在中径上对应两点间的轴向距离。

螺纹理论牙型高度（H）：指在螺纹牙型上牙顶到牙底之间垂直于轴线的距离。

（3）普通螺纹的标注

1）一般普通螺纹的标注。一般普通螺纹有两种标注形式，一种是粗牙螺纹，用“M”及其公称直径表示，如 M10；另外一种是细牙螺纹，用“M”及其公称直径 × 螺距表示，如 M16 × 1.5。普通螺纹有左旋和右旋之分，左旋螺纹在其螺纹标注的末尾处加注“LH”，如

M20×1.5LH；未进行特殊标记的均为右旋螺纹。

2）高精度普通螺纹的标注。标注高精度普通螺纹时，除标注螺纹代号外，还应标注螺纹公差带代号和螺纹旋合长度，其标注格式为

螺纹代号-螺纹公差带代号（中径、顶径）-旋合长度

螺纹有关标注内容的说明：公差带代号由数字加字母表示（内螺纹用大写字母，外螺纹用小写字母），如7H、6g等，应特别指出，7H、6g等代表螺纹公差带代号，而H7、g6则代表圆柱体公差带代号；旋合长度规定为短（用S表示）、中（用N表示）、长（用L表示）三种，一般情况下，不标注螺纹旋合长度时，其螺纹公差带按中等旋合长度（N）确定，必要时可加注旋合长度代号S或L。

如“M20×1.5LH-5g6g-S”标记的含义为公称直径为20mm，螺距为1.5mm的左旋普通外螺纹，中径公差带代号为5g，顶径公差带代号为6g，短旋合长度。

2. 外圆柱螺纹加工尺寸的计算

（1）外圆柱面的直径及螺纹实际小径的确定　车削外螺纹时，需要计算实际车削时外圆柱面的直径 $d_{计}$ 及螺纹实际小径 $d_{1计}$。

1）在实际生产时，零件材料因受车刀挤压会使螺纹大径尺寸变大，因此螺纹部分的外径应比螺纹的公称直径小0.2～0.4mm，一般取 $d_{计}=d-0.1P$。

2）在实际生产中，为计算方便，不考虑螺纹车刀的刀尖半径 r 的影响，一般取螺纹实际牙型高度 $h_{1实}=0.6495P$，常取 $h_{1实}=0.65P$，螺纹实际小径 $d_{1计}=d-2h_{1实}=d-1.3P$。

【例9-1】 车削M30×2的外螺纹，材料为45钢，试计算实际车削时的外圆柱面直径 $d_{计}$ 及螺纹实际小径 $d_{1计}$。

$d_{计}=d-0.1P=(30-0.1\times2)\text{mm}=29.8\text{mm}$；

$d_{1计}=d-1.3P=(30-1.3\times2)\text{mm}=27.4\text{mm}$。

（2）螺纹起点与螺纹终点轴向尺寸的确定　为了保证螺纹加工的正确性，在数控车床的主轴上安装了位置编码器，保证主轴每转一圈螺纹刀车移动距离为一个导程（单线螺纹为一个螺距）。实际加工中，考虑到伺服系统具有滞后性，会在螺纹加工开始有一段加速过程，在螺纹加工结束前有一段减速过程。在这两个过程中，螺距不能保持恒定，会出现乱牙现象。因此车螺纹时，两端必须设置足够的升速进刀段 δ_1 和减速退刀段 δ_2，如图9-4所示，即实际加工螺纹的长度应等于螺纹的有效长度 L、δ_1 和 δ_2 三者之和。

实际生产中，一般 δ_1 取两倍的螺距，大螺距和高精度的螺纹取大值；δ_2 一般为退刀槽宽度的一半左右，取1～3mm。

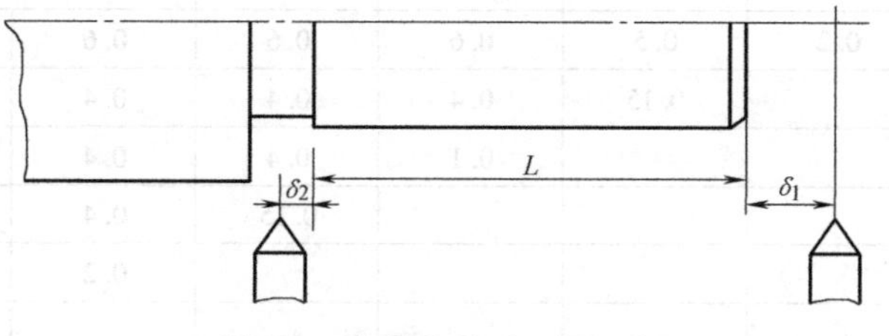

图9-4　车螺纹的进、退刀点

3. 切削用量的选用

（1）主轴转速 n　在数控车床上加工螺纹，主轴转速受数控系统、螺纹导程、刀具、

工件材料等多种因素的影响，需根据实际条件、机床性能而定。大多数经济型数控车床车削螺纹时，推荐主轴转速 $n \leqslant 1200/P - K$，其中：P 为螺纹的螺距；K 为保险系数，一般取 80。

车削例 9-1 中 M30×2 的外螺纹，主轴转速 $n \leqslant 1200/P - K = (1200/2 - 80)\mathrm{r/min} = 520\mathrm{r/min}$。根据零件材料、刀具等因素取 $n = 400 \sim 500\mathrm{r/min}$，学生实习时一般取 400r/min。

因为螺纹切削是在主轴上的位置编码器输出一转信号时开始的，所以螺纹切削在圆周上是从固定点开始的，且刀具在工件上的轨迹不变而重复切削螺纹，所以主轴转速从粗车到精车必须保持恒定，否则螺纹导程不正确。

(2) 背吃刀量 a_p

在数控车床上加工螺纹时的进刀方法通常有直进法和斜进法。当螺距 P 小于 3mm 时，一般采用直进法；当螺距 $P \geqslant 3\mathrm{mm}$ 时，一般采用斜进法，如图 9-5 所示。

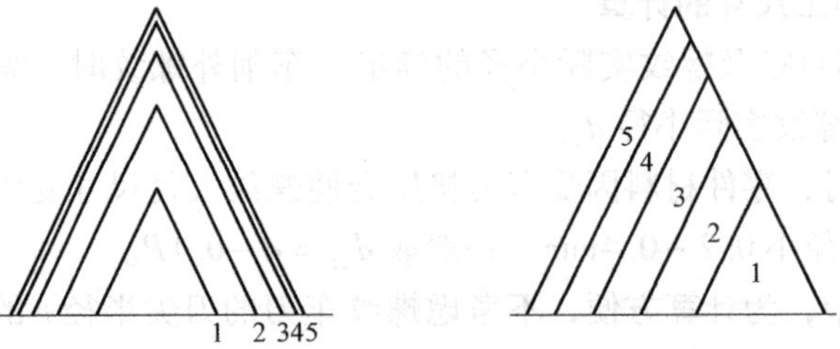

图 9-5 螺纹切削的进刀方法

a) 直进法 b) 斜进法

加工螺纹时，背吃刀量应遵循后一刀相对前一刀递减的分配方式。用硬质合金螺纹车刀时，最后一刀的背吃刀量不能小于 0.05mm。常用螺纹加工的进给次数与分层切削余量的关系见表 9-1。

表 9-1 常用螺纹加工的进给次数与分层切削余量 (单位：mm)

公制螺纹								
螺距		1.0	1.5	2.0	2.5	3.0	3.5	4.0
牙深(半径值)		0.65	0.975	1.3	1.625	1.95	2.275	2.6
切深(直径值)		1.3	1.95	2.6	3.25	3.9	4.55	5.2
进给次数及切削余量	1 次	0.7	0.8	0.9	1.0	1.2	1.5	1.5
	2 次	0.4	0.5	0.6	0.7	0.7	0.7	0.8
	3 次	0.2	0.5	0.6	0.6	0.6	0.6	0.6
	4 次		0.15	0.4	0.4	0.4	0.6	0.6
	5 次			0.1	0.4	0.4	0.4	0.4
	6 次				0.15	0.4	0.4	0.4
	7 次					0.2	0.2	0.4
	8 次						0.15	0.3
	9 次							0.2

注：表中给出的背吃刀量及切削次数为推荐值。编程者可以根据切削条件适当增减进给次数，但应保持背吃刀量逐次减少。在实际加工中，最后一次或多次的背吃刀量甚至可以为零，以切除工件的弹性变形量。

（3）进给量 f 加工单线螺纹时，进给量等于螺距，即 $f=P$；

加工多线螺纹时，进给量等于导程，即 $f=L$。在数控车床上加工多线螺纹常用的方法是车削第一条螺纹后，将加工起点轴向移动一个螺距，再加工第二条螺纹。

4. 外螺纹的加工方法

如图 9-6 所示，根据所选用的刀架是前置或后置、所选用的刀具是左偏刀或右偏刀，判断并选择正确的主轴旋向和刀具切削进给方向，以加工左旋或右旋螺纹。在右旋螺纹的加工中，如图 9-6a 所示，为前置刀架常见的右偏刀、主轴正转、刀具自右向左进行加工；当后置刀架加工时，如图 9-6c 所示，应为左偏刀、主轴反转、自左向右进行加工。反之，如图 9-6b 和图 9-6d 所示，为加工左旋螺纹。

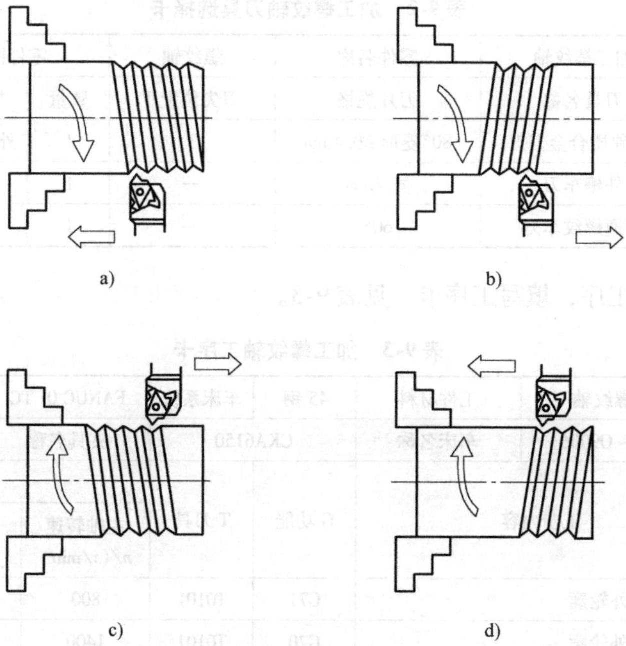

图 9-6 外螺纹的加工方法

a）前置刀架，加工右旋螺纹 b）前置刀架，加工左旋螺纹

c）后置刀架，加工右旋螺纹 d）后置刀架，加工左旋螺纹

任务实施

1. 技术要求分析

该零件由普通螺纹、退刀槽、圆锥面、过渡圆角和不同尺寸的两个圆柱面组成，外圆尺寸公差为 0.039mm；螺纹标记为 M24×2，有效长度为 21mm，工件总长为 62±0.05mm。工件表面粗糙度值要求为 Ra1.6μm 和 Ra3.2μm，无其他几何公差要求。零件材料为 45 钢，可加工性较好，无热处理和硬度要求。

2. 制订加工方案

根据零件的工艺特点及毛坯尺寸，零件需调头装夹。

（1）确定操作步骤

1）用自定心卡盘夹持 ϕ40mm 的毛坯外圆，伸出卡盘长度 70mm，找正夹紧。

2）对刀，设置编程原点。

3）粗、精车所有外圆表面至尺寸要求。

4）车 4mm×2mm 的退刀槽。

5）粗、精车 M24×2 的螺纹。

6）切断工件，长度方向留 1mm 的余量。

7）零件调头，包铜皮夹持 ϕ30mm 的外圆，ϕ38mm 的台阶定位，找正夹紧。

8）车端面，保总长，倒角。

（2）选择刀具，填写刀具选择卡　见表 9-2。

表 9-2　加工螺纹轴刀具选择卡

项目名称		加工螺纹轴	零件名称	螺纹轴	零件图号		SC09
序号	刀具号	刀具名称	刀片规格	刀尖位置 T	数量	加工表面	备注
1	T0101	93°硬质合金偏刀	80°菱形 R0.4mm	3	1	外圆及台阶	粗、精车
2	T0202	外槽车刀	宽 4mm	—	1	退刀槽	粗车
3	T0303	普通螺纹车刀	60°	—	1	外螺纹	粗、精车

（3）制订加工工序，填写工序卡　见表 9-3。

表 9-3　加工螺纹轴工序卡

项目名称	加工螺纹轴	工件材料	45 钢	车床系统	FANUC 0i TC	工序号	001
程序名	O9004～O9006	车床名称	CKA6150		夹具名称	自定心卡盘	
工步号	工步内容	G 功能	T 刀具	切削用量			
				主轴转速 n/(r/min)	进给速度 f/(mm/r)	背吃刀量 a_p/mm	
1	粗车工件外轮廓	G71	T0101	800	0.3	2	
2	精车工件外轮廓	G70	T0101	1400	0.1	0.5	
3	车 4mm×2mm 退刀槽	G01	T0202	350	0.05	4	
4	车 M24×2 的螺纹	G92	T0303	500	2	0.9、0.6、0.6、0.4、0.1	
5	切断	手动	T0202	350	0.05	4	
6	调头车端面，保总长并倒角	手动/G01	T0101	600	0.1	0.5	

任务二　编写数控加工程序

知识准备

在数控车床上加工螺纹，编程指令有单行程螺纹切削指令 G32、非整数导程螺纹切削指令 G33、变导程螺纹切削指令 G34、螺纹切削循环指令 G92 和螺纹切削复合循环指令 G76。本书重点介绍常用螺纹加工编程指令 G32、G92、G76 和常见螺纹加工的编程方法。

1. 单行程螺纹切削指令 G32

（1）功能 加工固定导程的圆柱螺纹或圆锥螺纹，也可用于加工端面螺纹。

（2）走刀路径 如图 9-7 所示，*A* 点是螺纹加工的起点，*B* 点是单行程螺纹切削指令 G32 的起点，*C* 点是单行程螺纹切削指令 G32 的终点，*D* 点是 X 向退刀的终点。

（3）指令格式

G32 X(U)__ Z(W)__ F __;

其中：X、Z 为螺纹每次切削终点（*C* 点）的绝对坐标；

U、W 为螺纹每次切削终点（*C* 点）相对于每次切削起点（*B* 点）的相对坐标；

F 为螺纹的导程。

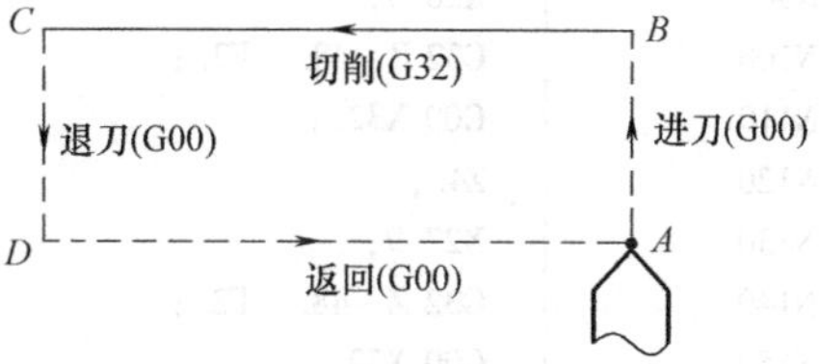

图 9-7 单行程螺纹切削指令 G32 走刀路径

（4）说明

1）螺纹切削时不能用主轴线速度恒定指令 G96。

2）G32 指令的进刀方式为直进式，由于两侧刃同时工作，切削力较大，而且排屑困难，因此在切削时，两切削刃容易磨损。在切削螺距较大的螺纹时，由于背吃刀量较大，切削刃磨损较快，从而造成螺纹中径产生误差；但其加工的牙型精度较高，因此多用于小螺距螺纹的加工。由于其刀具移动、切削均靠编程来完成，所以程序较长；由于切削刃容易磨损，所以加工中要做到勤测量。

（5）编程示例

【例 9-2】 如图 9-8 所示，螺纹外径已车至直径 $\phi 29.8$mm，退刀槽已加工完毕，零件材料为 45 钢，用 G32 指令编制该螺纹的加工程序。

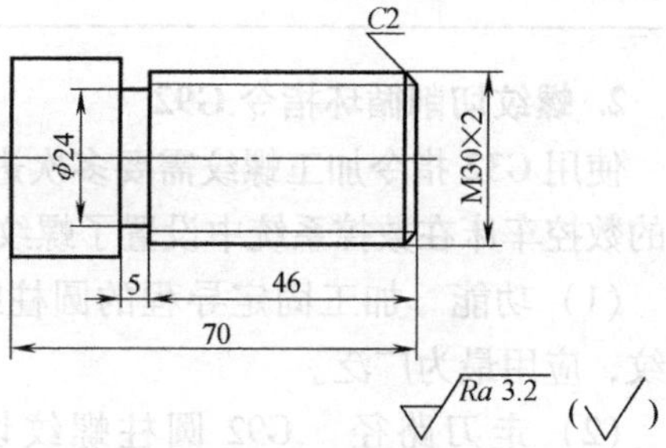

图 9-8 外圆柱螺纹的加工

1）计算螺纹加工尺寸。螺纹实际小径 $d_{1计} = d - 1.3P = (30 - 1.3 \times 2)\text{mm} = 27.4\text{mm}$

升速进刀段和减速退刀段分别取 $\delta_1 = 4\text{mm}$，$\delta_2 = 2\text{mm}$。

2）确定切削用量。查表 9-1 得双边切深为 2.6mm，分五刀切削，分别为 0.9mm、0.6mm、0.6mm、0.4mm 和 0.1mm；主轴转速 $n \leqslant 1200/P - K = (1200/2 - 80)\text{r/min} = 520\text{r/min}$，进给量 $f = P = 2\text{mm}$。

3）编程。参考程序见表 9-4。

表 9-4 用 G32 指令编写图 9-8 所示外圆柱螺纹的加工程序

程序号 O9001;

程序段号	程序内容	说 明
N10	G97 G99 M03 S500;	主轴正转，转速为 500r/min
N20	T0303;	换 3 号螺纹车刀
N30	M08;	切削液开
N40	G00 X32. Z4.;	螺纹加工起点
N50	X29.1;	按螺纹大径 30mm，第一次进刀，切深 0.9mm
N60	G32 Z-48. F2.;	螺纹车削第一刀，螺距为 2mm
N70	G00 X32.;	X 向退刀

（续）

程序号 O9001；		
程序段号	程序内容	说　明
N80	Z4.；	Z 向退刀
N90	X28.5；	第二次进刀，切深 0.6mm
N100	G32 Z－48.　F2.；	螺纹车削第二刀，螺距为 2mm
N110	G00 X32.；	X 向退刀
N120	Z4.；	Z 向退刀
N130	X27.9；	第三次进刀，切深 0.6mm
N140	G32 Z－48.　F2.；	螺纹车削第三刀，螺距为 2mm
N150	G00 X32.；	X 向退刀
N160	Z4.；	Z 向退刀
N170	X27.5；	第四次进刀，切深 0.4mm
N180	G32 Z－48.　F2.；	螺纹车削第四刀，螺距为 2mm
N190	G00 X32.；	X 向退刀
N200	Z4.；	Z 向退刀
N210	X27.4；	第五次进刀，切深 0.1mm
N220	G32 Z－48.　F2.；	螺纹车削第五刀，螺距为 2mm
N230	G00 X32.；	X 向退刀
N240	Z4.；	Z 向退刀
N250	G00　X100. Z100.；	退刀，回换刀点
N260	M30；	程序结束

2. 螺纹切削循环指令 G92

使用 G32 指令加工螺纹需要多次进刀、退刀，程序较长，易出错。为此，FANUC 0i 系统的数控车床在数控系统中设置了螺纹切削循环指令 G92。

（1）功能　加工固定导程的圆柱螺纹或圆锥螺纹，应用最为广泛。

（2）走刀路径　G92 圆柱螺纹切削轨迹与 G90 循环类似，其运动轨迹也是一个矩形轨迹。如图 9-9 所示，刀具从循环起点 *A* 沿 X 向快速移动至 *B* 点，然后以导程/转的进给速度沿 Z 向切削进给至 *C* 点，再从 X 向快速退刀至 *D* 点，最后返回循环起点 *A* 点，完成一次循环加工。依此类推，完成螺纹的加工。需要注意的是，X 向循环起点取在离外圆柱面 1～2mm 处。

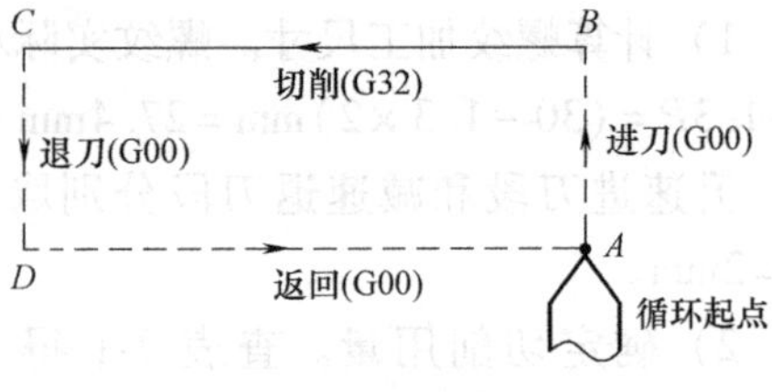

图 9-9　螺纹切削循环指令 G92 切削路径

（3）指令格式

G92 X(U)__　Z(W)__　R__　F__；

其中：X、Z 为螺纹每次切削终点（*C* 点）的绝对坐标；

U、Z 为螺纹每次切削终点（*C* 点）相对于循环起点（*A* 点）的相对坐标；

F 为螺纹的导程；

R 为圆锥螺纹起点半径与终点半径的差值，单位为 mm（圆柱螺纹 R 为 0，可省略）。

（4）说明

1）G92 指令是模态指令，当 Z 轴移动量没有变化时，只需对 X 轴指定其移动指令，即可重复执行循环动作。

2）执行 G92 循环时，在螺纹切削的退尾处，刀具沿接近 45°的方向斜向退刀，Z 向退刀距离 $r=(0.1\sim12.7)L$（L 为导程），该值由系统参数设定。

3）在螺纹切削加工中，按下循环暂停键时，刀具立即按斜线退回，先回 X 轴的起点，再回 Z 轴起点。在退回期间，不能进行另外的暂停。

4）如果在单段方式下执行 G92 循环，则每执行一次循环必须按四次循环启动按钮。

（5）编程示例

【例 9-3】 如图 9-8 所示，螺纹外径已车至直径 ϕ29.8mm，退刀槽已加工完毕，零件材料为 45 钢，用 G92 指令编制该螺纹的加工程序。

1）计算螺纹加工尺寸。

同例 9-2，螺纹实际小径 $d_{1计}=d-1.3P=(30-1.3\times2)\text{mm}=27.4\text{mm}$；

升速进刀段和减速退刀段分别取 $\delta_1=4\text{mm}$，$\delta_2=2\text{mm}$。

2）确定切削用量。

同例 9-2，螺纹双边切深为 2.6mm，分五刀切削，分别为 0.9mm、0.6mm、0.6mm、0.4mm 和 0.1mm；主轴转速 $n\leqslant1200/P-K=(1200/2-80)\text{r/min}=520\text{r/min}$，进给量 $f=P=2\text{mm}$。

3）编程。参考程序见表 9-5。

表 9-5 用 G92 指令编写图 9-8 所示外圆柱螺纹的加工程序

程序号 O9002；

程序段号	程序内容	说明
N10	G97 G99 M03 S500；	主轴正转，转速为 500r/min
N20	T0303；	换 3 号螺纹车刀
N30	M08；	切削液开
N40	G00 X32. Z4.；	螺纹加工起点
N50	G92 X29.1 Z-48. F2.；	螺纹车削循环第一刀，切深 0.9mm，螺距为 2mm
N60	X28.5；	第二刀，切深 0.6mm
N70	X27.9；	第三刀，切深 0.6mm
N80	X27.5；	第四刀，切深 0.4mm
N90	X27.4；	第五刀，切深 0.1mm
N100	X27.4；	光刀
N110	G00 X100. Z100.；	回换刀点
N120	M30；	程序结束

【例 9-4】 如图 9-10 所示，螺纹外径已车至直径 ϕ29.8mm，退刀槽已加工完毕，零件材料为 45 钢，在前置刀架数控车床上，用 G92 指令编制该双线左旋螺纹的加工程序。

该螺纹为导程为 3mm、螺距为 1.5mm 的双线左旋螺纹。

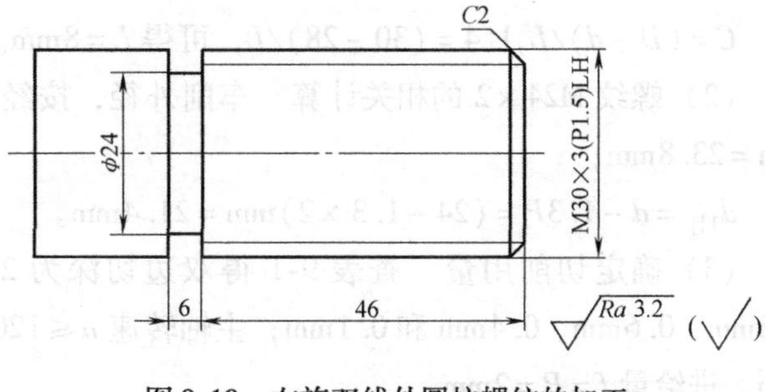

图 9-10 左旋双线外圆柱螺纹的加工

1）计算螺纹加工尺寸。

螺纹实际小径 $d_{1计}=d-1.3P=(30-1.3\times1.5)\text{mm}=28.05\text{mm}$

升速进刀段和减速退刀段分别取 $\delta_1=3$mm，$\delta_2=2$mm。

2）确定切削用量。

螺纹双边切深为 1.95mm，分四刀切削，分别为 0.8mm、0.5mm、0.5mm 和 0.15mm；主轴转速 $n\leqslant 1200/P-K=(1200/1.5-80)$r/min $=720$r/min，进给量 $f=L=3$mm。

3）编程。参考程序见表 9-6。

表 9-6　用 G92 指令编写图 9-10 所示左旋双线外圆柱螺纹的加工程序

程序号 O9003；		
程序段号	程序内容	说　明
N10	G97 G99 M03 S600；	主轴正转，转速为 600r/min
N20	T0303；	螺纹车刀 T03
N30	M08；	切削液开
N40	G00 X32.　Z-49.；	螺纹加工起点，车刀自左向右进给加工左旋螺纹
N50	G92 X29.2　Z3.　F3.；	螺纹车削循环第一刀，切深 0.8mm，螺距为 1.5mm
N60	X28.7；	第二刀，切深 0.5mm
N70	X28.2；	第三刀，切深 0.5mm
N80	X28.05；	第四刀，切深 0.15mm
N90	X28.05；	第五刀，光刀
N100	G01 Z-47.5 F0.2；	起点 Z 向右平移一个螺距
N110	G92 X29.2 Z4.5 F3.；	加工第二条螺旋线
N120	X28.7；	
N130	X28.2；	
N140	X28.05；	
N150	X28.05；	
N160	G00　X100. Z100.；	快速退刀
N170	M30；	程序结束

任务实施

1. 相关数值计算

（1）锥度计算　精车工件的外形，需计算出圆锥面的长度尺寸，计算过程如下。

由锥度公式可知：

$C=(D-d)/L, 1:4=(30-28)/L$，可得 $L=8$mm。

（2）螺纹 M24×2 的相关计算　车削外径，按经验公式 $d_{计}=d-0.1P=(24-0.1\times 2)$ mm $=23.8$mm；

$d_{1计}=d-1.3P=(24-1.3\times 2)$mm $=21.4$mm。

（3）确定切削用量　查表 9-1 得双边切深为 2.6mm，分五刀切削，分别为 0.9mm、0.6mm、0.6mm、0.4mm 和 0.1mm；主轴转速 $n\leqslant 1200/P-K=(1200/2-80)$r/min $=520$r/min，进给量 $f=P=2$mm。

2. 编写加工程序

参考程序见表 9-7～表 9-9。

表 9-7 参考程序（一）

程序号 O9004；(粗、精车工件外轮廓)		
程序段号	程序内容	说　明
N10	G97 G99 M03 S800 F0.3；	主轴正转，转速为 800r/min，刀具进给量为 0.3mm/r
N20	T0101；	换 1 号外圆车刀
N30	G00 X42.　Z2.　M08；	快速定位至循环起点，切削液开
N40	G71 U2. R0.5；	粗车循环，背吃刀量为 2mm，退刀量为 0.5mm
N50	G71 P60 Q180 U0.5 W0.02；	精车路线由 N60～N180 决定，X 向精车余量为 0.5mm，Z 向精车余量为 0.02mm
N60	G00 G42 X0 S1400 F0.1；	精车路线第一段，快速进刀，刀尖圆弧半径右补偿
N70	G01 Z0；	精加工轮廓起点
N80	X19.8；	车端面，至倒角起点
N90	X23.8 Z－2.；	车倒角
N100	Z－25.；	车外圆
N110	X28.；	车台阶
N120	X30.　W－8.；	车锥
N130	W－13.；	车外圆
N140	G02 X34. W－2.　R2.；	车圆角
N150	G01 X38.；	车台阶
N160	Z－66.；	车外圆
N170	X41.；	X 向退刀
N180	G00 G40 X42.；	精车路线最后一段，取消刀补
N190	G70 P60　Q180；	精车循环，精车转速为 1400r/min，进给量为 0.1mm/r
N200	G00 X100.　Z100.；	快速退刀至换刀点
N210	M30；	程序结束

表 9-8 参考程序（二）

程序号 O9005；(车退刀槽)		
程序段号	程序内容	说　明
N10	G97 G99 M03 S350 F0.05；	主轴正转，转速为 350r/min，刀具进给量为 0.05mm/r
N20	T0202；	换 2 号车槽刀
N30	M08；	切削液开
N40	G00 Z－25.；	Z 向进刀至车槽起点
N50	X30.0；	X 向进刀至车槽起点
N60	G01 X20.0；	车槽
N70	G04 X4.；	暂停 4s
N80	G01 X30.　F0.2；	X 向退刀
N90	G00 X100.　Z100.；	快速退刀至换刀点
N100	M30；	程序结束

表 9-9 参考程序（三）

程序号 O9006；(车螺纹)		
程序段号	程序内容	说　明
N10	G40 G97 G99 M03 S500；	主轴正转，转速为 500r/min
N20	T0303；	换 3 号螺纹车刀
N30	M08；	切削液开
N40	G00 X26. Z4.；	螺纹加工起点
N50	G92 X23.1 Z－23. F2.；	螺纹车削循环第一刀，切深 0.9mm，螺距为 2mm
N60	X22.5；	第二刀，切深 0.6mm
N70	X21.9；	第三刀，切深 0.6mm
N80	X21.5；	第四刀，切深 0.4mm
N90	X21.4；	第五刀，切深 0.1mm
N100	X21.4；	第六刀，光刀
N110	G00　X100.　Z100.；	快速退刀
N120	M30；	程序结束

任务三　加工与检验

知识准备

1. 操作过程中的注意事项

1）在车削螺纹的过程中，不能随意修改主轴转速倍率，否则会引起乱牙；进给速度倍率无效。

2）严禁在车床主轴旋转的过程中用棉纱擦拭已车削出的螺纹表面，以免发生伤人事故。

3）在螺纹切削加工中，不能使用恒线速度控制，而要使用G97指令。

4）在车螺纹前可以在X向预加正向磨耗0.2~0.5mm，试车后根据螺纹环规检验的松紧情况修正磨耗，再次加工、检验，直至符合加工要求。由于螺纹加工部分的程序要运行多次，建议最好单独编写加工程序。

2. 螺纹车刀的安装方法

车削螺纹时，为了保证牙型正确，对安装螺纹车刀提出了严格的要求。安装时刀尖高度必须对准工件旋转中心，可根据尾座顶尖高度检查；车刀刀尖角的中心线必须与工件轴线严格垂直，装刀时可用对刀样板来完成（图9-11），如果车刀装歪，牙型半角就会不相等；刀头伸出不能太长，一般为20~25mm（约为刀杆厚度的1.5倍）。

进行高速螺纹加工时，为了防止振动和扎刀，刀尖应略高于工件中心，一般高出螺纹大径的1%。

3. 螺纹车刀的对刀方法

在手摇方式下，使主轴正转，移动刀具，使螺纹车刀的刀尖刚好接触已加工过的工件端面外缘，用眼睛目测刀尖和端面在一条直线上（图9-12）；然后进行X轴和Z轴偏移参数的输入；进入OFFSET/SETTING的“形状”显示窗口，将光标移动到与刀具号相应的刀补号上，键入“Xd”，按软键“测量”，完成X向对刀；输入“Z0”，按软键“测量”，完成Z向对刀。注意：刀具号为T03。

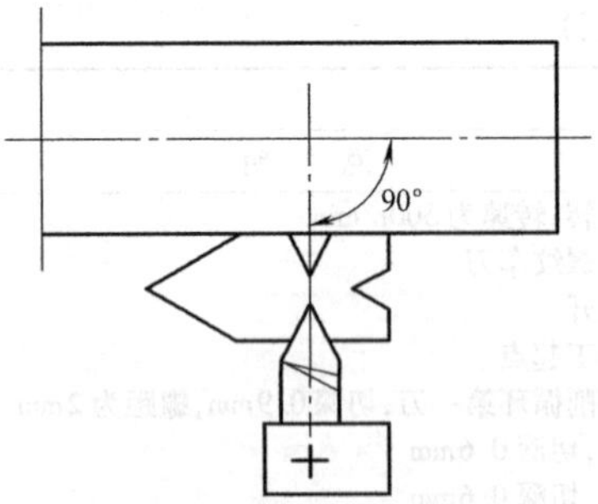

图9-11　外螺纹车刀的安装

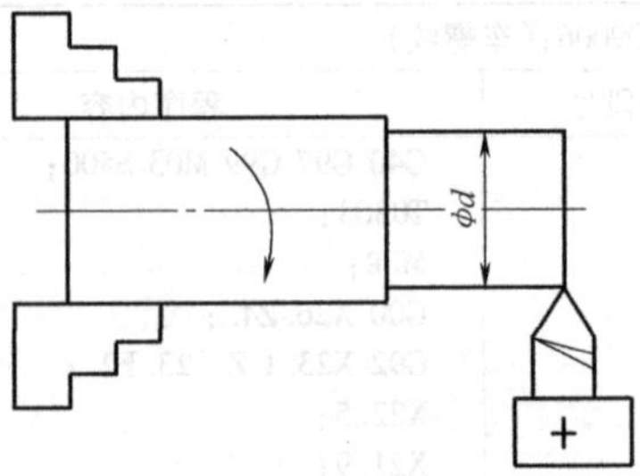

图9-12　外螺纹车刀的对刀方法

4. 螺纹的检验方法

对于一般的标准螺纹，采用环规或塞规检测，外螺纹用环规，内螺纹用塞规。对于精度要求较高的螺纹，用三针法或用螺纹千分尺测量螺纹中径。

（1）螺纹环规　使用前，螺纹环规应经相关检验计量机构检验计量合格后，方可投入生产现场使用。应注意螺纹环规标识的公差等级和偏差代号应与被测螺纹的公差等级和偏差代号相同。

螺纹环规分为通规（T）和止规（Z），如图 9-13 所示，使用时，如果通规正好旋进而止规旋不进，则说明螺纹合格，反之就不合格。螺纹的表面粗糙度值用目测检测是否符合要求。

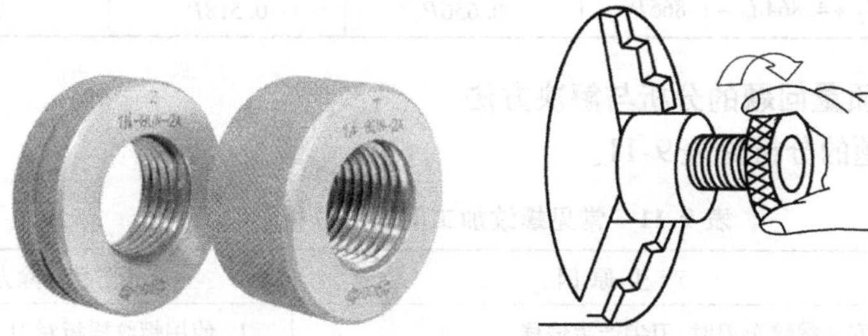

图 9-13　螺纹环规及其检测螺纹示意图

（2）中径的测量　常用的中径测量方法主要有以下几种。

1）用螺纹千分尺测量外螺纹中径。如图 9-14 所示为螺纹千分尺。测量时，选择与螺纹牙型角相同的上、下两个测量头，卡在螺纹的牙侧上，测得的尺寸就是螺纹的中径，如图 9-15a 所示。

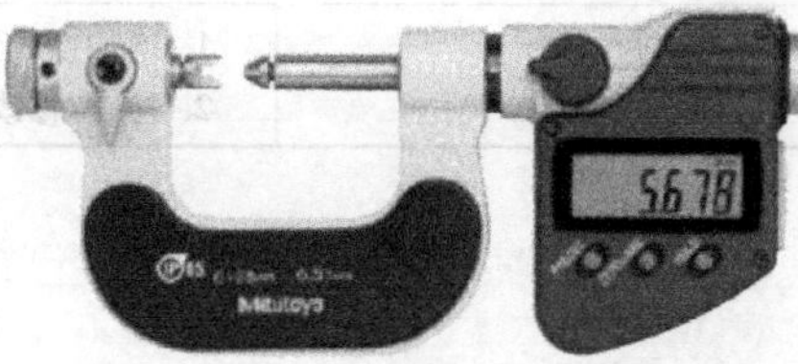

图 9-14　螺纹千分尺

2）三针法测量外螺纹中径。测量使用的三根圆柱形量针是由量具厂专门制造的。如图 9-15b 所示，测量时把三根量针放置在螺纹两侧相对应的螺旋槽内，用千分尺量出两边量针定点之间的距离 *M* 值，根据 *M* 值可计算出螺纹中径的实际尺寸。

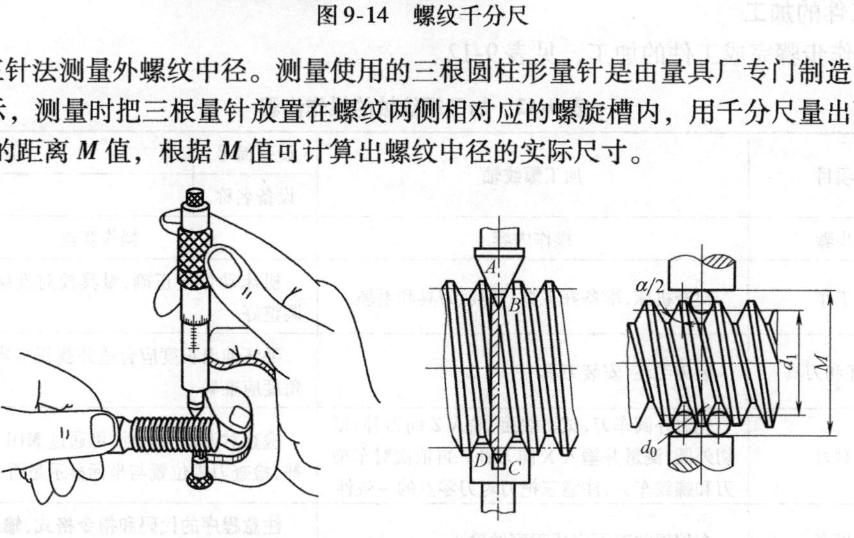

a)　　b)

图 9-15　圆柱外螺纹中径的测量

a）用螺纹千分尺测量螺纹中径　b）三针法测量螺纹中径

三针法测量时，M 值和中径的计算公式见表9-10。

表9-10 三针法测量的计算公式

螺纹牙型角 α	M 值计算公式	量针直径 d_0/mm		
		最大值	最佳值	最小值
普通螺纹	$M=d_2+3d_0-0.866P$	$1.01P$	$0.577P$	$0.505P$
寸制螺纹	$M=d_2+3.166d_0-0.961P$	$0.894P-0.029$	$0.564P$	$0.481P-0.016$
梯形螺纹	$M=d_2+4.864d_0-1.866P$	$0.656P$	$0.518P$	$0.486P$

5. 常见螺纹加工质量问题的分析与解决方法

常见螺纹加工问题的分析见表9-11。

表9-11 常见螺纹加工问题的分析

问题现象	产生原因	预防和消除方法
牙型不正确	1. 安装螺纹车刀时，刀尖产生偏移 2. 刃磨时，螺纹车刀刀尖角测量有误差	1. 使用螺纹样板对刀 2. 正确刃磨螺纹车刀
乱牙	1. 主轴转速过高，进给伺服系统无法快速响应 2. 机床滚珠丝杠间隙过大，造成Z轴轴向窜动过大	1. 降低主轴转速 2. 检查并调整机床反向间隙
螺纹表面质量差	1. 刀具刃磨不锋利或刀尖产生积屑瘤 2. 切削液选用不合理 3. 切削参数选择不合理 4. 工艺系统刚性差	1. 正确修磨刀具，避免中速切削 2. 选择合理的切削液并充分喷注 3. 稍微降低切削速度 4. 减少刀杆伸出量，加大刀杆直径
螺距误差	1. 伺服系统滞后效应 2. 加工程序不正确	1. 增加螺纹切削升降速段的长度 2. 检查、修改加工程序

任务实施

1. 工件的加工

按操作步骤完成工件的加工，见表9-12。

表9-12 加工螺纹轴的操作步骤

实训项目	加工螺纹轴	设备编号	
		设备名称	
操作步骤	操作内容	操作要点	
准备工作	检查机床，准备好工具、量具、刀具和毛坯	机床动作应正确，量具校对准确，刀具高度调整好	
装夹毛坯和刀具	装夹毛坯，安装刀具	毛坯伸出长度应合适并找正夹牢；刀具安装角度应准确	
试切对刀	先对外圆车刀，试切端面，输入Z向刀补；试切外圆，测量并输入X向刀补。再依次对车槽刀和螺纹车刀，注意三把刀对刀零点的一致性	检查对刀的准确性，可通过MDI方式执行刀补，检查刀尖位置与坐标显示是否一致	
输入程序	在编辑状态下完成程序的输入	注意程序的代码和指令格式，输入完成后对照原程序检查一遍	
空运行检查	在自动方式下将机床锁住，进入空运行状态，调出图形窗口，设置好图形参数，开始执行	检查刀具轨迹与编程轮廓是否一致，结束空运行后，注意机床回参考点	

（续）

操作步骤	操作内容	操作要点
输入磨耗值	在相应的刀具号上，根据情况输入磨耗值	X方向的磨耗为直径值
单段运行	自动加工开始前，先按下单段键，然后按循环启动键	单段循环开始时，进给和快速倍率由低到高，运行中检查刀尖位置和走刀轨迹是否准确
自动连续加工	首句执行完毕，关闭单段循环模式，执行连续加工	注意监控机床的运行，若发现异常，应按下循环停止按钮，处理完成后，恢复加工
通过磨耗调整尺寸	精车后测量工件尺寸，根据实测尺寸通过磨耗进行尺寸修正	磨耗调整后，重新运行精车程序，直至尺寸合格；加工螺纹时一次减掉的磨耗值不要太大，要常用环规进行检验
结束工作	清理、维护机床，关机并填写操作记录	对需润滑的部位加润滑油，先关闭系统电源，再关闭车床总电源

2. 工件的检验

按下列步骤对工件进行检验。

1）用外径千分尺测量 $\phi30$mm 及 $\phi38$mm 的外圆直径。

2）用游标卡尺测量 4mm ×2mm 的退刀槽、长度 25mm 及 $C2$ 的倒角。

3）用外径千分尺测量工件总长 62 ±0.05mm。

4）用半径样板检测 $R2$mm 的圆弧。

5）用螺纹环规检验 M24 ×2 的外螺纹。

6）用粗糙度样板检测表面粗糙度值。

7）用圆锥套规涂色检验 1∶4 锥度。

项目评估

学生和教师按要求分别填写项目评估卡，见表 9-13。

表 9-13　螺纹轴加工项目评估卡

班级		姓名		学号		日期	
项目名称		加工螺纹轴					
基本检查		序号	检查项目		配分	学生自评	教师评分
	编程	1	加工工艺制订正确		2		
		2	切削用量选用合理		2		
		3	程序正确、简单、规范		3		
	操作	4	操作正确，维护保养规范		3		
		5	服从安排，安全、文明生产		5		
	纪律	6	不迟到、不早退、不旷课		5		
基本检查结果总计					20		

（续）

项目名称	加工螺纹轴							
精度检测	序号	图样尺寸	允差	量具	配分	实际尺寸		分数
						学生自测	教师检测	
	1	外圆 ϕ30mm	$^{0}_{-0.039}$mm	外径千分尺	8			
	2	外圆 ϕ38mm	$^{0}_{-0.039}$mm	外径千分尺	8			
	3	R2mm 的圆弧		半径样板	5			
	4	1:4 锥度		涂色检验	10			
	5	长 25mm		深度千分尺	4			
	6	长 62mm	±0.05mm	外径千分尺	6			
	7	4mm×2mm 退刀槽		游标卡尺	10			
	8	M24×2		螺纹环规	20			
	9	倒角 C2		游标卡尺	4			
	10	表面粗糙度值	Ra1.6μm、Ra3.2μm	粗糙度样板	5			
精度检测结果总计					80			
基本检查结果		精度检测结果				总成绩		

学生签字：　　　　　　　　　实习指导教师签字：

知识拓展

螺纹切削复合循环指令 G76

在螺纹加工的指令中，用 G32 指令编程时程序繁琐，G92 指令相对简单且容易掌握，但需计算每一刀的编程位置，G76 指令比 G92 指令简捷，可节省程序设计时间与计算时间，只需给定相应的螺纹参数，两个程序段就可以自动完成螺纹粗、精多次路线的加工。

1. 功能

G76 指令适用于加工螺距较大的不带退刀槽的圆柱螺纹、圆锥螺纹或梯形螺纹。

2. 走刀轨迹

如图 9-16a 所示，刀具从循环起点 A，以 G00 的方式沿 X 向进给至螺纹牙顶 X 坐标处（B 点，该点的 X 坐标值 = 螺纹小径 +2k），然后沿与基本牙型一侧平行的方向进刀（图 9-16b），X 向切深为 Δd，再以螺纹切削方式切削至离 Z 向终点距离为 r 处，45°倒角退刀至 E 点，最后返回 A 点，准备第二次循环。如此分多次切削，直至循环结束。

3. 指令格式

G76　P(m)(r)(α)　Q(Δdmin)　R(d)；

G76　X(U)__　Z(W)__　R(i)　P(k)　Q(Δd)　F(L)；

参数说明：

m 为螺纹切削最后精加工次数，取 01～99，该参数为模态值。

r 为螺纹尾部倒角量，该值的大小可设定为 0.0～9.9L，系数应为 0.1 的整数倍，用 00～99 的两位整数来表示，其中 L 为导程。该参数为模态值。

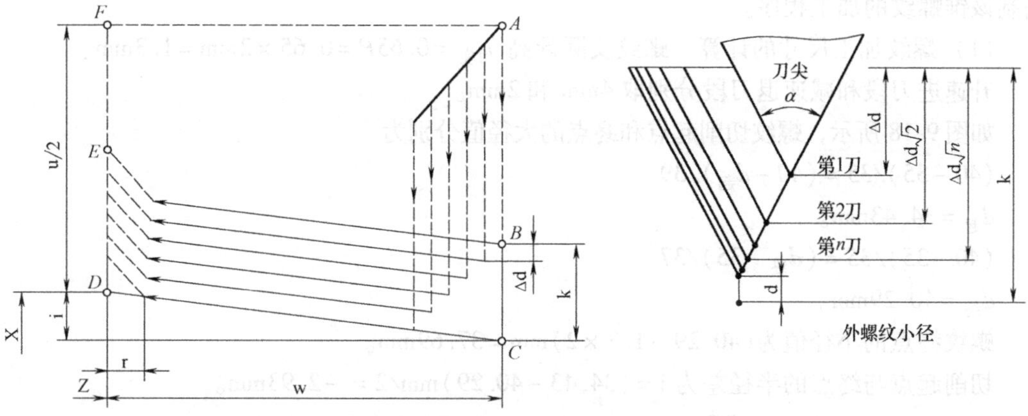

图 9-16　螺纹切削复合循环指令 G76

a）走刀轨迹　b）进刀轨迹

α 为刀尖角（螺纹牙型角），可从 80°、60°、55°、30°、29°和 0°六个角度中选择，用两位整数来表示，常用 60°、55°和 30°三个角度。该参数为模态量。

m、r、α 用地址 P 同时指定，例如：m = 2　r = 0.5L　α = 60°，表示为 P020560。

Δd min为最小车削深度，用半径编程指定，单位为 μm。车削过程中每次的车削深度为 $\Delta d\sqrt{n}-\Delta d\sqrt{n-1}$，当计算值小于这个极限值时，深度锁定这个值。该参数为模态量。

d 为精车余量，用半径编程指定。该参数为模态量，单位为 μm。

i 为锥螺纹的半径差，省略为直螺纹，单位为 mm。

k 为牙深（半径值），单位为 μm。

Δd 为第一次车削深度，用半径值指定，单位为 μm。

L 为螺纹的导程。

指令中，Q、P、R 地址后的数值一般以无小数点形式表示。实际加工普通螺纹时，以上参数一般取 m = 2，r = 0.5L，α = 60°，表示为 P020560。Δdmin = 0.1mm，d = 0.05mm，k = 0.65P；Δd 根据零件材料、螺纹导程、刀具和机床刚性综合给定，建议取 0.7 ~ 1.5mm。其他参数由零件具体尺寸确定。

4. 说明

1）G76 指令可以在 MDI 方式下使用。

2）在执行 G76 循环时，如按下循环暂停键，则刀具在螺纹切削后的程序段暂停。

3）G76 指令为非模态指令，所以必须每次指定。

4）G76 为斜进式切削，由于为单侧刃加工，切削刃容易磨损，使加工的螺纹面不直，刀尖角发生变化，造成牙型精度较差。但由于是单侧刃工作，刀具负载较小，排屑容易，并且车削深度为递减式，因此一般适用于大螺距螺纹的加工。由于此加工方法排屑容易，切削刃加工工况较好，在精度要求不高的情况下，此加工方法更为方便。在加工较高精度的螺纹时，可采用两次加工完成，即先用 G76 粗车，再用 G32 精车。但要注意刀具起始点要准确，不然容易乱牙，造成零件报废。

5. 编程示例

如图 9-17 所示，螺纹外径已车至小端直径 ϕ34.8mm，大端直径 ϕ39.8mm，用 G76 指令编制该锥螺纹的加工程序。

（1）螺纹加工尺寸的计算　螺纹实际牙高 $h_{1实}=0.65P=0.65\times2mm=1.3mm$。

升速进刀段和减速退刀段分别取4mm和2mm。

如图9-18所示，螺纹切削起点和终点的大径值分别为

$(40-35)/35=(40-d_{起})/39$

$d_{起}=34.43mm$。

$(40-35)/35=(d_{终}-35)/37$

$d_{终}=40.29mm$。

螺纹终点的小径值为$(40.29-1.3\times2)mm=37.69mm$。

切削起点与终点的半径差为 $i=(34.43-40.29)mm/2=-2.93mm$。

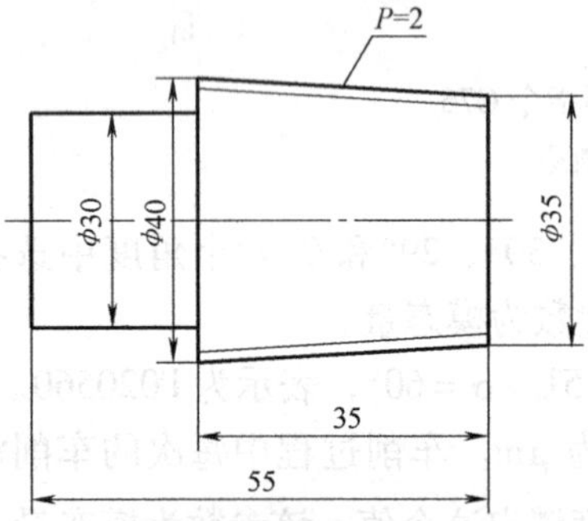

图9-17　圆锥螺纹的加工

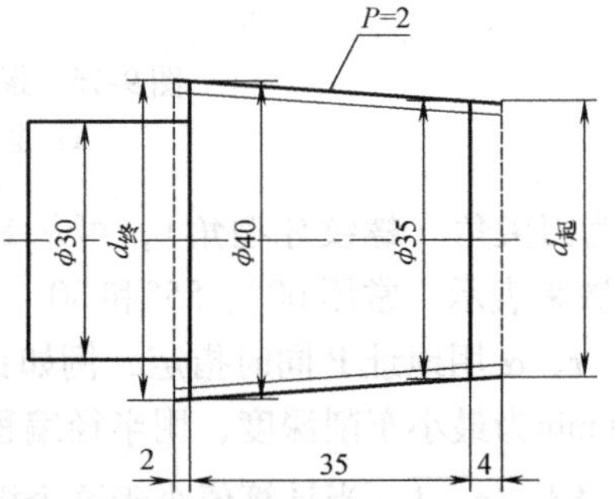

图9-18　圆锥螺纹尺寸计算

（2）确定切削用量　精车重复次数 m=2，螺纹尾倒角量 r=0.5L，刀尖角度 $\alpha=60°$，表示为P020560。

最小车削深度 Δd min=0.1mm，表示为Q100。

精车余量 d=0.05mm，表示为R50。

螺纹切削终点的坐标 X=37.69，Z=-37。

切削起点与终点的半径差 i=-2.93mm，表示为 R-2.93。

螺纹高度 k=1.3mm，表示为P1300。

第一次车削深度 Δd 取0.9mm，表示为Q900。

L=2mm，表示为F2.0。

主轴转速 $n\leqslant1200/P-K=(1200/2-80)r/min=520r/min$。

（3）编程　参考程序见表9-14。

表9-14　用G76指令编写图9-16所示圆锥螺纹的加工程序

程序号 O9007；		
程序段号	程序内容	说　明
N10	G97 G99 M03 S520；	主轴正转，转速为520r/min
N20	T0303；	螺纹车刀 T03
N30	M08；	切削液开
N40	G00 X36.　Z4.；	螺纹加工循环起点
N50	G76 P020560 Q100 R50；	螺纹车削复合循环
N60	G76 X37.69 Z-37.　R-2.93 P1300　Q900　F2.；	
N70	G00 X100.　Z100.；	快速退刀
N80	M30；	程序结束

技能训练

编制下列螺纹轴的加工程序，并操作数控车床完成工件的加工。

1. 如图 9-19 所示，毛坯为 ϕ40mm 的棒料，材料为 45 钢。

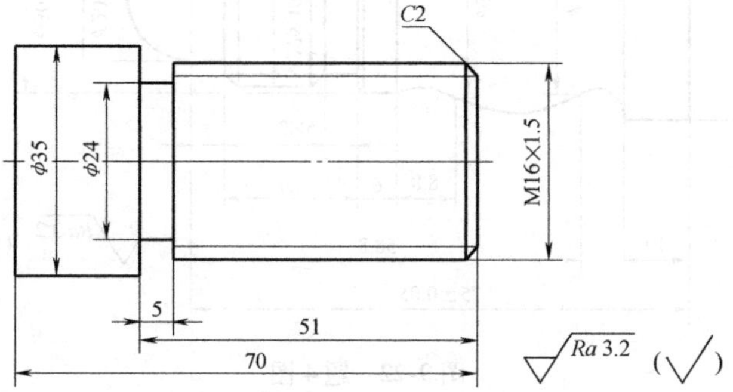

图 9-19 题 1 图

2. 如图 9-20 所示，毛坯为 ϕ45mm 的棒料，材料为 45 钢。

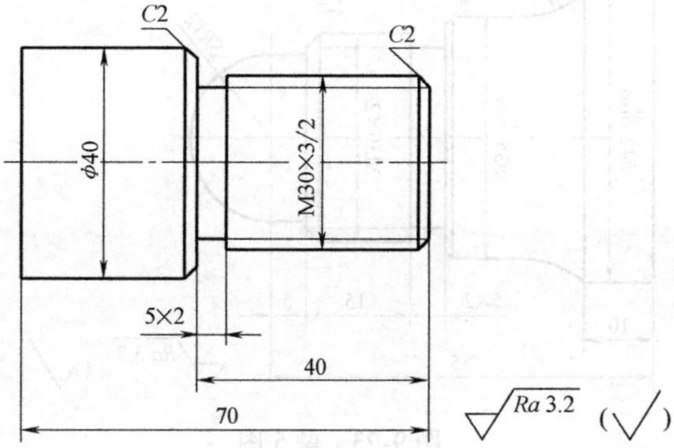

图 9-20 题 2 图

3. 如图 9-21 所示，毛坯为 ϕ45mm × 90mm 的棒料，材料为 45 钢。

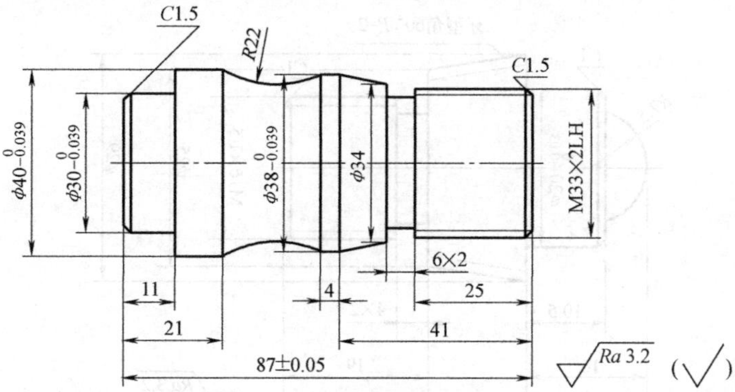

图 9-21 题 3 图

4. 如图 9-22 所示，毛坯为 ϕ40mm 的棒料，材料为 45 钢。

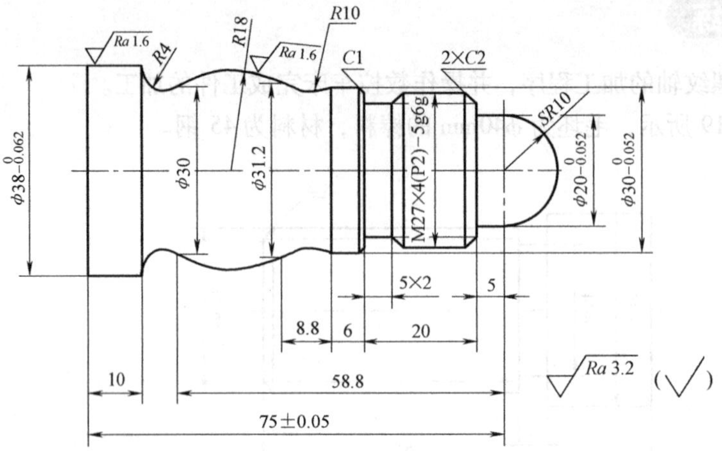

图 9-22 题 4 图

5. 如图 9-23 所示，毛坯为 φ50mm 的棒料，材料为 45 钢。

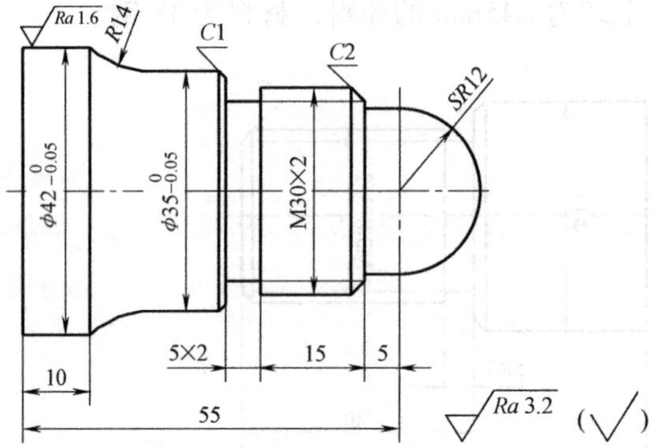

图 9-23 题 5 图

6. 如图 9-24 所示，用 G76 指令编写工件的螺纹加工程序，毛坯为 φ35mm × 55mm 的棒料，材料为 45 钢。

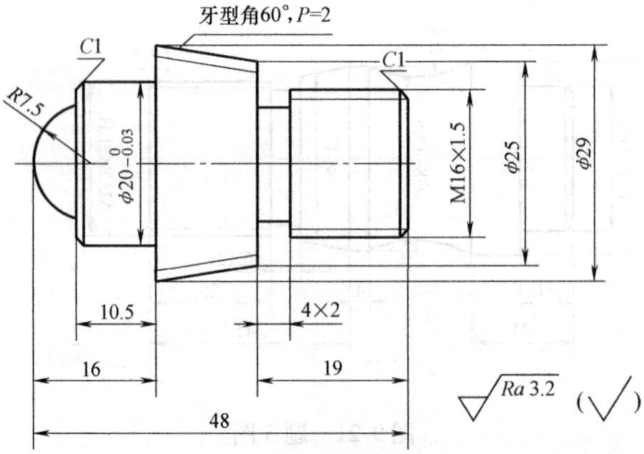

图 9-24 题 6 图

模块三

数控车削中级技能编程与加工

项目十

加工定位套

项目要求

1. 掌握简单套零件加工的相关工艺知识，并能进行工艺分析。
2. 会用 G90、G71 指令编写孔的加工程序。
3. 能正确进行内孔车刀的选择、安装及对刀。
4. 能进行内孔车削加工操作与程序的调试。
5. 会进行简单套零件的检测及质量分析。

项目内容

在数控车床上加工如图 10-1 所示的零件，要求进行数控加工工艺分析，编写数控加工程序并操作机床完成工件的加工。

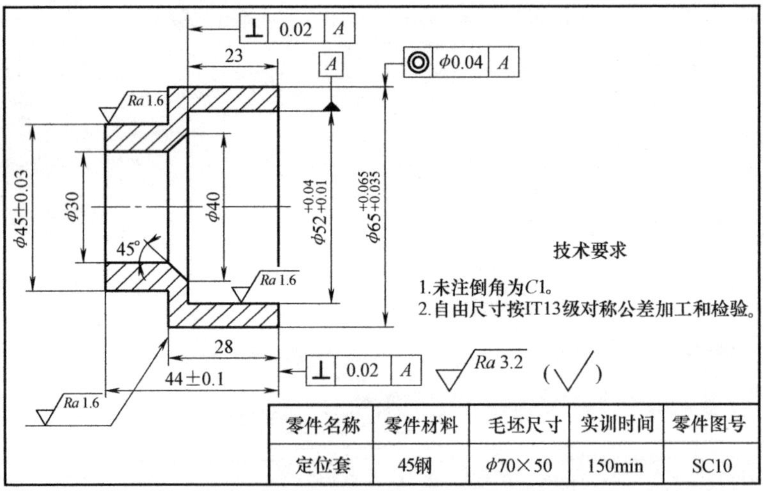

图 10-1 定位套

任务一 制订加工工艺

知识准备

为研究方便，把轴承座、齿轮、带轮等带有孔的工件都作为套类工件。套类工件是车削加工的重要内容之一，它的作用是支承、导向、连接以及和轴配合等。套类工件主要由同轴度要求较高的内、外回转表面及端面、台阶、沟槽等部分组成。

1. 套类工件的常见技术要求

（1）尺寸精度 指套类工件的各部分应达到一定的尺寸精度要求。

（2）形状精度 指套类工件的圆度、圆柱度和直线度要求等。

（3）位置精度 指套类工件各表面之间的相互位置精度，如同轴度、垂直度、平行度、径向圆跳动和轴向圆跳动等。

（4）表面粗糙度 指各表面应达到图样要求的表面粗糙度值。

2. 内孔车刀的选择

由于套类零件一般都要求加工外圆、端面及内孔，大多数还需要调头加工，一般加工工艺路线是车端面→钻中心孔→预钻孔→粗/精加工各外表面→粗/精加工各内表面→切断（或调头加工），有关外表面加工刀具的选择前面已学习过，这里只介绍有关内表面加工刀具的选择。

加工内孔用内孔车刀，常用内孔车刀有三种不同截面形状的刀柄，即圆柄、矩形柄和正方形柄。普通型和模块式的圆柄车刀多用于车削中心和数控车床上，矩形和方形柄车刀多用于普通车床。

（1）刀柄截面形状的选用 优先选用圆柄车刀。由于圆柄车刀的刀尖高度是刀柄高度的1/2，且柄部为圆形，有利于排屑，故在加工相同直径的孔时，圆柄车刀的刚性明显高于方柄车刀，所以在条件允许的情况下应尽量采用圆柄车刀。

（2）刀柄截面尺寸的选用 标准内孔车刀已给定了最小加工孔径。其最大加工孔径范围，一般不超过比它大一个规格的内孔车刀所给定的最小加工孔径。

（3）通孔车刀与不通孔车刀的选用 套类零件上的孔有通孔与不通孔之分，如图10-2所示。通孔车刀的主偏角可以小于90°，一般为60°~75°，安装时刀尖与工件轴线等高或略高0.1~0.5mm。加工不通孔或台阶孔时，只能用主偏角大于90°的内孔车刀。刀尖位于刀杆的最前端。为了保证车平孔的底面，刀尖与刀杆外端距离应小于内孔的半径，如图10-2b所示。为保证排屑顺畅：车通孔时，车刀刃倾角应选择0°~3°，切屑排向待加工表面；车不通孔时，车刀刃倾角应选择-3°~0°，切屑排向已加工表面。

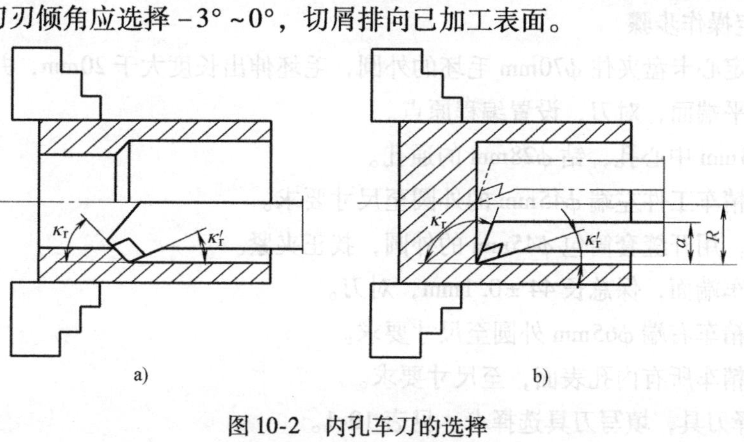

图10-2 内孔车刀的选择
a）通孔车刀 b）不通孔车刀

3. 切削用量的选择

由于内孔车刀刚性较差，背吃刀量应小于外圆及圆锥面加工的背吃刀量，一般粗加工背吃刀量 a_p = 1 ~ 1.5mm，进给速度一般为 0.2 ~ 0.3mm/r，主轴转速为 700 ~ 1000r/min，避免形成带状切屑，造成排屑困难；精加工时，为保证表面粗糙度值的要求，背吃刀量一般取 0.1 ~ 0.4mm 较为合适。

套类工件外表面的加工与轴类零件的加工相同，因为加工内表面时，一方面排屑困难，另一方面刀杆振动刚性差，因此进给量比外圆要低，根据经验，加工内孔的进给量是加工外圆的 4/5。

4. 直套类工件的定位与装夹

根据直套类工件形状精度要求的不同，可以有不同的装夹方法。一般根据具体的形状、尺寸，可以采用自定心卡盘、单动卡盘、软爪、开缝套筒、心轴等装夹方式，可尽量采用自定心卡盘装夹，因为这样装夹最方便、快捷。

5. 孔的加工方法

孔加工一般分为粗加工、半精加工和精加工。

在车孔之前，先用麻花钻预钻孔，直径大于 20mm 的麻花钻，需要钻中心孔，防止麻花钻因横刃过长，定位困难；一般情况下，麻花钻的直径应比最小孔径小 1 ~ 2mm。

钻孔后再用内孔车刀进行粗、精车孔。

任务实施

1. 技术要求分析

该零件包括外圆、内孔和端面，内、外圆的尺寸公差要求都在 0.06mm 以内，内孔与外圆的同轴度要求为 ϕ0.04mm，内孔台阶面及工件端面与内孔轴线的垂直度公差为 0.02mm；表面粗糙度值为 Ra1.6μm 和 Ra3.2μm；零件材料为 45 钢，无热处理及硬度要求。

2. 制订加工方案

根据零件的工艺特点及毛坯尺寸，零件需要调头装夹，具有相互位置精度要求的部位，最好在一次装夹中加工完成。

（1）确定操作步骤

1）用自定心卡盘夹住 ϕ70mm 毛坯的外圆，毛坯伸出长度大于 20mm，并找正夹紧。

2）手动平端面，对刀，设置编程原点。

3）钻 ϕ3mm 中心孔，钻 ϕ28mm 的通孔。

4）粗、精车工件左端 ϕ45mm 的外圆至尺寸要求。

5）调头，用开缝套筒包 ϕ45mm 的外圆，找正夹紧。

6）手动车端面，保总长 44 ±0.1mm，对刀。

7）粗、精车右端 ϕ65mm 外圆至尺寸要求。

8）粗、精车所有内孔表面，至尺寸要求。

（2）选择刀具，填写刀具选择卡 见表 10-1。

（3）制订加工工序，填写加工工序卡 见表 10-2。

表 10-1 加工定位套刀具选择卡

项目名称		加工定位套	零件名称	定位套	零件图号		SC10
序号	刀具号	刀具名称	刀片规格	刀尖位置 T	数量	加工表面	备注
1	—	中心钻	A3mm	—	1	中心孔	手动
2	—	麻花钻	ϕ28mm	—	1	钻孔	手动
3	T0101	93°外圆偏刀	80°菱形，R0.4mm	3	1	端面、外圆及台阶	粗、精车
4	T0202	90°内孔偏刀	80°菱形，R0.4mm	2	1	内孔	粗、精车

表 10-2 定位套加工工序卡

项目名称	加工定位套	工件材料	45 钢	车床系统	FANUC 0i TC	工序号	001
程序名	O1103 ~ O1105	车床名称	CKA6150		夹具名称	自定心卡盘、开缝套筒	
工步号	工步内容		G 功能	T 刀具	切削用量		
					主轴转速 n/(r/min)	进给速度 f/(mm/r)	背吃刀量 a_p/mm
1	手动平端面，钻中心孔		手动	A3mm 中心钻	1200	0.1	—
2	钻孔		手动	ϕ28mm 麻花钻	300	0.15	14
3	粗车左端外圆及台阶		G71	T0101	800	0.3	2.0
4	精车左端外圆及台阶		G70	T0101	1400	0.1	0.3
5	调头，车端面，保总长		手动	T0101	700	0.15	1.5
6	粗车右端 ϕ65mm 外圆		G71	T0101	800	0.3	1.5
7	精车右端 ϕ65mm 外圆		G70	T0101	1400	0.1	0.3
8	粗车内孔		G71	T0202	700	0.2	1.0
9	精车内孔		G70	T0202	1000	0.1	0.25

任务二 编写数控加工程序

知识准备

套类工件的内孔加工一般采用钻、扩、镗等工序，钻、扩可以用 G74 钻孔循环功能实现，但实际生产中，为操作方便，多数钻、扩孔还是通过手动完成的，在此不做说明。下面重点以内孔车削加工来说明相关编程指令的应用。

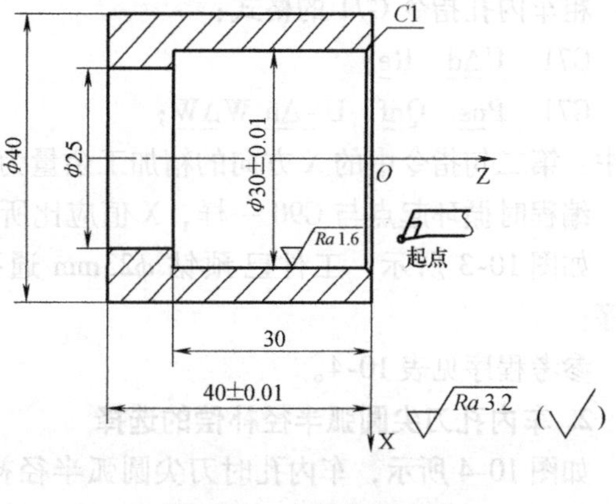

图 10-3 内孔编程示例

1. 编程指令

G01、G90、G71 和 G70 指令用于轴类零件的外圆加工。加工内孔与加工外圆有相似之处，同样可以用 G01、G90、G71 和 G70 指令对套类零件进行内孔的车削。由于加工内孔时受刀具和孔径的限制，在观察切削过程时也不方便，在进、退刀方式上与加工外圆正好相反，所以编程时在进刀点和退刀点的距离和方向上要特别小心，防止刀具与零件相碰撞。

（1）G90、G01 指令加工内孔　应用 G90 指令时，循环起点 X 值应比所钻孔的直径小 1 ~2mm，Z 值远离端面 1 ~2mm。

编程示例：如图 10-3 所示，工件已预钻 ϕ23mm 通孔，用 G90、G01 指令编写内孔的粗、精车程序。

参考程序见表 10-3。

表 10-3　用 G90、G01 指令编写图 10-3 所示内孔的加工程序

程序号 O1001；		
程序段号	程序内容	说明
N10	G97 G99 M03 S700 F0.2；	主轴正转，转速为 700r/min，进给量为 0.2mm/r
N20	T0101；	换 1 号内孔车刀
N30	G00 X21.；	快速定位至循环起点，为安全起见，先 X 方向走刀后 Z 方向走刀
N40	Z2.；	
N50	M08；	切削液开
N60	G90 X24.5 Z－41.；	粗车 ϕ25mm 的内孔，X 方向留 0.5mm 的精车余量
N70	X26. Z-30.；	粗车 ϕ30mm 的内孔第一次
N80	X28.；	粗车 ϕ30mm 的内孔第二次
N90	X29.5；	粗车 ϕ30mm 的内孔第三次，X 方向留 0.5mm 的精车余量
N100	G00 X32.　S1000；	刀具快速定位至倒角 X 方向起点
N110	G01 Z0 F0.1；	直线进给至倒角起点
N120	X30. W－1.；	精车倒角
N130	Z－30.；	精车 ϕ30mm 内孔
N140	X25.；	精车台阶
N150	Z－42.；	精车 ϕ25mm 内孔
N160	X23.；	X 方向退刀，退刀量控制在 0.5 ~ 1mm
N170	G00 Z100.；	Z 向退刀至换刀点
N180	X100.；	X 向退刀至换刀点
N190	M30；	程序结束

（2）G71、G70 指令加工内孔　G71 指令用于粗车内孔，G70 指令用于精车内孔，G70 指令的用法与精车外圆完全相同，G71 指令与粗车外圆稍有区别。

粗车内孔指令 G71 的格式：

G71　U$\underline{\Delta d}$　R$\underline{e}$；

G71　P$\underline{ns}$　Q$\underline{nf}$　U $\underline{-\Delta u}$ W$\underline{\Delta W}$；

其中：第二句指令中的 X 方向的精加工余量为负值，一般取 $\Delta u = -0.5 \sim -1.0$mm。

编程时循环起点与 G90 一样，X 值应比所钻孔的直径小 1 ~2mm。

如图 10-3 所示，工件已预钻 ϕ23mm 通孔，用 G71、G70 指令编写内孔的粗、精车程序。

参考程序见表 10-4。

2. 车内孔刀尖圆弧半径补偿的选择

如图 10-4 所示，车内孔时刀尖圆弧半径补偿指令为 G41，其指令格式及编程方法与车外圆相同。

表 10-4 用 G71、G70 指令编写图 10-3 所示内孔的加工程序

程序号 O1002；		
程序段号	程序内容	说明
N10	G97 G99 M03 S700 F0.2；	主轴正转，转速为 700r/min，刀具进给量为 0.2mm/r
N20	T0101；	换 1 号内孔车刀
N30	G00 X21.；	快速定位至循环起点，为安全起见，先 X 方向走刀后 Z 方向走刀
N40	Z2.；	
N50	M08；	切削液开
N60	G71 U1. R0.5；	粗车循环，背吃刀量为 1mm，退刀量为 0.5mm
N70	G71 P80 Q140 U-0.5 W0.1；	精车路线由 N80～N140 决定，X 向精车余量为 0.5mm，Z 向精车余量为 0.1mm
N80	G00 X32. S1000 F0.1；	精车路线
N90	G01 Z0 ；	
N100	X30. W-1.；	
N110	Z-30.；	
N120	X25.；	
N130	Z-42.；	
N140	X23.；	
N150	G70 P80 Q140；	精车循环
N160	G00 X100. Z100.；	快速退刀至换刀点
N170	M30；	程序结束

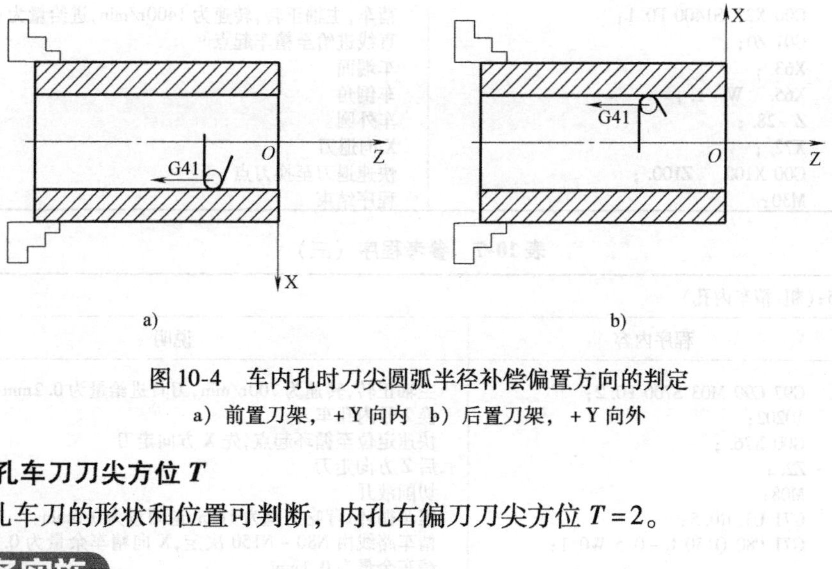

图 10-4 车内孔时刀尖圆弧半径补偿偏置方向的判定

a）前置刀架，+Y 向内 b）后置刀架，+Y 向外

3. 内孔车刀刀尖方位 *T*

由内孔车刀的形状和位置可判断，内孔右偏刀刀尖方位 $T=2$。

任务实施

编写加工程序。参考程序见表 10-5～表 10-7。

表 10-5 参考程序（一）

程序号 O1003；（粗、精车左端外圆）		
程序段号	程序内容	说明
N10	G97 G99 M03 S800 F0.3；	主轴正转，转速为 800r/min，刀具进给量为 0.3mm/r
N20	T0101；	换 1 号外圆车刀
N30	G00 X72. Z2. M08；	快速定位至循环起点，切削液开

（续）

程序段号	程序内容	说明
N40	G71 U2.0 R0.5;	粗车循环,背吃刀量为2.0mm,退刀量为0.5mm
N50	G71 P60 Q130 U0.6 W0.05;	精车路线由 N60 ~ N130 决定,X 向精车余量为 0.6mm,Z 向精车余量为 0.05mm
N60	G00 X27. S1400 F0.1;	精车,主轴正转,转速为 1400r/min,进给量为 0.1mm/r
N70	G01 Z0;	
N80	X43.;	
N90	X45. W-1.;	
N100	Z-16.;	精车路线
N110	X63.;	
N120	X65. W-2.;	
N130	X72.;	
N140	G70 P60 Q130;	精车循环
N150	G00 X100. Z100.;	快速退刀至换刀点
N160	M30;	程序结束

表 10-6　参考程序（二）

程序号 O1004;(粗、精车右端外圆)

程序段号	程序内容	说明
N10	G97 G99 M03 S800 F0.3;	主轴正转,转速为 800r/min,刀具进给量为 0.3mm/r
N20	T0101;	换 1 号外圆车刀
N30	G00 X72. Z2. M08;	快速定位至循环起点,切削液开
N40	G90 X67. Z-28.;	外圆粗车循环第一次
N50	X65.4;	外圆粗车循环第二次,X 方向留 0.6mm 的精车余量
N60	G00 X27. S1400 F0.1;	精车,主轴正转,转速为 1400r/min,进给量为 0.1mm/r
N70	G01 Z0;	直线进给至精车起点
N80	X63.;	车端面
N90	X65. W-1.;	车倒角
N100	Z-28.;	车外圆
N110	X72.;	X 向退刀
N120	G00 X100. Z100.;	快速退刀至换刀点
N130	M30;	程序结束

表 10-7　参考程序（三）

程序号 O1005;(粗、精车内孔)

程序段号	程序内容	说明
N10	G97 G99 M03 S700 F0.2;	主轴正转,转速为 700r/min,刀具进给量为 0.2mm/r
N20	T0202;	换 2 号内孔车刀
N30	G00 X26.;	快速定位至循环起点,先 X 方向走刀
N40	Z2.;	后 Z 方向走刀
N50	M08;	切削液开
N60	G71 U1. R0.5;	粗车循环,背吃刀量为 1mm,退刀量为 0.5mm
N70	G71 P80 Q150 U-0.5 W0.1;	精车路线由 N80 ~ N150 决定,X 向精车余量为 0.5mm,Z 向精车余量为 0.1mm
N80	G00 G41 X54. S1000 F0.1;	左刀补,快速定位至 X 向切削起点
N90	G01 Z0;	
N100	X52. W-1.;	
N110	Z-23.;	
N120	X40.;	精车路线
N130	X30 . W-5.;	
N140	Z-45.;	
N150	G00 G40 X26.;	
N160	G70 P80 Q150;	精车循环,主轴正转,转速为 1000r/min,进给量为 0.1mm/r
N170	G00 X100. Z100.;	快速退刀至换刀点
N180	M30;	程序结束

任务三 加工与检验

知识准备

1. 操作过程中的注意事项

1）安装内孔车刀时，刀尖应尽量与车床主轴轴线等高；刀杆伸出长度在满足要求的情况下应尽可能短，以改善刀杆刚性。

2）使用标准刀杆的可转位内孔车刀，在转塔式刀架上安装时只需选用配套的套筒夹紧即可。

3）编程并调试程序时，要仔细检查内孔的进、退刀方向是否安全合理。

4）半精车内孔后，应检查尺寸，如有误差应修正磨耗或程序后再进行精车，直至达到尺寸要求。运行程序前在刀具参数中加入的磨耗值应为负值。

5）内孔车刀和外圆车刀 X 方向靠近工件和远离工件的方向是相反的，手动操作时不要撞刀。

2. 内孔车刀的对刀方法

与外圆车刀一样，内孔车刀也用试切法进行对刀。具体操作为：先平断面（当端面无余量时，轻轻接触端面），结束后，沿 X 方向退出，Z 方向不动，进入 OFFSET/SETTING 的“形状”显示窗口，将光标移动到与刀具号相应的刀补号上，键入“Z0”，按软键“测量”，完成 Z 方向对刀；然后车一下内孔，Z 向退出，X 向不动，停主轴，测量内孔直径 *D*，进入 OFFSET/SETTING 的“形状”显示窗口，将光标移动到与刀具号相应的刀补号上，键入“XD”，按软键“测量”，完成 X 向对刀。

3. 孔径尺寸的测量方法

孔径尺寸精度要求较低时，可用钢直尺、内卡钳或游标卡尺测量；孔径尺寸精度要求较高时，可采用内径千分尺或内径百分表测量，标准孔还可以采用塞规测量。

（1）内卡钳测量　孔口试切削或位置狭小时，使用内卡钳显得灵活方便，如图 10-5 所示。内卡钳本身不能直接读出测量结果，而是把测量得到的长度尺寸在钢直尺上进行读数，或在钢直尺上先取下所需尺寸，再去检验零件是否合格。内卡钳与外径千分尺配合使用也能测量出较高精度。

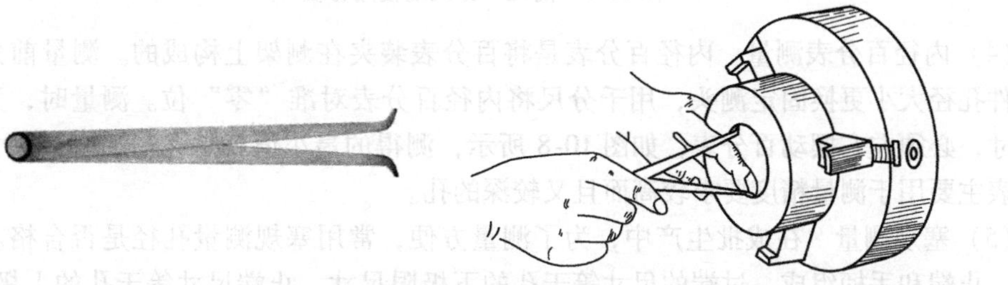

图 10-5　用内卡钳测量孔径

（2）游标卡尺测量　用游标卡尺测量孔径尺寸的方法如图 10-6 所示，测量时应注意尺身与工件端面平行，内测量爪沿圆周方向轻轻摆动，找到最大位置。

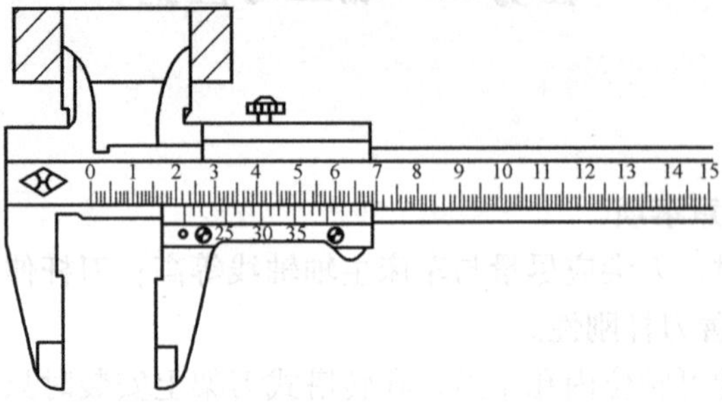

图 10-6　用游标卡尺测量孔径尺寸的方法

（3）内径千分尺测量　内径千分尺的使用方法如图 10-7 所示。这种千分尺刻线方向与外径千分尺相反，当顺时针旋转微分筒时，活动爪向右移动，测量值增大。

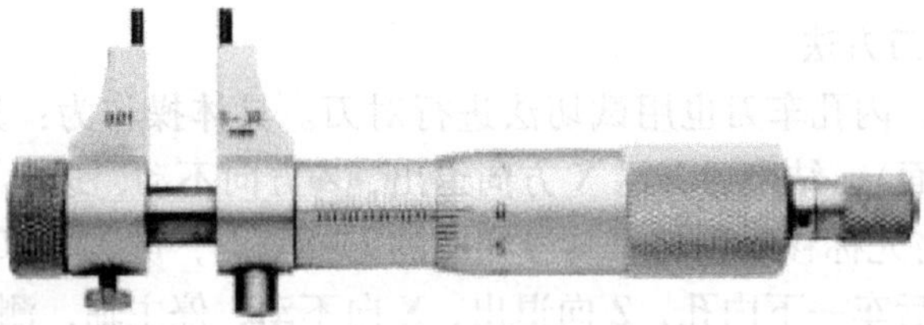

a)

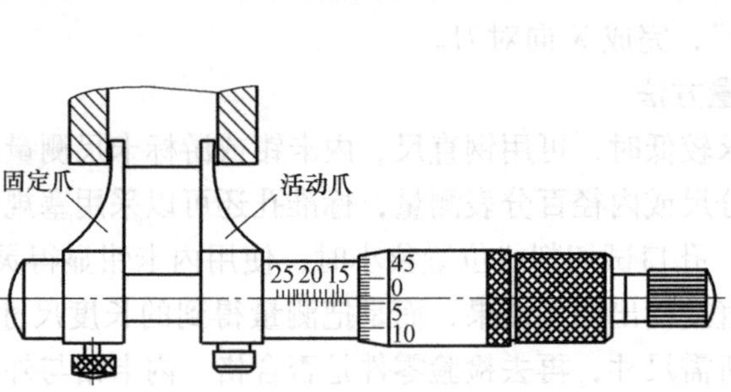

b)

图 10-7　内径千分尺的使用方法

（4）内径百分表测量　内径百分表是将百分表装夹在测架上构成的。测量前先根据被测工件孔径大小更换固定测头，用千分尺将内径百分表对准“零”位。测量时，为得到准确尺寸，必须左右摆动百分表，如图 10-8 所示，测得的最小值就是孔径的实际尺寸。内径百分表主要用于测量精度要求较高而且又较深的孔。

（5）塞规测量　在成批生产中，为了测量方便，常用塞规测量孔径是否合格。塞规由过端、止端和手柄组成。过端的尺寸等于孔的下极限尺寸，止端尺寸等于孔的上极限尺寸。为使过端、止端有所区别，塞规止端长度要略短一些。测量时，过端通过而止端不能通过，说明尺寸合格。测量不通孔用的塞规，应在外圆上沿轴向开有排气槽。如图 10-9 所示为塞

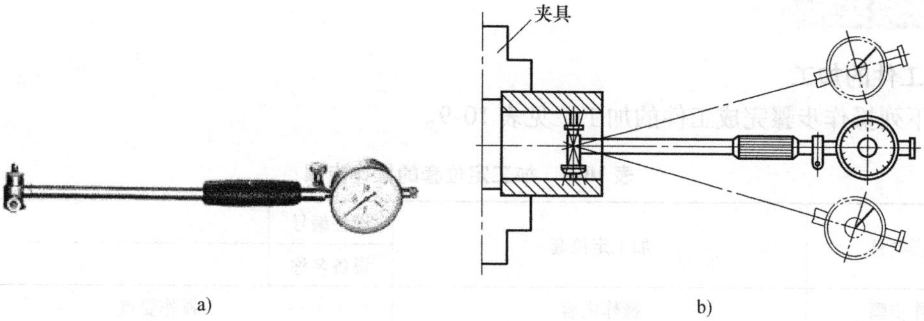

图 10-8　用内径百分表测量孔径

规及其使用方法。

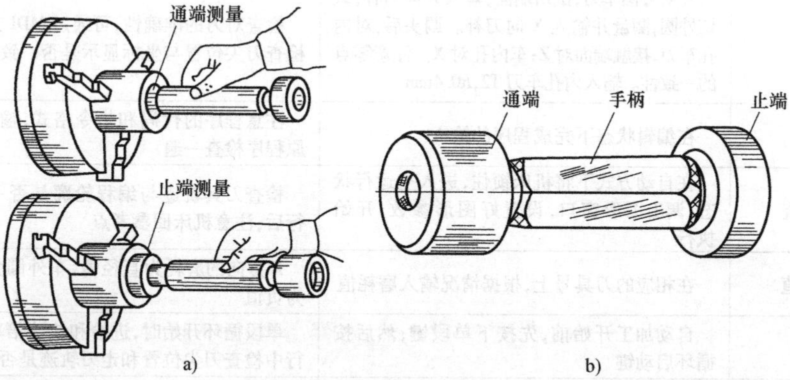

图 10-9　塞规及其使用方法

a）测量方法　b）塞规

4. 内孔车削加工质量分析

由于车削内孔的工艺条件较差，易形成各种加工质量问题，常见的问题及解决策略见表10-8。

表 10-8　内孔车削加工质量分析

问题现象	产生原因	预防和消除方法
内孔圆度超差	1. 孔壁薄，装夹时产生变形 2. 加工余量和材料组织不均匀	1. 改变装夹方式，减少装夹变形 2. 增加半精车工序
内孔有锥度（圆柱度超差）	1. 刀柄刚性差，产生让刀现象 2. 主轴轴线歪斜、床身不水平、床身导轨磨损等机床原因	1. 增加刀具刚性 2. 调整机床精度或用程序补偿
内孔表面有振纹	1. 工艺系统刚性不足 2. 切削参数不合理	1. 提高工艺系统刚性 2. 调整切削参数，避开共振区
内孔表面质量差	1. 切削参数不合理 2. 刀具几何角度不合理或磨钝	1. 优化切削参数 2. 选择锋利的刀具
内孔尺寸不对	1. 车刀安装不对，刀柄与孔壁干涉 2. 产生积屑瘤，增加刀尖长度，使孔车大 3. 工件的热胀冷缩	1. 正确安装车刀 2. 改善切削参数，避免产生积屑瘤 3. 在室温下测量，工件与量具的温度一致

任务实施

1. 工件的加工

按下列操作步骤完成工件的加工，见表 10-9。

表 10-9 加工定位套的操作步骤

实训项目	加工定位套	设备编号	
		设备名称	
操作步骤	操作内容	操作要点	
准备工作	检查机床,准备好工具、量具、刀具和毛坯	机床动作应正确,量具校对准确,刀具高度调整好	
装夹毛坯和刀具	装夹毛坯,安装刀具	毛坯伸出长度应合适并找正夹牢;刀具安装角度应准确	
试切对刀	先对外圆车刀,试切端面,输入 Z 向刀补;试切外圆,测量并输入 X 向刀补。调头后,对内孔车刀,接触端面对 Z;车内孔对 X。注意零点的一致性。输入内孔车刀 T2,*R*0.4mm	检查对刀的准确性,可通过 MDI 方式执行刀补,检查刀尖位置与坐标显示是否一致	
输入程序	在编辑状态下完成程序的输入	注意程序的代码和指令格式,输入完成后对照原程序检查一遍	
空运行检查	在自动方式下将机床锁住,进入空运行状态,调出图形窗口,设置好图形参数,开始执行	检查刀具轨迹与编程轮廓是否一致,结束空运行后,注意机床回参考点	
输入磨耗值	在相应的刀具号上,根据情况输入磨耗值	X 方向的磨耗为直径值,车外圆为正值,车内孔为负值	
单段运行	自动加工开始前,先按下单段键,然后按循环启动键	单段循环开始时,进给和快速倍率由低到高,运行中检查刀尖位置和走刀轨迹是否准确	
自动连续加工	关闭单段循环,执行连续加工	注意监控机床的运行,若发现异常,应按下循环停止按钮,处理完成后,恢复加工	
通过磨耗调整尺寸	精车后测量工件尺寸,根据实测尺寸通过磨耗进行尺寸修正	外圆实际测量尺寸大了多少,就在磨耗中减掉多少,内孔实测尺寸小了多少,就在磨耗中加上多少,直至尺寸合格	
结束工作	清理、维护机床,关机并填写操作记录	对需润滑的部位加润滑油,先关闭系统电源,再关闭车床总电源	

2. 工件的检验

按下列步骤对工件进行检验。

1）用外径千分尺测量 ϕ45mm 及 ϕ65mm 的外圆直径。

2）用游标卡尺测量 ϕ30mm 的内孔直径、ϕ65mm 的外圆长度 28mm 及工件总长 44 ±0.1mm。

3）用内测千分尺测量 ϕ52mm 的内孔直径。

4）用游标万能角度尺测量内锥。

5）用直角尺检测垂直度误差。

6）用 V 形架和百分表检测同轴度误差。

7）用粗糙度样板检测表面粗糙度值。

项目评估

学生和教师按要求分别填写项目评估卡，见表 10-10。

表 10-10 加工定位套项目评估卡

班级		姓名		学号		日期	
项目名称		加工定位套					

		序号	检查项目	配分	学生自评	教师评分
基本检查	编程	1	加工工艺制订正确	2		
		2	切削用量选用合理	2		
		3	程序正确、简单、规范	3		
	操作	4	操作正确，维护保养规范	3		
		5	服从安排，安全、文明生产	3		
	纪律	6	不迟到、不早退、不旷课	5		
基本检查结果总计				20		

	序号	图样尺寸	允差	量具	配分	实际尺寸		分数
						学生自测	教师检测	
精度检测	1	外圆 ϕ65mm	$^{+0.065}_{+0.035}$mm	外径千分尺	8			
	2	外圆 ϕ45mm	±0.03mm	外径千分尺	8			
	3	内孔 ϕ52mm	$^{+0.04}_{+0.01}$mm	内径千分尺	12			
	4	内孔 ϕ30mm		游标卡尺	5			
	5	内锥	45°	游标万能角度尺	5			
	6	长 23mm		深度尺	5			
	7	长 28mm		游标卡尺	5			
	8	长 44mm	±0.1mm	游标卡尺	5			
	9	同轴度误差	ϕ0.04mm	百分表	10			
	10	垂直度误差	0.02mm	直角尺	8			
	11	未注倒角	C1	游标卡尺	4			
	12	表面粗糙度值	Ra1.6μm、Ra3.2μm	粗糙度样板	5			
精度检测结果总计					80			

基本检查结果		精度检测结果		总成绩	

学生签字： 实习指导教师签字：

知识拓展

内圆弧面的加工

内圆弧面一般比较简单，加工工艺常采用钻孔—粗车孔—精车孔，粗、精车程序的编写常采用 G71、G70 或 G73、G70 指令。编写程序时要注意圆弧插补指令 G02、G03 的判断，其判断方法与车外圆一样，沿垂直圆弧所在平面（XOZ 面）的坐标轴负方向（-Y 轴）看去，刀具相对于工件从起点到终点顺时针方向运动的为 G02，逆时针方向运动的为 G03。

G02 与 G03 的指令格式及编程方法也与车外圆一样。

编程示例：如图 10-10 所示，工件已预钻 ϕ18mm 的通孔，外圆已加工完毕，工件材料为 45 钢，编写内孔的粗、精车程序。

参考程序见表 10-11。

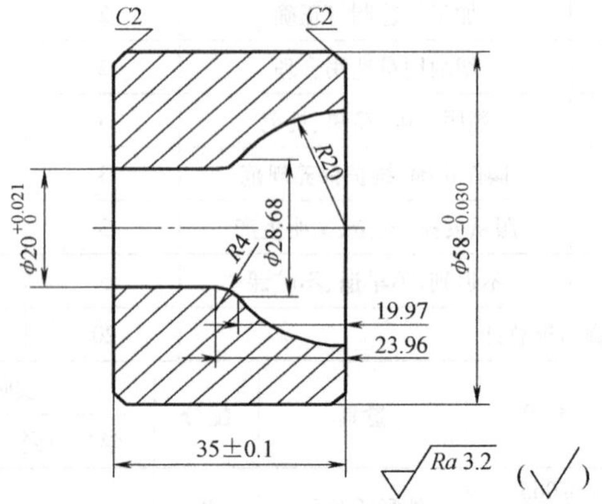

图 10-10　内圆弧面的加工示例

表 10-11　编写图 10-10 所示内圆弧面的加工程序

程序号 O1006；（粗、精车内孔）		
程序段号	程序内容	说明
N10	G97 G99 M03 S700 F0. 2；	主轴正转，转速为 700r/min，刀具进给量为 0. 2mm/r
N20	T0101；	换 1 号内孔车刀，主偏角为 90°
N30	G00 X16. ；	快速定位至循环起点，先 X 方向走刀后 Z 方向走刀
N40	Z2. ；	
N50	M08；	切削液开
N60	G71 U1. R0. 5；	粗车循环，背吃刀量为 1mm，退刀量为 0. 5mm
N70	G71 P80 Q130 U－0. 5 W0；	精车路线由 N80～N130 决定，X 向精车余量 0. 5mm，Z 向精车余量 0mm
N80	G00 G41 X40. S1000 F0. 1；	精车路线第一段，刀尖圆弧半径左补偿
N90	G01 Z0；	
N100	G03 X28. 68 Z－19. 97 R20. ；	
N110	G02 X20.　Z－23. 96 R4. ；	
N120	G01 Z－36. ；	
N130	G40 X16. ；	精车路线最后一段
N140	G70 P80 Q130；	精车循环，精车，主轴正转，转速为 1000r/min，进给量为 0. 1mm/r
N150	G00 X100. Z100. ；	快速退刀至换刀点
N160	M30；	程序结束

技能训练

编制下列套类零件的加工程序，并操作数控车床完成工件的加工。

1. 如图 10-11 所示，毛坯为 ϕ60mm×35mm 的棒料，材料为 45 钢。
2. 如图 10-12 所示，毛坯为 ϕ65mm×60mm 的棒料，材料为 45 钢。
3. 如图 10-13 所示，毛坯为 ϕ55mm×70mm 棒料，材料为 45 钢。
4. 如图 10-14 所示，毛坯为 ϕ50mm×60mm 的棒料，材料为 45 钢。
5. 如图 10-15 所示，毛坯为 ϕ60mm×65mm 的棒料，材料为 45 钢。

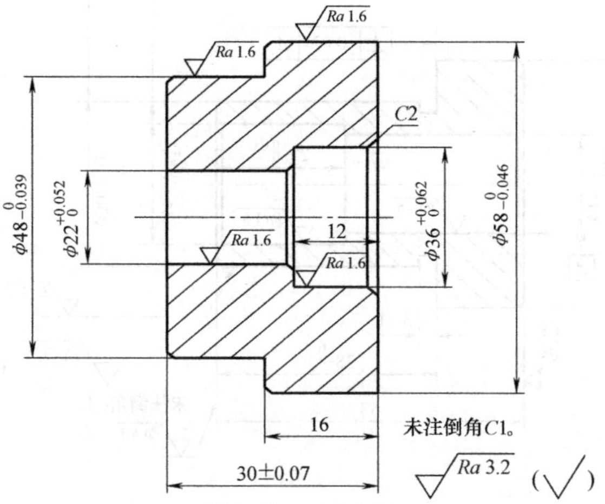

图 10-11 题 1 图

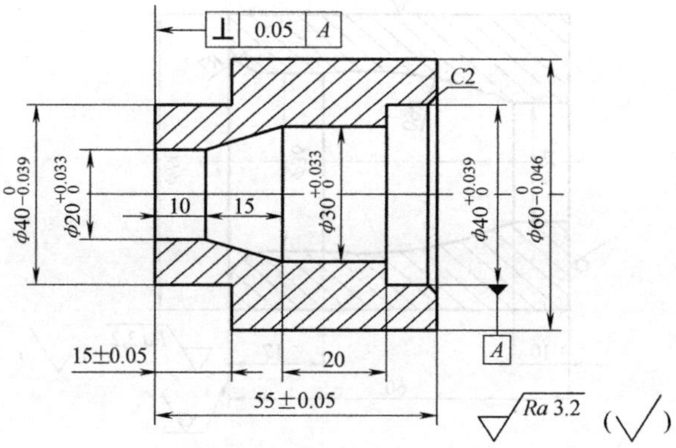

图 10-12 题 2 图

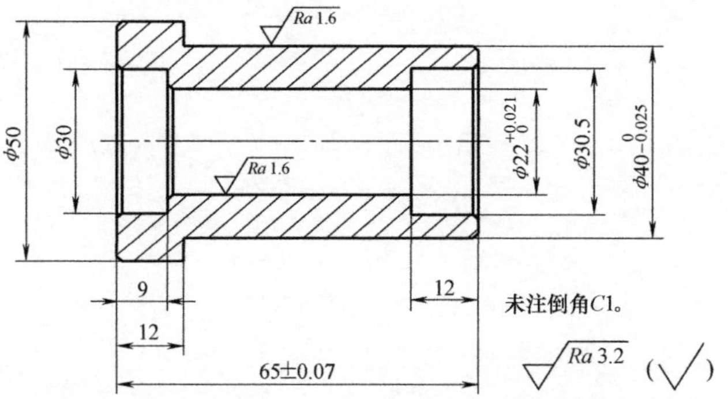

图 10-13 题 3 图

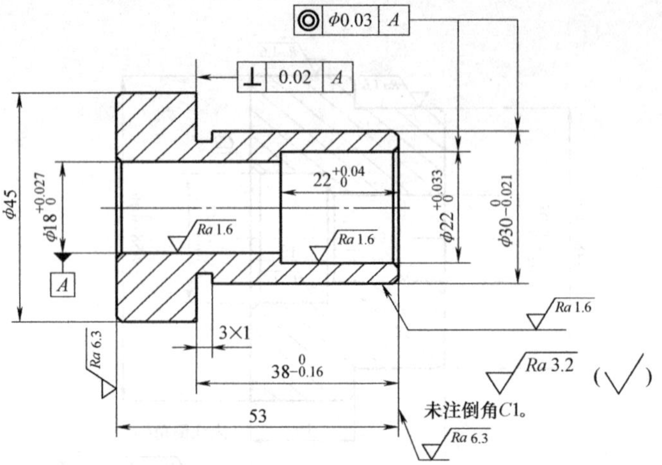

图 10-14 题 4 图

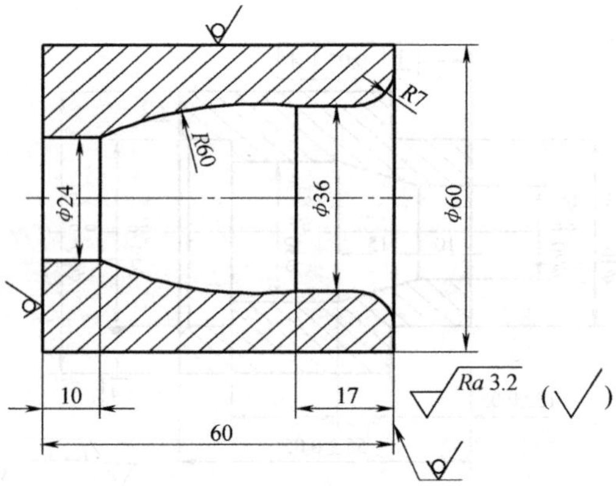

图 10-15 题 5 图

项目十一

加工螺纹套

项目要求

1. 掌握螺纹套加工的相关工艺知识，并能进行工艺分析。
2. 会编写内沟槽及内螺纹的加工程序。
3. 能正确进行内沟槽车刀、内螺纹车刀的选择、安装及对刀。
4. 能进行内沟槽及内螺纹加工操作及程序的调试。
5. 会进行内沟槽及内螺纹的检测及质量分析。

项目内容

在数控车床上加工如图 11-1 所示的螺纹套零件，要求进行数控加工工艺分析，编写数控加工程序并操作机床完成工件的加工。

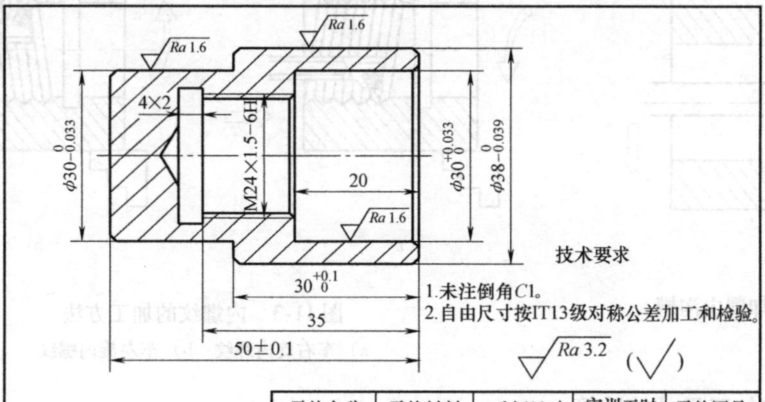

零件名称	零件材料	毛坯尺寸	实训工时	零件图号
螺纹套	45钢	φ40×55	150min	SC11

图 11-1 螺纹套

任务一 制订加工工艺

知识准备

螺纹套在机器中依靠其内螺纹与相应的外螺纹相配合起到联接作用。为加工内螺纹时退刀，在结构上要有退刀槽，所以螺纹套的主要结构有内沟槽和内螺纹两部分。内沟槽与内螺纹的加工与前面学习过的外沟槽与外螺纹的加工基本相同，在本项目中只介绍它们的不同之处。

1. 螺纹套的常见技术要求

1）零件内、外轮廓的形状及尺寸要求。

2）退刀槽的宽度及槽底直径的要求。

3）内螺纹的尺寸要求。

4）工件的表面质量要求。

2. 内沟槽车刀的选择

内沟槽车刀与外沟槽车刀的几何形状相似，如图 11-2 所示，只是装夹方向相反，且为在内孔中车槽。内沟槽车刀规格的选择主要根据内槽的尺寸及孔径的大小，注意避免刀具和内孔产生干涉。

3. 内螺纹车刀的选择

内螺纹车刀需要使用合理的刀套，合理选择的垫刀片，并且根据螺纹深度确定内螺纹车刀的伸出长度，原则上伸出长度大于螺纹深度 5mm 即可。内螺纹车刀的刀头加上刀杆后的径向长度应比螺纹底孔直径小 2 ~3mm，以免退刀时碰伤牙顶，但刀杆太细则会降低刀具刚性。

4. 内螺纹的加工方法

加工内螺纹时，一般自右向左进行切削加工，加工方法如图 11-3 所示。

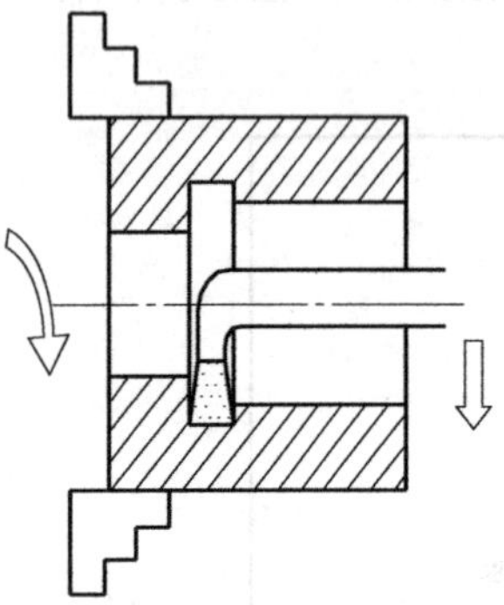

图 11-2 加削内沟槽

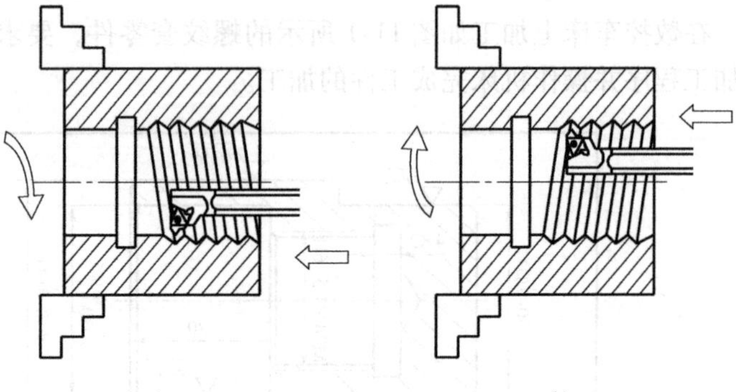

a)　　b)

图 11-3 内螺纹的加工方法

a）车右旋内螺纹 b）车左旋内螺纹

5. 内螺纹加工尺寸的计算

车内螺纹与车外螺纹在小径计算、车削起点与终点的轴向尺寸确定上都相同，不同的是需要计算车内螺纹前孔径的尺寸。

一般实际车削时内螺纹的底孔直径 $D_{1计}$ 为

$$钢和塑性材料取\ D_{1计} = D - P$$

$$铸铁和脆性材料取\ D_{1计} = D - 1.05 \sim 1.1P$$

任务实施

1. 技术要求分析

该零件左端比较简单，为 $\phi30$mm 的外圆；右端由 $\phi38$mm 的外圆，直径 $\phi30$mm、深

20mm 的内孔，M24 ×1.5 的内螺纹以及 4mm ×2mm 的退刀槽组成。外圆的尺寸公差为 0.033mm 和 0.039mm，内孔尺寸公差均为 0.033mm，表面粗糙度值要求为 *Ra*1.6μm 和 *Ra*3.2μm，总长要求为 50 ±0.1mm，无几何公差要求。工件材料为 45 钢，可加工性较好，无热处理和硬度要求。

2. 制订加工方案

根据零件的工艺特点及毛坯尺寸，零件需调头装夹，为保证加工精度，先加工右端内、外结构。

（1）确定操作步骤

1）用自定心卡盘夹持 ϕ40mm 毛坯外圆，伸出卡盘长度 35mm，找正夹紧。

2）用外圆车刀平端面，用 ϕ19mm 麻花钻钻孔，钻深 40mm。

3）对刀，设置编程原点。

4）用外圆车刀粗、精车工件右端 ϕ38mm、长 30mm 的外圆并倒角至尺寸要求。

5）换不通孔车刀，粗、精车内孔至尺寸要求。

6）换内槽车刀，车 4mm ×2mm 退刀槽。

7）换内螺纹车刀，车 M24 ×1.5 内螺纹，用塞规检验。

8）调头，包铜皮夹持 ϕ38mm 的外圆，找正夹紧。

9）车端面，保总长 50 ±0.1mm，对刀。

10）粗、精车左端外圆至尺寸要求。

（2）选择刀具，填写刀具选择卡　见表 11-1。

表 11-1　加工螺纹套刀具选择卡

项目名称		加工螺纹套	零件名称	螺纹套	零件图号		SC11
序号	刀具号	刀具名称	刀片规格	刀尖位置 T	数量	加工表面	备注
1	T0101	93°外圆偏刀	80°菱形，R0.4mm	3	1	外圆、台阶	粗、精车
2	—	麻花钻	ϕ19mm	—	1	钻孔	深 40mm 标记
3	T0202	不通孔车刀	55°菱形，R0.4mm	T2	1	右端内孔	粗、精车
4	T0303	内槽车刀	刀宽 4mm	—	1	车内槽	4mm ×2mm 槽
5	T0404	内螺纹车刀	60°	—	1	M24 ×1.5	粗、精车

（3）制订加工工序，填写工序卡　见表 11-2。

表 11-2　加工螺纹套工序卡

项目名称	加工螺纹套	工件材料	45 钢	车床系统	FANUC 0i TC	工序号	001
程序名	O1103 ~ O1107	车床名称	CKA6150		夹具名称	自定心卡盘	
工步号	工步内容		G 功能	T 刀具	切削用量		
					主轴转速 n/(r/min)	进给速度 f/(mm/r)	背吃刀量 a_p/mm
1	手动平端面、钻孔		手动	T0101 ϕ19mm 麻花钻	400	0.15	9.5
2	粗车右端外圆		G71	T0101	800	0.3	1.5
3	精车右端外圆		G70	T0101	1400	0.1	0.3

（续）

工步号	工步内容	G功能	T刀具	切削用量		
				主轴转速 n/(r/min)	进给速度 f/(mm/r)	背吃刀量 a_p/mm
4	粗车孔	G71	T0202	700	0.2	1.0
5	精车孔	G70	T0202	1000	0.1	0.25
6	车内槽	G01	T0303	350	0.05	4
7	车内螺纹	G92	T0404	700	1.5	0.8、0.5、0.5、0.15
8	调头，车端面，保总长	手动	T0101	600	0.25	1.5
9	粗车左端外圆	G71	T0101	800	0.3	2.0
10	精车左端外圆	G70	T0101	1400	0.1	0.3

任务二　编写数控加工程序

知识准备

1. 车削内沟槽程序的编写

编写车削内沟槽程序的方法与车外沟槽基本相同。对于窄槽来说，通常选用G01和G04指令。需要注意的是退刀时，先在X方向退出槽外，然后再Z向退出孔外，避免刀具与工件发生碰撞。

编程示例：如图11-4所示，外圆及内孔已加工完毕，编写4mm×2mm内沟槽的加工程序。

参考程序见表11-3。

2. 车削内螺纹程序的编写

车削普通内螺纹的编程指令与普通外螺纹相同，有G32、G92和G76，生产中常用G92指令。

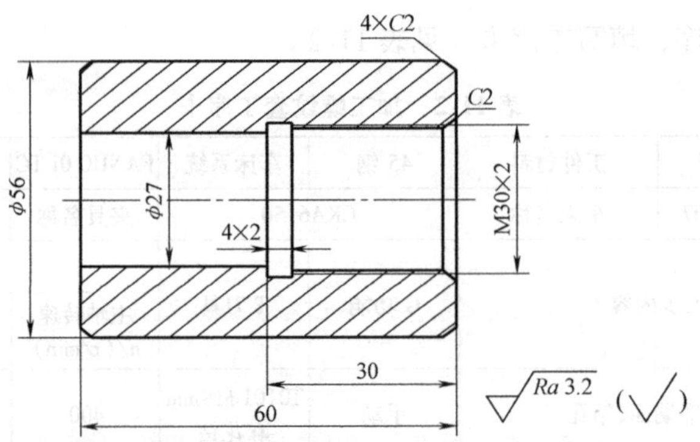

图11-4　内沟槽及内螺纹的加工示例

表 11-3　编写图 11-4 所示内沟槽的加工程序

程序号 O1101；		
程序段号	程序内容	说明
N10	G97 G99 M03 S350；	主轴正转，转速为 350r/min
N20	T0303；	换 3 号内槽车刀
N30	G00 X58.　Z2.　M08；	快速接近工件，切削液开
N40	X25.；	X 向进刀
N50	Z-30.；	Z 向进刀至车槽起点
N60	G01 X31.4 F0.05；	车槽，刀具进给量为 0.05mm/r
N70	G04 X2.；	槽底暂停 2s
N80	G01 X25.；	X 向退刀
N90	G00 Z100.；	Z 向退刀至换刀点
N100	X100.；	X 向退刀至换刀点
N110	M30；	程序结束

编程示例：如图 11-4 所示，外圆、内孔及内沟槽已加工完毕，螺纹段内孔直径已车削至 28mm，用 G92 指令编写内螺纹的加工程序。

1）计算螺纹加工尺寸。螺纹实际牙高 $h_{1实}=0.65P=0.65\times2\text{mm}=1.3\text{mm}$；

内螺纹大径 $D=30\text{mm}$；

内螺纹小径 $D_1=(30-1.3\times2)\text{mm}=27.4\ \text{mm}$；

升速进刀段和减速退刀段分别取 $\delta_1=4\text{mm}$，$\delta_2=2\text{mm}$。

2）确定切削用量。双边切深为 2.6mm，分五刀切削，分别为 0.9mm、0.6mm、0.6mm、0.4mm 和 0.1mm；主轴转速 $n\leqslant1200/P-K=(1200/2-80)\text{r/min}=520\text{r/min}$，进给量 $f=P=2\text{mm}$。

3）编程。参考程序见表 11-4。

表 11-4　编写图 11-4 所示内螺纹的加工程序

程序号 O1102；		
程序段号	程序内容	说明
N10	G97 G99 M03 S500；	主轴正转，转速为 500r/min
N20	T0404；	换 4 号内螺纹车刀
N30	G00X58. Z4.　M08；	快速接近工件，切削液开
N40	X26.；	快速定位至螺纹加工循环起点
N50	G92 X28.3 Z-28. F2.；	螺纹车削循环第一刀，从小径 27.4mm 计算，切深 0.9mm
N60	X28.9；	第二刀，切深 0.6mm
N70	X29.5；	第三刀，切深 0.6mm
N80	X29.9；	第四刀，切深 0.4mm
N90	X30.；	第五刀，切深 0.1mm
N100	X30.；	光刀
N110	G00 X100.　Z100.；	退刀至换刀点
N120	M30；	程序结束

任务实施

1. 相关数值计算

M24×1.5 内螺纹的相关尺寸计算。

内螺纹底孔直径 $D_{1计}=D-P=24\text{mm}-1.5\text{mm}=22.5\text{mm}$，根据经验，如果用螺纹塞规检

验H级螺纹，把底孔略减0.2mm，也就是$D_{1计}=22.3\text{mm}$，配合能略紧一些。

螺纹实际牙高$h_{1实}=0.65P=0.65\times1.5\text{mm}=0.975\text{mm}$。

内螺纹小径$D_1=(24-1.3\times1.5)\text{mm}=22.05\text{mm}$。

升速进刀段和减速退刀段分别取$\delta_1=3\text{mm}$，$\delta_2=2\text{mm}$。

2. 确定螺纹加工切削用量

双边切深为1.95mm，分四刀切削，分别为0.8mm、0.5mm、0.5mm、0.15mm；主轴转速$n\leqslant1200/P-K=(1200/1.5-80)\text{r/min}=720\text{r/min}$，进给量$f=P=1.5\text{mm}$。

3. 编写加工程序

参考程序见表11-5~表11-9。

表11-5 参考程序（一）

程序号O1103；(粗、精车右端外圆)		
程序段号	程序内容	说明
N10	G97 G99 M03 S800 F0.3;	主轴正转,转速为800r/min,刀具进给量为0.3mm/r
N20	T0101;	换1号外圆车刀
N30	G00 X42. Z2. M08;	快速接近工件,切削液开
N40	X18.;	X向至端面切削起点
N50	G01 Z0;	直线进给至端面切削起点
N60	X36.;	车端面
N70	X38. W-1.;	倒角
N80	Z-31.;	车外圆
N90	X42.;	X向退出工件
N100	G00 X100. Z100.;	退刀至换刀点
N110	M30;	程序结束

表11-6 参考程序（二）

程序号O1104；(粗、精车右端内孔)		
程序段号	程序内容	说明
N10	G97 G99 M03 S700 F0.2;	主轴正转,转速为700r/min,刀具进给量为0.2mm/r
N20	T0202;	换2号内孔车刀
N30	G00 X17.;	快速定位至循环起点,先X方向走刀后Z方向走刀
N40	Z2.;	
N50	M08;	切削液开
N60	G71 U1. R0.5;	粗车循环,背吃刀量为1mm,退刀量为0.5mm
N70	G71 P80 Q160 U-0.5 W0.1;	精车路线由N80~N160决定,X向精车余量为0.5mm,Z向精车余量为0.1mm
N80	G00 G41 X32. S1000 F0.1;	精车路线第一段,主轴正转,转速为1000r/min,进给量为0.1mm/r
N90	G01 Z0;	
N100	X30. W-1.;	
N110	Z-20.;	
N120	X24.5;	
N130	X22.5 W-1.;	
N140	Z-40.;	
N150	X18.	
N160	G40 X17.;	精车路线最后一段
N170	G70 P80 Q160;	精车循环
N180	G00 X100. Z100.;	快速退刀至换刀点
N190	M30;	程序结束

表 11-7 参考程序（三）

程序号 O1105；（车内沟槽）

程序段号	程序内容	说明
N10	G40 G97 G99 M03 S350；	主轴正转，转速为 350r/min，
N20	T0303；	换 3 号内槽车刀
N30	G00 X40. Z2. M08；	快速接近工件，切削液开
N40	X20.；	X 向进刀
N50	Z-39.；	Z 向进刀至切槽起点
N60	G01 X26.05 F0.05；	车槽，刀具进给量为 0.05mm/r
N70	G04 X2.；	槽底暂停 2s
N80	G01 X20.；	X 向退出沟槽
N90	G00 Z100.；	Z 向退刀至换刀点
N100	X100.；	X 向退刀至换刀点
N110	M30；	程序结束

表 11-8 参考程序（四）

程序号 O1106；（车内螺纹）

程序段号	程序内容	说明
N10	G97 G99 M03 S700；	主轴正转，转速为 700r/min
N20	T0404；	换 4 号内螺纹车刀
N30	G00 X20.；	快速接近工件，先 X 方向走刀
N40	Z4.；	后 Z 方向走刀
N50	M08；	切削液开
N60	Z-17.；	快速定位至螺纹加工循环起点
N70	G92 X22.85 Z-37. F1.5；	螺纹车削循环第一刀，切深 0.8mm，螺距为 1.5mm
N80	X23.35；	第二刀，切深 0.5mm
N90	X23.85；	第三刀，切深 0.5mm
N100	X24.；	第四刀，切深 0.15mm
N110	X24.；	光刀
N120	G00 Z100.；	Z 向退刀至换刀点
N130	X100.；	X 向退刀至换刀点
N140	M30；	程序结束

表 11-9 参考程序（五）

程序号 O1107；（粗、精车左端外圆）

程序段号	程序内容	说明
N10	G97 G99 M03 S800 F0.3；	主轴正转，转速为 800r/min，刀具进给量为 0.3mm/r
N20	T0101；	换 1 号外圆车刀
N30	G00 X42. Z2.；	快速定位至循环起点，切削液开
N40	G71 U2.0 R0.5；	粗车循环，背吃刀量为 2.0mm，退刀量为 0.5mm
N50	G71 P60 Q130 U0.6 W0.05；	精车路线由 N60～N130 决定，X 向精车余量为 0.6mm，Z 向精车余量为 0.05mm
N60	G00 G42 X-1. S1400 F0.1；	精车，主轴正转，转速为 1400r/min，进给量为 0.1mm/r
N70	G01 Z0；	精车路线（N60～N130）
N80	X28.；	
N90	X30. W-1.；	
N100	Z-20.；	
N110	X36.；	
N120	X40. W-2.；	
N130	G40 X42.；	
N140	G70 P60 Q130；	精车循环
N150	G00 X100. Z100.；	快速退刀至换刀点
N160	M30；	程序结束

任务三　加工与检验

知识准备

1. 操作过程中的注意事项

1）由于主轴速度发生变化有可能切不出正确的螺距，因此在螺纹切削期间不要使用G96指令，防止乱牙。

2）在螺纹切削期间进给速度倍率无效，主轴转速固定在100%。

3）程序输入完毕，必须认真检查，模拟正确，经指导教师检查、允许后再进行加工操作。

4）安装内槽车刀与内螺纹车刀时，刀尖要与工件中心等高；在满足要求的情况下，刀杆伸出长度不宜过长。

2. 内槽车刀的对刀方法

内槽车刀的对刀方法与外槽车刀基本相同，具体操作为：试切端面（当端面无余量时，轻轻接触端面），进入OFFSET/SETTING的“形状”显示窗口，将光标移动到与刀具号相应的刀补号上，输入“Z0”，按软键“测量”，完成Z向对刀；试切内孔（当内孔直径已知时，轻轻接触孔壁）并测量内孔直径ϕD，输入“XD”，按软键“测量”，完成X向对刀。

3. 内螺纹车刀的对刀方法

内螺纹车刀的对刀方法与外螺纹车刀基本相同，用目测法使刀尖与工件端面对齐，进入OFFSET/SETTING的“形状”显示窗口，将光标移动到与刀具号相应的刀补号上，输入“Z0”，按软键“测量”，完成Z向对刀；使刀尖轻轻接触已经加工测量好的内孔壁（若内孔直径为ϕD），输入“XD”，按软键“测量”，完成X向对刀。

4. 车削螺纹的常见故障及解决方法

（1）螺纹车刀安装高度不合理　车刀安装过高，吃刀到一定深度时，车刀的后刀面会顶住工件，增大摩擦力，降低表面质量；车刀安装过低，则切屑不易排出，车刀背向力的方向指向工件中心，致使吃刀量不断自动趋向加深，从而把工件抬起，出现啃刀现象。此时，应及时调整车刀高度，使刀尖与工件的轴线等高。

（2）工件装夹不合理　工件装夹时伸出过长或本身的刚性不能承受车削时的切削力，因而产生过大的挠度，改变了车刀与工件的中心高度（工件被抬高了），使切削深度突增，出现啃刀现象。此时应把工件装夹牢固，可使用尾座顶尖等，以增加工件刚性。

（3）刀片与螺距不符　采用定螺距刀片加工螺纹时，刀片加工范围与工件实际螺距不符，也会造成牙型不正确甚至发生撞刀事故。

（4）切削速度过高　若加工螺纹时切削速度过高，进给伺服系统无法快速地响应，就会造成乱牙现象。因此，一定要了解机床的加工性能，而不能盲目地追求“高速、高效”加工。

（5）螺纹表面质量差　螺纹表面质量差是车刀刃口不光洁、切削液不合适、切削参数和工件材料不匹配、系统刚性不足、切削过程产生振动等造成的。应及时更换刀片；选择适当的切削速度和切削液；调整加工工艺，防止切削时产生振动。另外，在高速切削螺纹时，切屑厚度太小或切屑斜方向排出等原因会造成拉毛已加工表面的现象。一般在高速切削螺纹时，最后一刀的切削厚度要大于0.1mm、切屑要垂直于轴心线方向排出。对于刀杆刚性不够、切削时引起振动造成的螺纹表面粗糙，可以减小刀杆伸出量，稍降低切削速度。

5. 内沟槽的测量方法

内沟槽的尺寸通常包括槽宽、槽底直径和槽的轴向位置，常用的测量方法如图11-5所示。

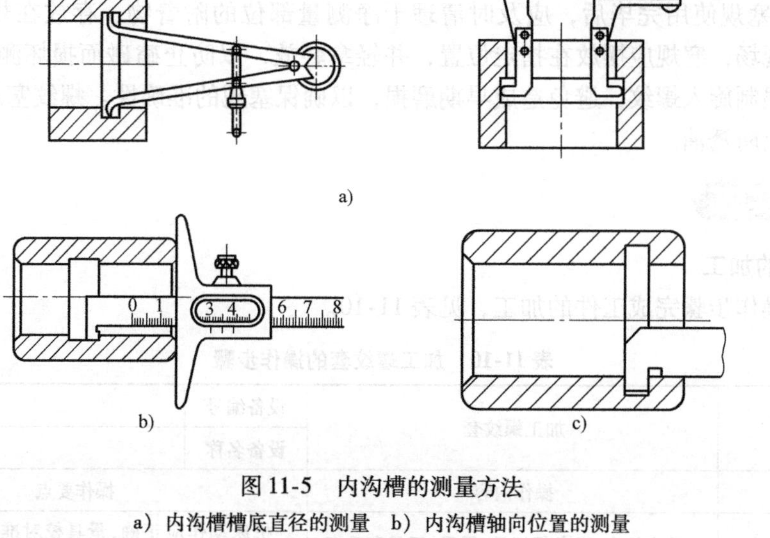

图11-5　内沟槽的测量方法

a）内沟槽槽底直径的测量　b）内沟槽轴向位置的测量

c）内沟槽宽度的测量

6. 内螺纹的检验方法

如图11-6所示，螺纹塞规是测量内螺纹尺寸的综合性工具。塞规种类可分为普通粗牙、细牙和管螺纹三种。

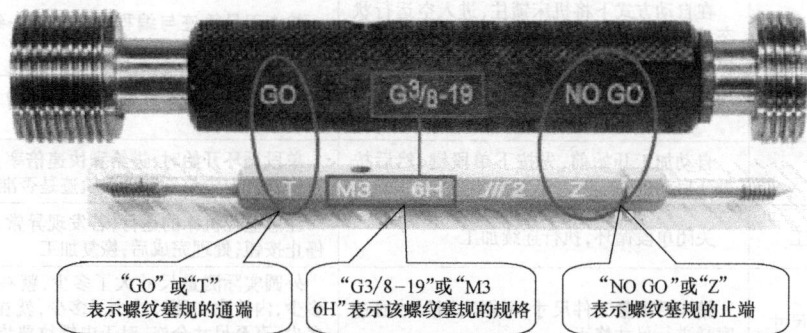

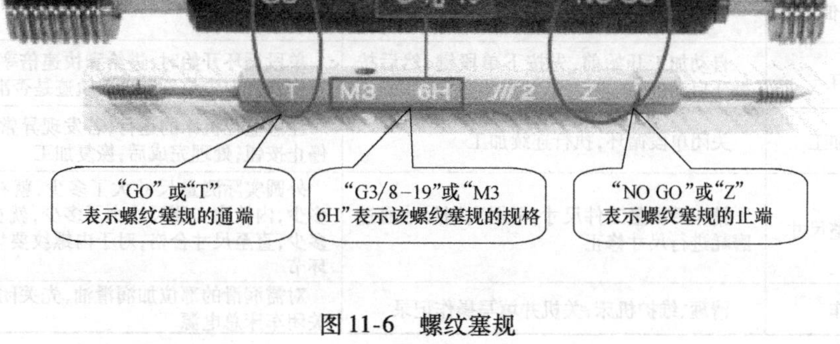

图11-6　螺纹塞规

使用前，螺纹塞规应经相关检验计量机构检验计量合格后，方可投入生产现场使用。

使用时应注意螺纹塞规标识的公差等级、偏差代号要与被测螺纹公差等级及偏差代号相同。

1）首先要清理干净被测螺纹上的油污及杂质，然后将螺纹塞规（通端）与被测螺纹对正后，旋转螺纹塞规或被测件，其在自由状态下旋转并通过全部螺纹长度，判定为合格，否则判定为不合格。

2）在螺纹塞规（止端）与被测螺纹对正后，旋转螺纹塞规或被测件，旋入螺纹长度在两个螺距之内止住为合格，不可强行用力通过，否则判为不合格。

3）只有当通规和止规联合使用，并分别检验合格时，才表示被测工件合格。

4）螺纹塞规使用完毕后，应及时清理干净测量部位的附着物，存放在规定的量具盒内。在生产现场，塞规应摆放在指定位置，并轻拿轻放，以防止磕碰而损坏测量螺纹表面。严禁将塞规强制旋入螺纹，避免造成早期磨损，以确保塞规的准确性。螺纹塞规长时间不使用时，应涂上防锈油。

任务实施

1. 工件的加工

按下列操作步骤完成工件的加工，见表11-10。

表11-10 加工螺纹套的操作步骤

实训项目	加工螺纹套	设备编号	
		设备名称	
操作步骤	操作内容	操作要点	
准备工作	检查机床,准备好工具、量具、刀具和毛坯	机床动作应正确,量具校对准确,刀具高度调整好	
装夹毛坯和刀具	装夹毛坯,安装刀具	毛坯伸出长度应合适并找正夹牢;刀具安装角度应准确	
试切对刀	先车端面和外圆对外圆车刀,再车内孔和接触端面对内孔车刀,最后分别通过接触内孔和端面对内槽车刀和内螺纹车刀,注意四把刀原点的一致性	检查对刀的准确性,可通过MDI方式执行刀补,检查刀尖位置与坐标显示是否一致	
输入程序	在编辑状态下完成程序的输入	注意程序的代码和指令格式,输入完成后对照原程序检查一遍	
空运行检查	在自动方式下将机床锁住,进入空运行状态,调出图形窗口,设置好图形参数,开始执行	检查刀具轨迹与编程轮廓是否一致,结束空运行后,注意机床回参考点	
输入磨耗值	在相应的刀具号上,根据情况输入磨耗值	X方向的磨耗为直径值,外轮廓为正值,内轮廓为负值	
单段运行	自动加工开始前,先按下单段键,然后按循环启动键	单段循环开始时,进给和快速倍率由低到高,运行中检查刀尖位置和走刀轨迹是否准确	
自动连续加工	关闭单段循环,执行连续加工	注意监控机床的运行,若发现异常,应按下循环停止按钮,处理完成后,恢复加工	
通过磨耗调整尺寸	精车后测量工件尺寸,根据实测尺寸通过磨耗进行尺寸修正	外圆实际测量尺寸大了多少,就在磨耗中减掉多少,内轮廓实测尺寸小了多少,就在磨耗中加上多少,直至尺寸合格,对于内螺纹要增加中间检验环节	
结束工作	清理、维护机床,关机并填写操作记录	对需润滑的部位加润滑油,先关闭系统电源,再关闭车床总电源	

2. 工件的检验

按下列步骤对工件进行检验。

1）用外径千分尺测量 $\phi30$mm 及 $\phi38$mm 的外圆直径。

2）用内径千分尺测量 $\phi30$mm 的内孔直径。

3）用 M24×1.5-6H 的螺纹塞规检验内螺纹。

4）用内沟槽游标卡尺测量 4mm×2mm 的退刀槽。

5）用游标卡尺测量 $\phi38$mm 的外圆长度尺寸 30mm、工件总长 50mm 及 $C1$ 的倒角。

6）用粗糙度样板检测表面粗糙度值。

项目评估

学生、教师按要求分别填写项目评估卡，见表 11-11。

表 11-11　加工螺纹套项目评估卡

班级		姓名		学号		日期	
项目名称		加工螺纹套					

		序号	检查项目	配分	学生自评	教师评分
基本检查	编程	1	加工工艺制订正确	2		
		2	切削用量选用合理	2		
		3	程序正确、简单、规范	3		
	操作	4	操作正确，维护保养规范	3		
		5	服从安排，安全、文明生产	3		
	纪律	6	不迟到、不早退、不旷课	5		
基本检查结果总计				20		

	序号	图样尺寸	允差	量具	配分	实际尺寸 学生自测	实际尺寸 教师检测	分数
精度检测	1	外圆 $\phi30$mm	$^{0}_{-0.033}$mm	外径千分尺	8			
	2	内孔 $\phi30$mm	$^{+0.033}_{0}$mm	内径千分尺	10			
	3	外圆 $\phi38$mm	$^{0}_{-0.039}$mm	外径千分尺	8			
	4	长 20mm		深度游标卡尺	4			
	5	长 30mm	$^{+0.1}_{0}$mm	游标卡尺	7			
	6	长 50mm	±0.1mm	游标卡尺	5			
	7	M24×1.5	6H	螺纹塞规	16			
	8	4mm×2mm 退刀槽		内沟槽游标卡尺	10			
	9	35mm		沟头游标卡尺	2			
	10	倒角 5 处	$C1$	游标卡尺	5			
	11	表面粗糙度值	$Ra1.6\mu m$、$Ra3.2\mu m$	粗糙度样板	5			
精度检测结果总计					80			

基本检查结果		精度检测结果		总成绩	

学生签字：　　　　　　　　　　实习教师签字：

知识拓展

梯形螺纹的加工

1. 梯形螺纹的标记

梯形螺纹的完整标记由梯形螺纹代号、公差带代号及旋合长度代号组成。梯形螺纹代号除用Tr表示梯形螺纹外，其他的表示方法与普通螺纹相同；梯形螺纹公差带代号只标注中径公差带；当旋合长度为N时，不标注旋合长度代号。其标记格式为

Tr公称直径×螺距 旋向（左旋LH，右旋省略）-公差带代号-旋合长度

公称直径36mm、螺距6mm、公差等级7e、左旋的梯形螺纹，标记为Tr36×6LH-7e。

2. 梯形螺纹的尺寸计算

以标记为Tr36×6LH-7e的梯形螺纹为例。

大径 $d=36$，查表为 $\phi36_{-0.4}^{0}$mm；

中径 $d_2=$ 大径 $-0.5P=33$mm，查表为 $\phi33_{-0.45}^{-0.11}$mm；

牙高 $h=0.5P+a_c=(3+0.5)\text{mm}=3.5\text{mm}$（$a_c$ 为牙隙）；

小径 $d_1=$ 大径 $-2\times$ 牙高 $=29$mm，查表为 $\phi29_{-0.5}^{0}$mm；

牙顶宽 $f=0.366P=2.196$mm；

牙底宽 $W=0.366P-0.536a_c=(2.196-0.268)\text{mm}=1.928\text{mm}$；

用 $\phi3.1$mm的测量棒测量中径，则其测量尺寸 $M=d_2+4.864d_0-1.866P=36.88$mm；根据中径公差带（7e）确定其公差，则 $M=36.88_{-0.453}^{-0.118}$mm。

3. 梯形螺纹的加工方法

（1）直进法　车刀沿X向间歇进刀切到小径，车刀切削刃三面受力，三刃均参加切削，导致切削力过大，排屑困难，切削热过大，切削面积大，刀具磨损严重，单边吃刀大量时，往往扎刀，使刀具寿命下降，所以一般不用，用特殊刀具材料进行粗车去余量时偶尔使用。用G92指令编写程序，为直进法切削。

（2）斜进法　车刀沿刀型角侧斜向进刀切到小径，切削时，单刃受力，不会形成挤屑，会自动卷屑，车出切屑呈球状，弹出比较容易，因此排屑流畅；刀尖受力较小，不会扎刀，背吃刀量过大可能让刀，但刀具相对磨损较小。用G76指令编写程序，可实现斜进法切削。

（3）左右切削法　车刀沿两侧交叉间歇进行，切削到小径，一般用调用子程序或宏程序的方法编程。

4. 车削梯形螺纹的刀具

在数控车床上车削梯形螺纹用的是成形刀片，刀尖角为30°，如图11-7所示。

5. 编程方法

在数控车床上车削梯形螺纹一般用G76指令，指令中各参数的含义及计算方法与前面学习的普通螺纹车削相同。

6. 编程示例

如图11-8所示，外圆直径已切至 $\phi35.8$mm，10mm×5mm的退刀槽已加工完毕，用G76指令编写梯形螺纹的加工程序。

图 11-7　梯形螺纹成形刀片

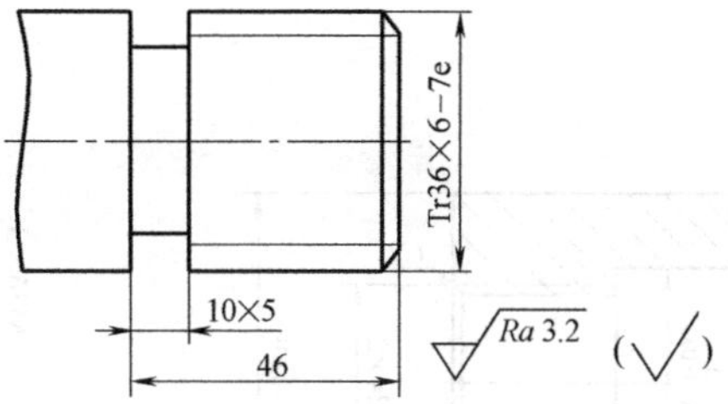

图 11-8　加工梯形螺纹

其参考程序如下：

O1107；

N10 G00 G40 G97 G99 M03 S500；

N15 T0303；　　（换梯形螺纹刀）

N20 X38. Z12. ；　　（快速定位至循环起点）

N25 G76 P020530 Q50 R100；　　（精车两次，精车余量为 0. 1mm，倒角量为 0. 5 倍的螺距，牙型角为 30°，最小背吃刀量为 0. 05mm）

N30 G76 X28. 75 Z-41. P3500 Q600 F6. ；　　（小径中值尺寸 28. 75mm，牙型高 3. 5mm，第一刀背吃刀量为 0. 6 mm，螺距为 6mm）

N35 G00 X100. Z100. ；

N40 M30；

7. 注意事项

1）在梯形螺纹的实际加工中，由于刀底宽度并不等于槽底宽，在经过一次 G76 切削循环后，仍无法正常控制螺纹中径等各项尺寸。为此，可经刀具 Z 向偏置后，再次进行 G76 循环加工，即可解决此问题。

2）必须设置加速进刀段和减速退刀段。

3）因车刀挤压会使螺纹大径尺寸膨胀，因此车螺纹前的外圆直径应比螺纹大径小 0. 1 ~0. 2mm。

4）加工中的进给次数和背吃刀量应合理分配。

5）车削梯形螺纹时，进给倍率和主轴转速倍率无效。

6）不要使用恒线速度切削，应用 G97 指令。

技能训练

编制下列零件的加工程序，并操作数控车床完成工件的加工。

1. 如图 11-9 所示，毛坯为 ϕ50mm 的棒料，材料为 45 钢。
2. 如图 11-10 所示，毛坯为 ϕ65mm 的棒料，材料为 45 钢。
3. 如图 11-11 所示，毛坯为 ϕ75mm ×50mm 的棒料，材料为 45 钢。
4. 如图 11-12 所示，毛坯为 ϕ50mm 的棒料，材料为 45 钢。

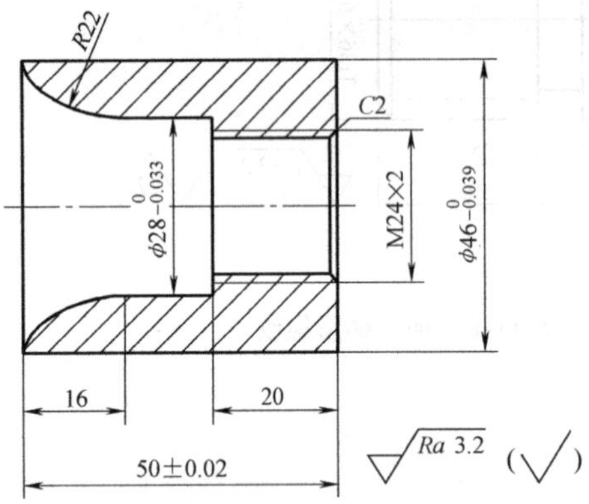

图 11-9　题 1 图

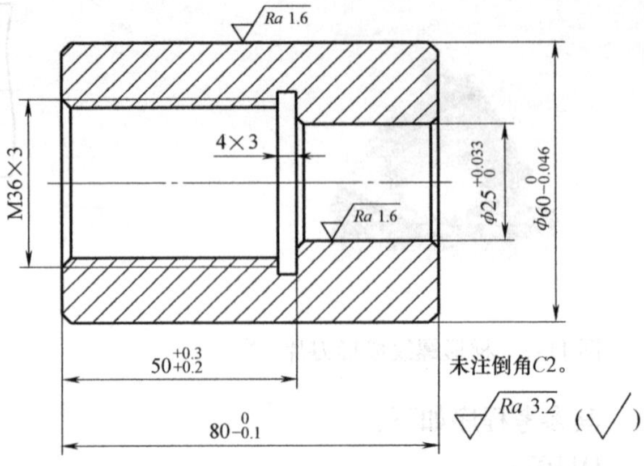

图 11-10　题 2 图

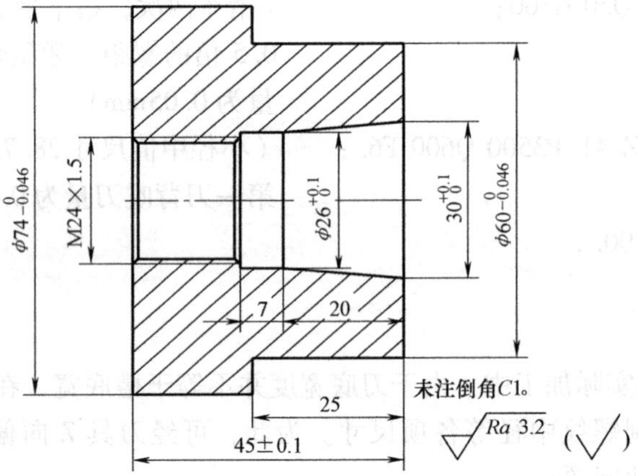

图 11-11　题 3 图

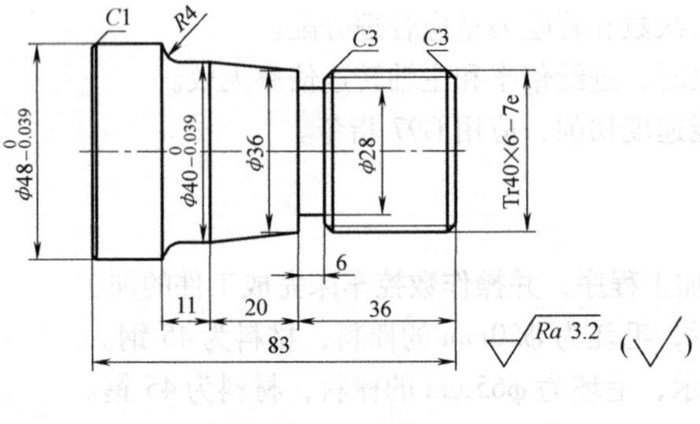

图 11-12　题 4 图

项目十二 加工复合件

项目要求

1. 掌握复合类零件相关工艺知识，并能进行工艺分析。
2. 会综合运用各种循环指令编制复合类零件的加工程序。
3. 能进行复合类零件的加工操作与程序调试。
4. 会分析和处理复合类工件的加工质量问题。

项目内容

在数控车床上加工如图 12-1 所示复合件，要求进行数控加工工艺分析，编写数控加工程序并操作机床完成工件的加工。

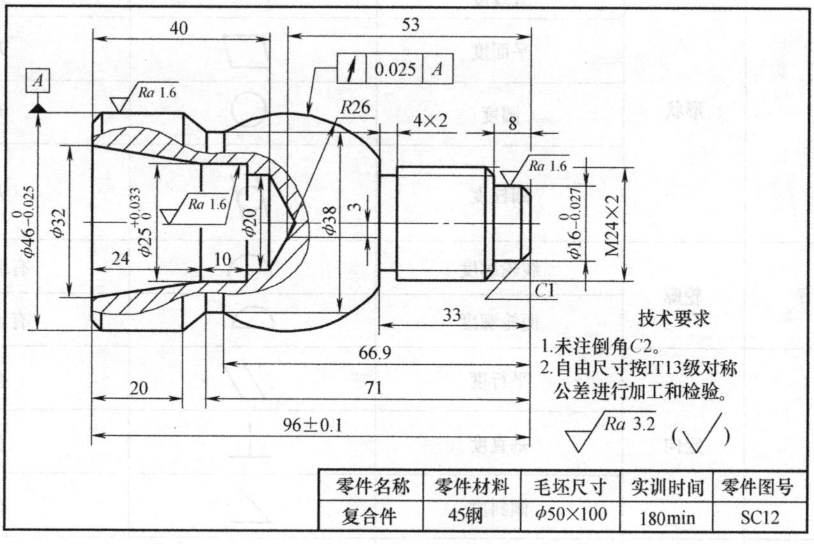

零件名称	零件材料	毛坯尺寸	实训时间	零件图号
复合件	45钢	φ50×100	180min	SC12

图 12-1 复合件

任务一 制订加工工艺

知识准备

复合件除了具有阶梯轴、成形轴、螺纹轴及套的技术要求外，通常还有配合、几何公差等要求。

1. 几何公差作用

形状和位置公差（简称几何公差）是表示零件的形状和其相互间位置的精度要求。几何公差和尺寸公差都是评定产品质量，保证零件装配互换性的一项技术指标。几何误差对产品的功能要求如零件的工作精度、固定件的连接强度及密封性、活动件的运动平稳性、耐磨性以及寿命等都有一定的影响。由此可见，仅仅给出尺寸公差不能满足产品的质量要求和零件的装配互换性，还必须由几何公差加以补充保证。

因此，设计零件时，必须根据零件的功能要求和制造时的经济性，对零件的几何误差加以必要和合理的限制，正确给定几何公差。更要注意，在设计零件时，根据零件的功能要求，对零件上重要的几何要素，常常需要同时给定尺寸公差和几何公差等。那么，零件上几何要素的实际状态是由要素的尺寸误差和几何误差综合作用的结果，两者都会影响零件的配合性能，因此在设计和检测时需要明确几何公差与尺寸公差之间的关系。

机械零件的同一被测要素既有尺寸公差要求，又有几何公差要求，几何公差有可能限制尺寸公差，也有可能补偿尺寸公差，在加工中要注意其影响。

2. 几何公差项目及表示符号

几何公差项目及表示符号见表 12-1。

表 12-1 几何公差项目及表示符号

公差		特征项目	符号	有无基准要求
形状	形状	直线度	⏤	无
		平面度	⏥	无
		圆度	○	无
		圆柱度	⌭	无
形状或位置	轮廓	线轮廓度	⌒	有或无
		面轮廓度	⌓	有或无
位置	定向	平行度	//	有
		垂直度	⊥	有
		倾斜度	∠	有
	定位	位置度	⌖	有或无
		同轴（同心）度	◎	有
		对称度	⌯	有
	跳动	圆跳动	↗	有
		全跳动	⌰	有

3. 零件几何要素

几何公差的研究对象是几何要素（简称要素）。要素是构成零件集合特征的点、线、面。

如图 12-2 所示，零件要素有点（球心、锥顶）、线（圆柱素线、圆锥素线、轴线）、面（球面、端面、圆锥面和圆柱面）等。

几何公差研究的对象，就是零件要素本身的形状精度和要素之间相互的位置精度问题。

（1）被测要素 如图 12-3 所示，ϕ40mm 的圆柱面、台阶面和 ϕ20mm 的圆柱的轴线都给出了几何公差，因此都是被测要素（图样上，被测要素给出的几何公差采用几何公差代号来表示，代号的指引线箭头应指向被测要素）。一个零件由很多要素构成，从设计角度看，不是所有的要素都要给出几何公差，是否要给出几何公差，由零件的功能来确定。

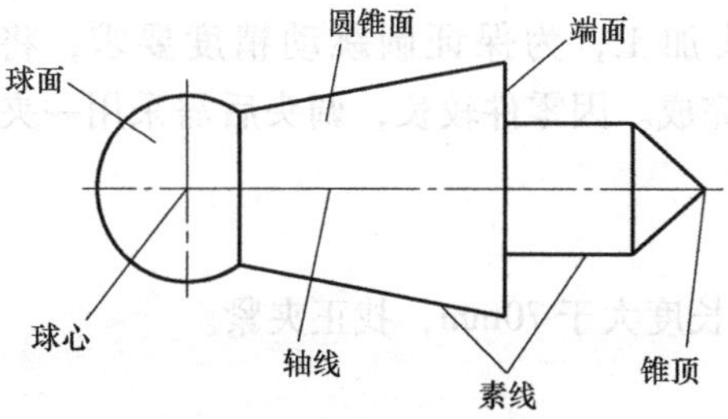

图 12-2 零件的几何要素

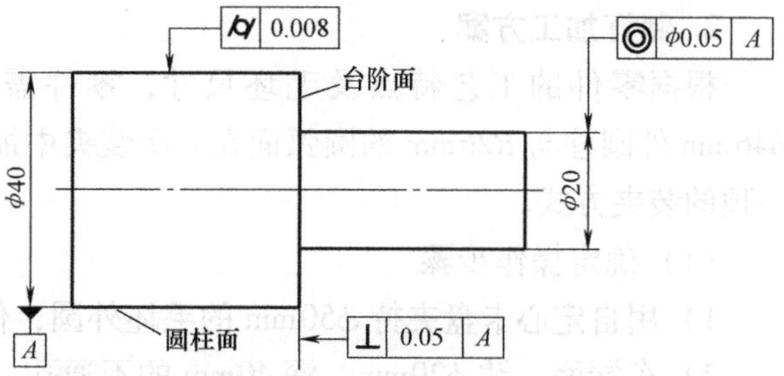

图 12-3 零件的几何公差

（2）基准要素 用来确定被测要素方向或（和）位置的要素，图样上用基准符号标注。如图 12-3 所示，ϕ40mm 圆柱轴线用来确定 ϕ40mm 圆柱台阶面的方向和 ϕ20mm 圆柱轴线，所以是基准要素。

（3）单一要素 仅对被测要素本身给出形状公差要求的要素。如图 12-3 所示，ϕ40mm 的圆柱面给出了圆柱度公差要求，故为单一要素。

（4）关联要素 对其他要素有功能关系的要素。即图样上给出位置公差要求的要素，如图 12-3 所示，ϕ20mm 轴线相对于 ϕ40mm 轴线有同轴度要求，ϕ40mm 圆柱的台阶面相对于 ϕ40mm 圆柱轴线有垂直度要求，则 ϕ40mm 圆柱的台阶面和 ϕ20mm 圆柱面轴线都是关联要素。

4. 保证几何公差的加工方法

零件加工中，首先要注意有无几何公差要求。若有，应该首先考虑如何保证形状和位置公差。总的原则就是“先几何，后尺寸”。存在几何公差的图样，在一定程度上决定了工艺的分析和零件的加工顺序。如图 12-3 所示，首先要进行基准要素的加工，然后根据基准要素进行定位，再加工被测要素。图中 ϕ40mm 的轴线是基准要素，ϕ20mm 的轴线是被测要素，ϕ40mm 的右端面是被测要素，ϕ40mm 的外圆是单一形状被测要素。

在具体加工时，要根据毛坯的情况，选择合适的加工工艺，以保证零件的几何公差。

1）首先，在毛坯允许的情况下，要考虑基准与被测要素一次装夹加工完成。

2）若毛坯长度较短，需调头加工。如图 12-3 所示，夹持毛坯进行粗定位，加工基准要素 ϕ40mm（保证单一形状被测要素 ϕ40mm 的圆柱度公差 0.008mm），调头夹持 ϕ40mm 外圆，找正并加工右端被测要素 ϕ20mm 的外圆以及 ϕ40mm 的右端面，保证被测要素相对于基准要素的位置公差，即 ϕ20mm 的轴线相对于 ϕ40mm 的轴线的同轴度公差 ϕ0.05mm，找正时百分表跳动量不能超过 ϕ0.05mm 的半径值 0.025mm。ϕ40mm 右端面相对于 ϕ40mm 的轴线的垂直度公差为 0.05mm，用百分表找正时端面跳动量控制在 0.05mm 以内。

在保证几何公差的前提下，可以合理使用工装夹具。

任务实施

1. 技术要求分析

该零件包括外圆、内孔、端面、槽和外螺纹，内、外圆的尺寸公差要求在 0.033mm 以内，R26mm 的圆弧面与 ϕ46mm 外圆柱轴线的圆跳动公差为 0.025mm；表面粗糙度值要求为 Ra1.6μm 和 Ra3.2μm；零件材料为 45 钢，可加工性较好，无热处理及硬度要求。

2. 制订加工方案

根据零件的工艺特点及毛坯尺寸，零件需调头加工，为保证圆跳动精度要求，将 ϕ46mm 外圆柱与 R26mm 的圆弧面在一次装夹中加工完成。因零件较长，调头后需采用一夹一顶的装夹方式。

（1）确定操作步骤

1）用自定心卡盘夹持 ϕ50mm 的毛坯外圆，伸出长度大于 70mm，找正夹紧。

2）车端面，钻 ϕ20mm、深 40mm 的不通孔。

3）对刀，设置编程原点。

4）粗、精车工件左端，包括 ϕ46mm、ϕ38mm 的外圆及 R26mm 的圆弧面，保证尺寸精度及圆跳动要求。

5）粗、精车工件左端所有内孔表面至尺寸要求。

6）调头，包铜皮夹 ϕ46mm 的外圆，找正夹紧。

7）车端面，保总长，对刀，钻中心孔，顶上顶尖。

8）粗、精车右端外圆。

9）车 4mm×2mm 的退刀槽。

10）车 M24×2 的外螺纹。

（2）选择刀具，填写刀具选择卡　见表 12-2。

表 12-2　加工复合件刀具选择卡

项目名称		加工复合件	零件名称	复合件	零件图号		SC12
序号	刀具号	刀具名称	刀片规格	刀尖位置 T	数量	加工表面	备注
1	—	麻花钻	ϕ20mm	—	1	钻孔	深 40mm 标记
2	T0101	93°外圆车刀	35°菱形，R0.4mm	3	1	外轮廓	粗、精车
3	T0202	不通孔车刀	80°菱形，R0.4mm	2	1	内孔	粗、精车
4	T0303	外槽车刀	刀宽 4mm	—	1	退刀槽	4mm×2mm
5	T0404	外螺纹车刀	60°	—	1	M24×2	粗、精车

（3）制订加工工序，填写工序卡　见表 12-3。

表 12-3 加工复合件工序卡

项目名称	加工复合件	工件材料	45 钢	车床系统	FANUC 0i TC	工序号	001
程序名	O1201 ~ O1205	车床名称	CKA6150		夹具名称	自定心卡盘、顶尖	
工步号	工步内容		G 功能	T 刀具	切削用量		
					主轴转速 n/(r/min)	进给速度 f/(mm/r)	背吃刀量 a_p/mm
1	手动平端面、钻孔		手动	ϕ20mm 麻花钻	400	0.15	10
2	粗车左端外圆及圆弧面		G73	T0101	600	0.15	1.5
3	精车左端外圆及圆弧面		G70	T0101	1000	0.1	0.3
4	粗车左端内孔		G71	T0202	700	0.2	1.0
5	精车左端内孔		G70	T0202	1000	0.1	0.25
6	调头、平端面，保总长		手动	T0101	600	0.25	1.5
7	粗车右端外圆		G71	T0101	800	0.3	2.0
8	精车右端外圆		G70	T0101	1400	0.1	0.3
9	车槽		G01	T0202	350	0.05	4
10	车螺纹		G92	T0404	500	2	0.9、0.6、0.6、0.4、0.1

任务二 编写数控加工程序

本任务中所用到的 G73、G71、G70、G92 等编程指令前面已经学习过，在此不再赘述。

任务实施

1. 相关数值计算

从图 12-1 可知，图中缺少 R26mm 圆弧小端直径，根据已知条件可计算小端直径为

$$D = 2 \times (\sqrt{26^2 - 20^2} - 3)\,\text{mm} = 27.25\text{mm}$$

2. 编写加工程序

参考程序见表 12-4 ~ 表 12-8。

表 12-4 参考程序（一）

程序号 O1201；（粗、精车左端外轮廓）

程序段号	程序内容	说明
N10	G97 G99 M03 S600 F0.15；	主轴正转，转速为 600r/min，进给量为 0.15mm/r
N20	T0101；	外圆车刀 T01
N30	G00 X52. Z2. M08；	快速定位至循环起点，切削液开
N40	G73 U11. W0 R8；	定义 G73 粗车循环，X 方向总退刀量为 11mm，Z 方向总退刀量为 0mm，粗车循环 8 次
N50	G73 P60 Q150 U0.6 W0；	精车路线由 N60 ~ N150 指定，X 方向的精车余量为 0.6mm，Z 方向的精车余量为 0
N60	G00 G42 X18.	精车路线
N70	S1000 F0.1；	
N80	G1 Z0；	
N90	X42.；	
N100	X46. W-2.；	
N110	Z-20.；	
N120	X38. W-5.；	
N130	W-4.1；	
N140	G03 X27.25 W-33.9 R26.；	
N150	G01 W-5.；	
N160	G40 X52.；	
N170	G70 P60 Q150；	精车循环
N180	G00 X100. Z100.；	快速退刀至换刀点
	M30；	程序结束

表 12-5　参考程序（二）

程序号 O1202;(粗、精车左端内孔)		
程序段号	程序内容	说明
N10	G97 G99 M03 S700 F0.2;	主轴正转,转速为 700r/min,刀具进给量为 0.2mm/r
N20	T0202;	换 2 号内孔车刀
N30	G00 X18.;	快速定位至循环起点,先 X 方向走刀
N40	Z2.;	后 Z 方向走刀
N50	M08;	切削液开
N60	G71 U1. R0.5;	粗车循环,背吃刀量为 1mm,退刀量为 0.5mm
N70	G71 P80 Q130 U-0.5 W0.1;	精车路线由 N80 ~ N130 决定,X 向精车余量为 0.5mm,Z 向精车余量为 0.1mm
N80	G00 G41 X32. S1000 F0.1;	精车路线第一段,精车,主轴正转,转速为 1000r/min,进给量为 0.1mm/r
N90	G01 Z0.;	
N100	X25. Z-24.;	
N110	W-10.;	
N120	X19.	
N130	G40 X18.;	精车路线最后一段
N140	G70 P80 Q130;	精车循环
N150	G00 X100. Z100.;	快速退刀至换刀点
N160	M30;	程序结束

表 12-6　参考程序（三）

程序号 O1203;(粗、精车右端外圆)		
程序段号	程序内容	说明
N10	G97 G99 M03 S800 F0.3;	主轴正转,转速为 800r/min,刀具进给量为 0.3mm/r
N20	T0101	换 1 号外圆车刀
N30	G00 X52.　Z2. M08;	快速定位至循环起点,切削液开
N40	G71 U2.0 R0.5;	粗车循环,背吃刀量为 2.0mm,退刀量为 0.5mm
N50	G71 P60 Q150 U0.6 W0.;	精车路线由 N60 ~ N150 决定,X 向精车余量为 0.6mm,Z 向精车余量为 0mm
N60	G00 G42 X0 S1400 F0.1;	精车,主轴正转,转速为 1400r/min,进给量为 0.1mm/r
N70	G1 Z0;	
N80	X14.;	
N90	X16. W-1.;	
N100	Z-8.;	
N110	X19.8;	精车路线（N60 ~ N150）
N120	X23.8　W-2.;	
N130	Z-33.;	
N140	X51.;	
N150	G40 X52.;	
N160	G70 P60 Q150;	精车循环
N170	G00 X100.　Z100.;	快速退刀至换刀点
N180	M30;	程序结束

表 12-7　参考程序（四）

程序号 O1204;(车 4mm×2mm 退刀槽)		
程序段号	程序内容	说明
N10	G97 G99 M03 S350 F0.05;	主轴正转,转速为 350r/min,刀具进给量为 0.05mm/r
N20	T0303;	换 3 号车槽刀
N30	M08;	切削液开
N40	G00 Z-33.;	Z 向进刀至车槽起点
N50	X30.0;	X 向进刀至车槽起点
N60	G01 X20.0;	车槽
N70	G04 X2.;	暂停 2s
N80	G01 X30.;	X 向退刀
N90	G00 X100.;	X 向快速退刀至换刀点
N100	Z100.;	Z 向快速退刀至换刀点
N110	M30;	程序结束

表 12-8　参考程序（五）

程序号 O1205；(车 M24×2 外螺纹)		
程序段号	程序内容	说明
N10	G97 G99 M03 S500；	主轴正转，转速为 500r/min
N20	T0404；	换 4 号螺纹车刀
N30	M08；	切削液开
N40	G00 Z-4.；	Z 向快速定位至循环起点
N50	X26.；	X 向快速定位至循环起点
N60	G92 X23.1 Z-31. F2.；	螺纹车削循环第一刀，切深 0.9mm，螺距为 2mm
N70	X22.5；	第二刀，切深 0.6mm
N80	X21.9；	第三刀，切深 0.6mm
N90	X21.5；	第四刀，切深 0.4mm
N100	X21.4；	第五刀，切深 0.1mm
N110	X21.4；	第六刀，光刀
N120	G00 X100.　Z100.；	快速退刀至换刀点
N130	M30；	程序结束

任务三　加工与检验

知识准备

1. 操作过程中的注意事项

1）安装车刀时，刀尖应与车床主轴轴线等高；刀杆伸出长度在满足要求的情况下应尽可能短，以改善刀杆刚性。

2）对于长轴类工件可以采用一夹一顶或双顶尖装夹方式。双顶尖适应于轴的两端有较高同轴度及圆跳动等几何公差和需要多次装夹及有后道光整加工（如磨削加工）工序的情况。使用顶尖的情况下，要注意 Z 向退刀不要撞到尾座。

3）对于复合类工件，一般要经过两次装夹，由于对刀及刀架刀位数的限制，一般应把第一端粗车、精车全部完成后再调头，这与普通车床不一样。调头装夹时注意应垫铜皮或使用开口套、软卡爪等。

4）车削时一般先车端面，这样有利于确定长度方向的尺寸及简化编程时长度方向的尺寸换算。

5）内孔半精车后，应检查尺寸，如有误差应修正磨耗或程序后再精车，直至达到尺寸要求。运行程序前在刀具参数中加入的磨耗值应为负值。

2. 圆跳动公差的检测

圆跳动公差是被测要素在某一固定参考点绕基准轴线旋转一周（零件和测量仪器间无轴向位移）时，指示器在给定方向上测得的最大与最小读数之差。

圆跳动公差可以在数控车床上采用两顶尖（或一夹一顶）及百分表进行检测，也可采用专门的跳动检查仪检测或采用 V 形架及百分表检测，其测量原理及方法相同。如图 12-4 所示为用 V 形架及百分表检测圆跳动，其中轴向圆跳动的检测方法如下：

1）将被测零件放在 V 形架上，基准轴线由 V 形架模拟，并在轴向固定。

2）将百分表安装在表架上，缓慢移动表架，使百分表的测头与被测端面接触，并保持垂直，将指针调零，且有一定的压缩量。

3）缓慢而均匀地转动工件一周，并观察百分表指针的波动，取最大读数 M_{max} 与最小读数 M_{min} 的差值作为该直径处的轴向圆跳动误差 Δi。

4）按上述方法，在被测端面四个不同直径处测量（直径 A、B、C、D），取测量端面不同直径上测得的跳动量中的最大值作为该零件的轴向圆跳动误差。

5）根据图样所给定的公差值，判断零件是否合格。

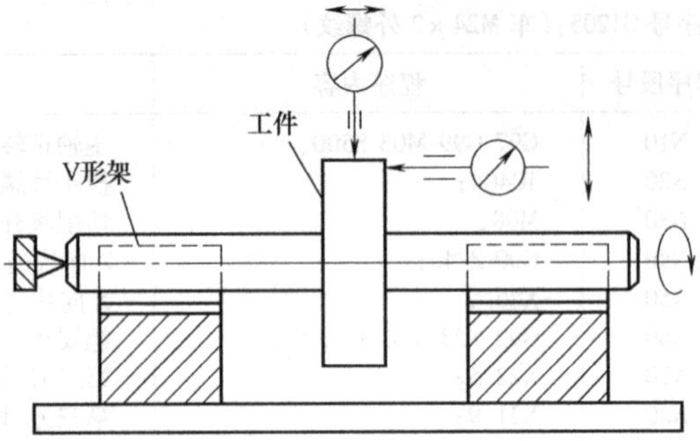

图 12-4 圆跳动的检测

用同样的方法，可以测量被测外圆柱面的径向圆跳动误差。

任务实施

1. 工件的加工

按下列操作步骤完成工件的加工，见表 12-9。

表 12-9 加工复合件的操作步骤

实训项目	加工复合件	设备编号	
		设备名称	
操作步骤	操作内容	操作要点	
准备工作	检查机床，准备好工具、量具、刀具和毛坯	机床动作应正确，量具校对准确，刀具高度调整好	
装夹毛坯和刀具	装夹毛坯，安装刀具	毛坯伸出长度应合适并找正夹牢；刀具安装角度应准确	
试切对刀	第一次装夹先对外圆车刀，再对内孔车刀。调头装夹先车端面对外圆车刀的 Z 向，再对车槽刀和外螺纹车刀	检查对刀的准确性，可通过 MDI 方式执行刀补，检查刀尖位置与坐标显示是否一致	
输入程序	在编辑状态下完成程序的输入	注意程序的代码和指令格式，输入完成后对照原程序检查一遍	
空运行检查	在自动方式下将机床锁住，进入空运行状态，调出图形窗口，设置好图形参数，开始执行	检查刀具轨迹与编程轮廓是否一致，结束空运行后，注意机床回参考点	
输入磨耗值	在相应的刀具号上，根据情况输入磨耗值	X 方向的磨耗为直径值，外轮廓为正值，内轮廓为负值	
单段运行	自动加工开始前，先按下单段键，然后按循环启动键	单段循环开始时，进给和快速倍率由低到高，运行中检查刀尖位置和走刀轨迹是否准确	
自动连续加工	关闭单段循环，执行连续加工	注意监控机床的运行，若发现异常，应按下循环停止按钮，处理完成后，恢复加工	
通过磨耗调整尺寸	精车后测量工件尺寸，根据实测尺寸通过磨耗进行尺寸修正	外轮廓实际测量尺寸大了多少，就在磨耗中减掉多少，内轮廓实际尺寸小了多少，就在磨耗中加上多少，直至尺寸合格	
结束工作	清理、维护机床，关机并填写操作记录	对需润滑的部位加润滑油，先关闭系统电源，再关闭车床总电源	

2. 工件的检验

按下列步骤对工件进行检验。

1）用外径千分尺测量 ϕ46mm 及 ϕ16mm 的外圆直径。

2）用内径百分表测量 ϕ25mm 的内孔直径。

3）用游标万能角度尺测量内锥。

4）用 M24 ×2 的螺纹环规检验外螺纹。

5）用半径样板检测 R26mm 的圆弧。

6）用游标卡尺测量 ϕ38mm 的外圆、4mm ×2mm 的退刀槽、工件总长 96 ±0.1mm 及倒角。

7）用深度尺测量长度尺寸 8mm、33mm 及 34mm （24mm +10mm）。

8）用粗糙度样板检测表面粗糙度值。

项目评估

学生和教师按要求分别填写项目评估卡，见表 12-10。

表 12-10 加工复合件项目评估卡

班级		姓名		学号		日期	
项目名称		加工复合件					
基本检查		序号	检查项目	配分	学生自评	教师评分	
基本检查	编程	1	加工工艺制订正确	2			
基本检查	编程	2	切削用量选用合理	2			
基本检查	编程	3	程序正确、简单、规范	3			
基本检查	操作	4	操作正确，维护保养规范	3			
基本检查	操作	5	服从安排，安全、文明生产	3			
基本检查	纪律	6	不迟到、不早退、不旷课	3			
基本检查	小组合作	7	成员之间交流、沟通、合作效果好	4			
基本检查结果总计				20			

精度检测	序号	图样尺寸	允差	量具	配分	实际尺寸		分数
						学生自测	教师检测	
精度检测	1	外圆 ϕ16mm	$^{0}_{-0.027}$ mm	外径千分尺	5			
精度检测	2	外圆 ϕ46mm	$^{0}_{-0.025}$ mm	外径千分尺	5			
精度检测	3	内孔 ϕ25mm	$^{+0.033}_{0}$ mm	内径百分表	7			
精度检测	4	内锥		游标万能角度尺	4			
精度检测	5	螺纹 M24 ×2		螺纹环规	10			
精度检测	6	长度 8mm		深度尺	3			
精度检测	7	长度 33mm		深度尺	3			
精度检测	8	长度 34mm(24mm +10mm)		深度尺	3			
精度检测	9	长度 96mm	±0.1mm	游标卡尺	7			

（续）

	序号	图样尺寸	允差	量具	配分	实际尺寸		分数
						学生自测	教师检测	
精度检测	10	退刀槽 4mm×2mm		游标卡尺	6			
	11	圆弧 $R26$mm		半径样板	7			
	12	外圆 $\phi38$mm		游标卡尺	3			
	13	圆跳动	0.025mm	百分表	8			
	14	C2 倒角及其他			4			
	15	表面粗糙度值	$Ra1.6\mu m$ $Ra\ 3.2\mu m$	粗糙度样板	5			
精度检测结果总计					80			
基本检查结果		精度检测结果			总成绩			

学生签字： 实习指导教师签字：

知识拓展

几何公差的检验

一、形状精度及其检验

零件的形状精度是指同一表面的实际形状与理想形状相符合的程度。一个零件的表面形状不可能做得绝对准确。为满足产品的使用要求，对零件的表面形状要加以控制。形状误差通常用钢直尺、百分表、轮廓测量仪等来检验。

1. 直线度

在平面上给定方向的直线度公差带是在该方向上距离为公差值的两平行直线之间的区域。

直线度误差的检测方法如图 12-5 所示，将刀口形直尺沿给定方向与被测平面贴合，测得的最大间隙即为此平面在该素线方向的直线度误差。当间隙很小时，可根据光隙估计；当间隙较大时，可用尺子测量。

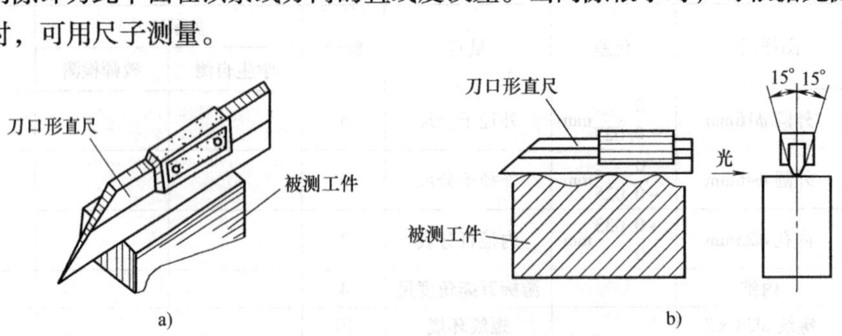

图 12-5 用刀口形直尺检测工件的直线度误差

a）刀口形直尺与工件贴合 b）透光法检测工件

2. 平面度

距离为公差值的两平行平面之间的区域为平面度公差带。平面度误差的检测方法如图

12-6 所示，将刀口形直尺与被测平面接触，在各个方向进行检测，其中最大间隙的读数值，即为平面度误差。

3. 圆度

在同一正截面上半径差为公差值的两同心圆之间的区域为圆度公差带。圆度误差的检测方法如图 12-7 所示，将被检测零件放在圆度仪上，调整零件的轴线，使其与圆度仪的回转轴线同轴，测头每转一周，即可显示该测量截面的圆度误差。测量若干截面，其中最大的误差值即为被测圆柱面的圆度误差。

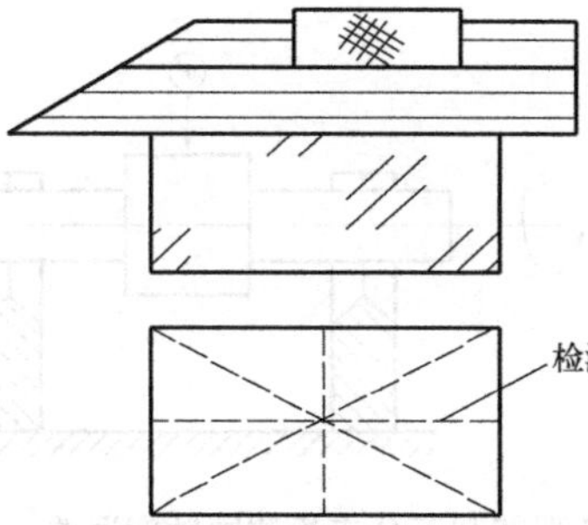

图 12-6 用刀口形直尺检测工件的平面度误差

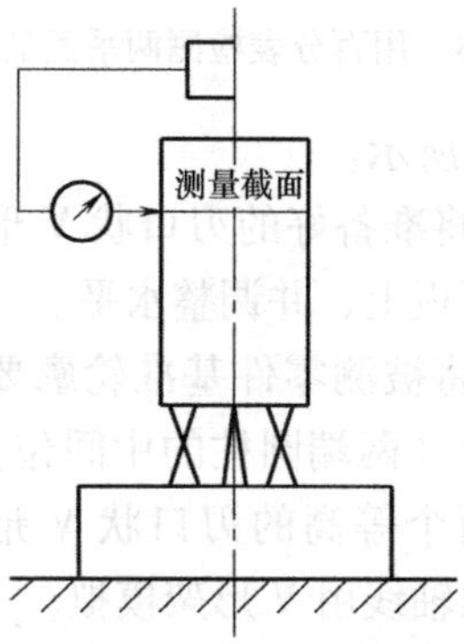

图 12-7 用圆度仪检测工件的圆度误差

4. 圆柱度

半径差为公差值的两同轴圆柱面之间的区域为圆柱度公差带。圆柱度误差的检测方法与圆度误差的检测方法基本相同，所不同的是，测头必须在径向无偏移的情况下测若干个横截面，以确定圆柱度误差。

二、位置精度及其检测

位置精度是指零件的点、线、面的实际位置与理想位置相符合的程度。正如零件的表面形状不能做得绝对准确一样，表面相互位置误差也是不可避免的。位置误差常用游标卡尺、百分表和直角尺等来检测。

1. 平行度

当给定一个方向时，平行度公差带是距离为公差值，且平行于基准面（或线）的两平行面（或线）之间的区域。

平行度误差的检测方法如图 12-8 所示，将被测零件放置在平板上，移动百分表，在被测表面上按规定进行测量，百分表最大与最小读数之差值，即为平行度误差。

2. 垂直度

当给定一个方向时，垂直度公差的公差带是距离为公差值，且垂直于基准面（或线）的两平行面（或线）之间的区域。

垂直度误差检测方法如图 12-9 所示，将直角尺宽边贴靠基准，测量被测平面与直角尺窄边之间的间隙，方法与直线度误差的测量方法相同，最大间隙即为垂直度误差。

3. 同轴度

公差带是直径为公差值且与基准轴线同轴的圆柱面内的区域。同轴度误差的检测方法如

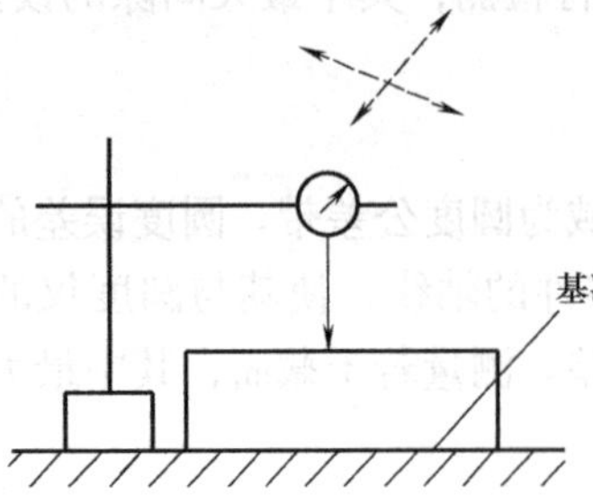

图 12-8 用百分表检测两平面的平行度误差

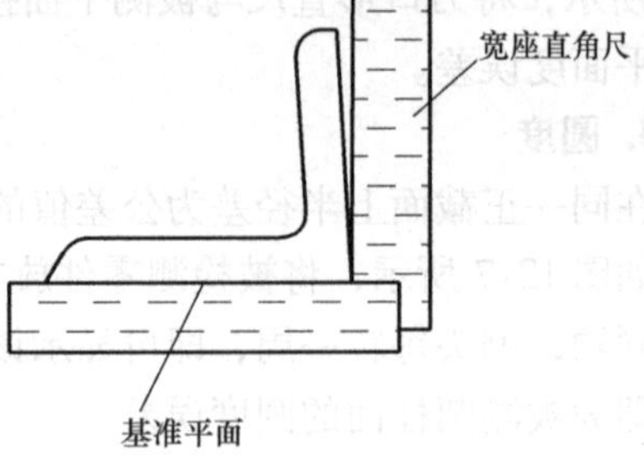

图 12-9 用直角尺检测两平面的垂直度误差

图 12-10 所示。

1）将准备好的刃口状 V 形架放置在平板上，并调整水平。

2）将被测零件基准轮廓要素的中截面（两端圆柱的中间位置）放置在两个等高的刃口状 V 形架上，基准轴线由 V 形架模拟。

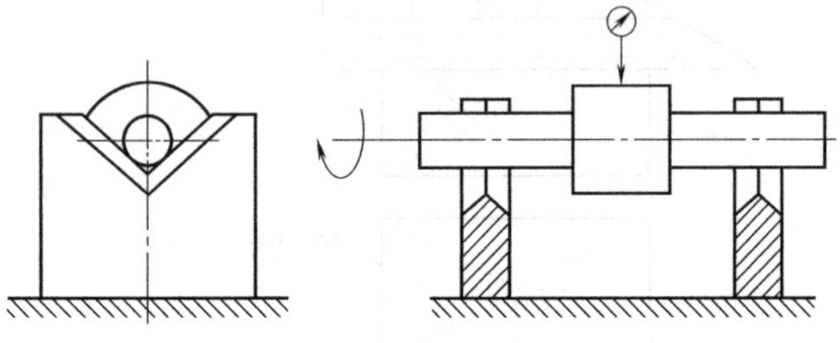

图 12-10 用 V 形架和百分表检测同轴度误差

3）安装好百分表、表座及表架，调节百分表，使测头与工件被测外表面接触，并有1 ~2 圈的压缩量。

4）缓慢而均匀地转动工件一周，并观察百分表指针的波动，取最大读数 M_{max} 与最小读数 M_{min} 的差值之半，作为该截面的同轴度误差。

5）转动被测零件，按上述方法测量四个不同截面（截面 *A*、*B*、*C*、*D*），取各截面测得的最大读数 M_{max} 与最小读数 M_{min} 差值之半中的最大值（绝对值）作为该零件的同轴度误差。

技能训练

编制下列零件的加工程序，并操作数控车床完成工件的加工。

1. 如图 12-11 所示，毛坯为 ϕ50mm 的棒料，材料为 45 钢。

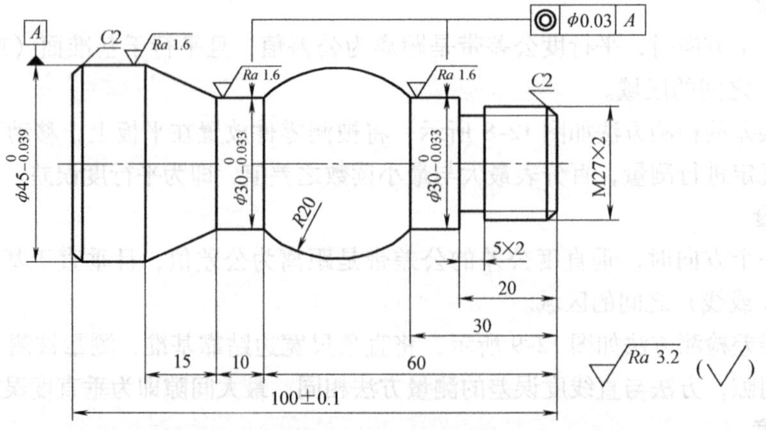

图 12-11 题 1 图

2. 如图 12-12 所示，毛坯为 ϕ45mm × 115mm 的棒料，材料为 45 钢。

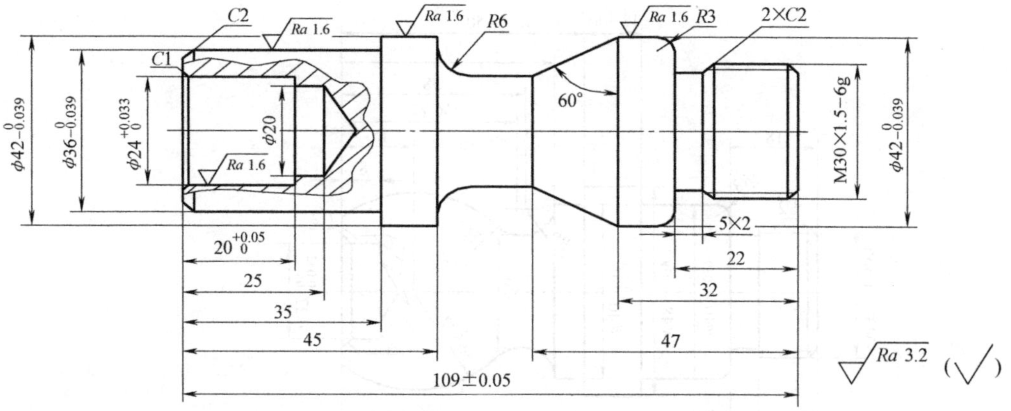

图 12-12 题 2 图

3. 如图 12-13 所示，毛坯为 ϕ35mm × 85mm 的棒料，材料为 45 钢。

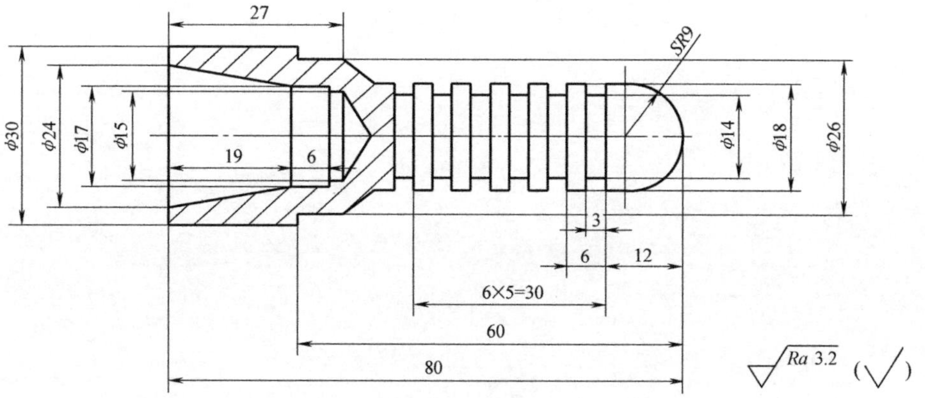

图 12-13 题 3 图

4. 如图 12-14 所示，毛坯为 ϕ45mm × 115mm 的棒料，材料为 45 钢。

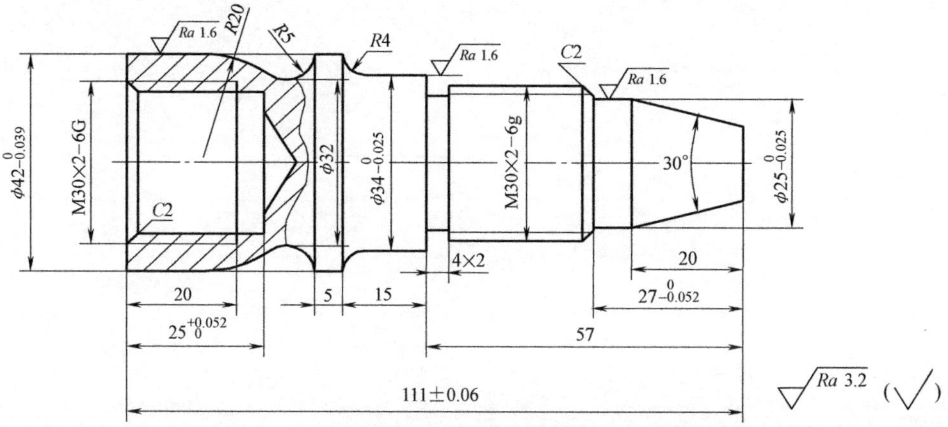

图 12-14 题 4 图

5. 如图 12-15 所示，毛坯为 ϕ50mm×105mm 的棒料，材料为 45 钢。

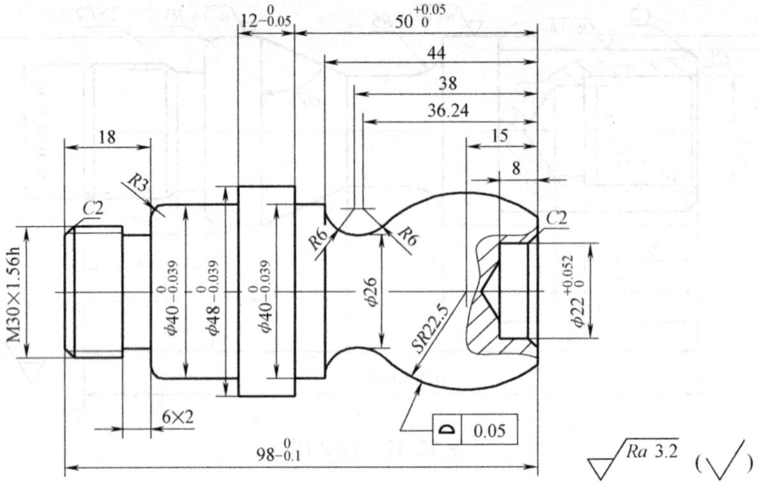

图 12-15　题 5 图

项目十三

加工配合件

项目要求

1. 能根据装配图和零件图合理编制配合件的加工工艺。
2. 会进行锥配合、螺纹配合加工程序的编制。
3. 能进行配合件的加工操作与程序调试。
4. 能对配合件的加工质量进行分析。

项目内容

在数控车床上加工如图13-1所示的轴套配合件，要求进行数控加工工艺分析，编写数控加工程序并操作机床完成工件的加工。

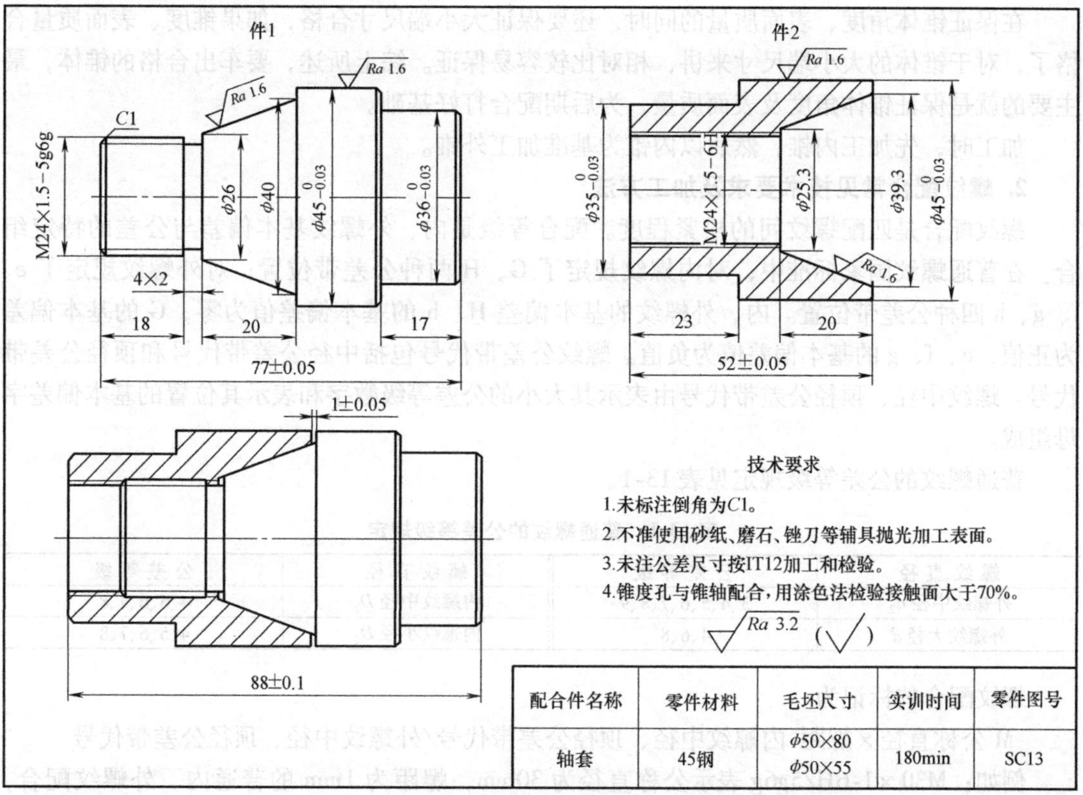

技术要求

1. 未标注倒角为C1。
2. 不准使用砂纸、磨石、锉刀等辅具抛光加工表面。
3. 未注公差尺寸按IT12加工和检验。
4. 锥度孔与锥轴配合，用涂色法检验接触面大于70%。

$\sqrt{Ra\ 3.2}$ ($\sqrt{}$)

配合件名称	零件材料	毛坯尺寸	实训时间	零件图号
轴套	45钢	φ50×80 φ50×55	180min	SC13

图13-1　配合件

任务一　制订加工工艺

知识准备

1. 锥配合常见技术要求及加工方法

在机床和工具中，常会遇到使用圆锥配合件的情况，如车床主轴孔与前顶尖锥柄的配合及车床尾座与麻花钻锥柄的配合等。在机械制造中，许多要求配合紧密、定位高，并可以任意装拆而不影响精度的表面，常采用圆锥配合。圆锥配合除了要保证其尺寸精度、几何精度和表面质量外，还要保证其角度的精度、内外圆锥配合的接触面积以及基准面间的间隙要求。

车削圆锥面时要特别注意的是，车刀刀尖要严格对准工件的轴线，否则车削时会使圆锥的素线不直，造成双曲线误差。车外锥时，若车刀刀尖高于工件轴线，车出的是凹曲线，车刀刀尖低于工件轴线车出的是凸曲线；车内锥时情况相反。

精车圆锥面的车刀，应有足够的刚性并保持锋利，否则会因为让刀和刀具磨损而使车出的圆锥锥度不准确。角度控制好了，然后就是如何保障表面质量的问题了，这也是圆锥面加工的另一难题。保证表面质量的方法有两种：一是采用硬质合金刀具，车刀刀尖圆弧半径要大一些（$R0.4$mm 以上），一般要大于进给量，这样车削时接触面积较大，容易达到表面质量要求；二是改善切削用量，精车时使用高转速（1200 ~ 1400r/min）、小进给量（0.1mm/r），吃刀量为 0.3 ~0.5mm，同时充分加注切削液。

在保证锥体角度、表面质量的同时，还要保证大小端尺寸合格，如果锥度、表面质量合格了，对于锥体的大小端尺寸来讲，相对比较容易保证。综上所述，要车出合格的锥体，最主要的就是保证锥体角度及表面质量，为后期配合打好基础。

加工时，先加工内锥，然后以内锥为基准加工外锥。

2. 螺纹配合常见技术要求及加工方法

螺纹配合是匹配螺纹间的松紧程度。配合等级是内、外螺纹基本偏差与公差的特定组合。在普通螺纹国家标准中，对内螺纹规定了 G、H 两种公差带位置；对外螺纹规定了 e、f、g、h 四种公差带位置。内、外螺纹的基本偏差 H、h 的基本偏差值为零，G 的基本偏差为正值，e、f、g 的基本偏差值为负值。螺纹公差带代号包括中径公差带代号和顶径公差带代号。螺纹中径、顶径公差带代号由表示其大小的公差等级数字和表示其位置的基本偏差字母组成。

普通螺纹的公差等级规定见表 13-1。

表 13-1　普通螺纹的公差等级规定

螺纹直径	公差等级	螺纹直径	公差等级
外螺纹中径 d_2	3、4、5、6、7、8、9	内螺纹中径 D_2	4、5、6、7、8
外螺纹大径 d	4、6、8	内螺纹小径 D_1	4、5、6、7、8

螺纹配合的标记为

M 公称直径×螺距-内螺纹中径、顶径公差带代号/外螺纹中径、顶径公差带代号

例如：M30×1-6H/5g6g 表示公称直径为 30mm，螺距为 1mm 的普通内、外螺纹配合，内螺纹的中径与顶径公差带代号为 6H，外螺纹的中径公差带代号为 5g、顶径公差带代号为

6g。螺纹配合加工要看清配合代号，同时要注意螺纹量规的代号。

在加工顺序上，一般先加工出合格的内螺纹，然后以内螺纹为基准加工外螺纹。

加工外螺纹时，根据与内螺纹的配合情况，通过调整磨耗，使配合达到要求。

任务实施

1. 技术要求分析

（1）装配图分析

1）配合后 88 ±0.1mm 的总长要求。结合零件图结构，可知 88 ±0.1mm 是零件 1 和零件 2 的配合长度。

2）件 1 和件 2 之间 1 ±0.05mm 的锥配合间隙。该尺寸在两零件配合后用塞尺进行检测，决定这个配合尺寸的关键技术是内、外圆锥的配合加工方法。

（2）配合件 1 分析　该零件属典型的轴类零件，有外圆、外锥、槽和 M24 ×1.5 的外螺纹，外圆公差为 0.03mm，零件总长尺寸是 77 ±0.05mm，表面粗糙度值为 *Ra*1.6μm 和 *Ra*3.2μm。

（3）配合件 2 分析　该零件属典型的套类零件，有外圆、内锥和内螺纹，外圆及内孔公差为 0.03mm，零件总长尺寸是 52 ±0.05mm，表面粗糙度值为 *Ra*1.6μm 和 *Ra*3.2μm。

2. 制订加工方案

件 1 与件 2 为典型的圆锥轴套配合，为间隙配合，其装配总长要求为 88 ±0.1mm，其中相互配合的锥轴之间的配合间隙要求为 1 ±0.05mm，零件间相互配合的精度较高，所以加工难度较大，必须严格地控制尺寸要求。在加工中应该先加工套，并以套为基准来加工轴，以保证轴套零件的尺寸精度和几何精度。

（1）件 2 的加工步骤

1）用自定心卡盘夹持 ϕ50mm 毛坯外圆，棒料伸出卡盘外大于 30mm，找正夹紧。

2）平端面，用 ϕ20mm 麻花钻钻通孔。

3）对刀，设置编程原点。

4）用外圆车刀粗、精车左端外轮廓 ϕ35mm ×23mm、ϕ45mm 台阶及倒角至尺寸要求。

5）调头，包铜皮，夹左端 ϕ35mm 外圆，找正夹紧。

6）手动车端面，保总长，对刀。

7）用外圆车刀粗、精车右端外轮廓 ϕ45mm ×29mm 至尺寸要求。

8）换内孔车刀，粗、精车内孔至尺寸要求。

9）换内螺纹车刀，车 M24 ×1.5 内螺纹，并用塞规检测。

（2）件 1 的加工步骤

1）用自定心卡盘夹持 ϕ50mm 毛坯外圆，棒料伸出卡盘外大于 35mm，找正夹紧。

2）对刀，设置编程原点。

3）用外圆车刀粗、精车右端 ϕ36mm 和 ϕ45mm 的外圆及倒角至尺寸要求。

4）调头，包铜皮，夹持右端 ϕ36mm 外圆，用 ϕ45mm 的台阶定位，找正夹紧。

5）手动车端面，保总长，对刀。

6）用外圆车刀粗、精车左端外轮廓，锥面径向留 0.5mm 的余量，保证其他尺寸至要求。

7）换车槽刀，车槽至尺寸要求。

8）换外螺纹车刀，粗、精车外螺纹，用内螺纹孔配合，直至配合合格。
9）换外圆车刀，精车外锥面，以内锥为基准，通过调整磨耗，达到配合要求。
（3）选择刀具，填写刀具选择卡　见表 13-2。

表 13-2　加工配合件刀具选择卡

项目名称		加工配合件	零件名称	轴套	零件图号		SC13
序号	刀具号	刀具名称	刀片规格	刀尖位置 T	数量	加工表面	备注
1	T0101	93°外圆偏刀	80°菱形，*R*0.4mm	3	1	外圆、端面、台阶	粗、精车
2	—	麻花钻	ϕ20mm	—	1	钻孔	通孔
3	T0202	90°内孔车刀	55°菱形，*R*0.4mm	2	1	内孔	粗、精车
4	T0303	内螺纹车刀	60°	—	1	M24×1.5	粗、精车
5	T0303	外槽车刀	刀宽 4mm	—	1	退刀槽	粗车
6	T0404	外螺纹车刀	60°	—	1	M24×1.5	粗、精车

（4）制订加工工序，填写工序卡　见表 13-3 和表 13-4。

表 13-3　件 2 加工工序卡

项目名称	加工配合件	工件材料	45 钢	车床系统	FANUC 0i TC	工序号	001
程序名	O1201～O1204	车床名称	CKA6150		夹具名称	自定心卡盘	
工步号	工步内容		G 功能	T 刀具	切削用量		
					主轴转速 $n/(\mathrm{r/min})$	进给速度 $f/(\mathrm{mm/r})$	背吃刀量 a_p/mm
1	手动平端面、钻孔		手动	ϕ20mm 麻花钻	400	0.15	10
2	粗车左端外圆		G71	T0101	800	0.3	2.0
3	精车左端外圆		G70	T0101	1400	0.1	0.3
4	调头、平端面，保总长		手动	T0101	600	0.25	1.5
5	粗、精车右端外圆		G01	T0101	800/1400	0.3/0.1	1.5/0.3
6	粗车内孔		G71	T0202	700	0.15	1.0
7	精车内孔		G70	T0202	1000	0.1	0.25
8	粗、精车内螺纹		G92	T0303	600	1.5	0.8、0.5、0.5、0.15

表 13-4　件 1 加工工序卡

项目名称	加工配合件	工件材料	45 钢	车床系统	FANUC 0i TC	工序号	001
程序名	O1205～O1208	车床名称	CKA6150		夹具名称	自定心卡盘	
工步号	工步内容		G 功能	T 刀具	切削用量		
					主轴转速 $n/(\mathrm{r/min})$	进给速度 $f/(\mathrm{mm/r})$	背吃刀量 a_p/mm
1	粗车右端外圆（ϕ36mm、ϕ45mm）		G71	T0101	800	0.3	2.0
2	精车右端外圆（ϕ36mm、ϕ45mm）		G70	T0101	1400	0.1	0.3
3	调头、平端面，保总长		手动	T0101	600	0.25	1.5
4	粗车左端外圆		G71	T0101	800	0.3	2.0
5	精车左端外圆（锥面径向留 0.5mm）		G70	T0101	1400	0.1	0.3
6	车退刀槽		G71	T0303	350	0.05	4
7	车外螺纹（用内螺纹配检）		G92	T0404	700	1.5	0.8、0.5、0.5、0.15
8	精车锥面（用内锥配检）		G01	T0101	1400	0.1	0.3

任务二 编写数控加工程序

本任务中应用的编程指令有 G71、G70 和 G92，前面已经学习过，在此不再赘述。

任务实施

编写数控加工程序，参考程序见表 13-5 ~ 表 13-12。

表 13-5 参考程序（一）

程序号 O1301;(粗、精车件 2 左端外圆)

程序段号	程序内容	说明
N10	G97 G99 M03 S800 F0.3;	主轴正转,转速为 800r/min,刀具进给量为 0.3mm/r
N20	T0101;	换 1 号外圆车刀
N30	G00 X52. Z2. M08;	快速定位至循环起点,切削液开
N40	G71 U2.0 R0.5;	粗车循环,背吃刀量为 2.0mm,退刀量为 0.5mm
N50	G71 P60 Q120 U0.6 W0.05;	精车路线由 N60 ~ N120 决定,X 向精车余量为 0.6mm,Z 向精车余量为 0.05mm
N60	G00 G42 X18. S1400 F0.1;	精车路线第一段
N70	G1 Z0;	
N80	X33.;	
N90	X35. W-1.;	
N100	Z-23.;	
N110	X51.;	
N120	G40 X52.;	精车路线最后一段
N130	G70 P60 Q120;	精车循环,精车,主轴正转,转速为 1400r/min,进给量为 0.1mm/r
N140	G00 X100. Z100.;	快速退刀至换刀点
N150	M30;	程序结束

表 13-6 参考程序（二）

程序号 O1302;(粗、精车件 2 右端外圆)

程序段号	程序内容	说明
N10	G97 G99 M03 S800 F0.3;	主轴正转,转速为 800r/min,刀具进给量为 0.3mm/r
N20	T0101;	换 1 号外圆车刀
N30	G00 X52. Z2. M08;	快速接近工件,切削液开
N40	G42 X18.;	车削工件轮廓（N40 ~ N90）
N50	G1 Z0;	
N60	X43.;	
N70	X45. W-1.;	
N80	Z-30.;	
N90	G40 X52.;	
N100	G00 X100. Z100.;	快速退刀至换刀点
N110	M30;	程序结束

表 13-7 参考程序（三）

程序号 O1303；（粗、精车件 2 右端内孔）		
程序段号	程序内容	说明
N10	G97 G99 M03 S700 F0.15；	主轴正转，转速为 700r/min，刀具进给量为 0.15mm/r
N20	T0202；	换 2 号内孔车刀
N30	G00 X18.；	X 向快速定位至循环起点
N40	Z2.；	Z 向快速定位至循环起点
N50	M08；	切削液开
N60	G71 U1. R0.5；	粗车循环，背吃刀量为 1mm，退刀量为 0.5mm
N70	G71 P80 Q140 U-0.6 W0.1；	精车路线由 N80～N140 决定，X 向精车余量为 0.6mm，Z 向精车余量为 0.1mm
N80	G00 G41 X39.3. S1000 F0.1；	精车，主轴正转，转速为 1000r/min，进给量为 0.1mm/r
N90	G01 Z0.；	精车路线
N100	X25.3 W-20.；	
N110	X24.5；	
N120	X22.5 W-1.；	
N130	Z-53.；	
N140	G40 X18.；	
N150	G70 P80 Q140；	精车循环
N160	G00 X100. Z100.；	快速退刀至换刀点
N170	M30；	程序结束

表 13-8 参考程序（四）

程序号 O1304；（车件 2 内螺纹）		
程序段号	程序内容	说明
N10	G97 G99 M03 S600；	主轴正转，转速为 600r/min
N20	T0303；	换 3 号内螺纹车刀
N30	G00 X20.；	X 向快速接近工件
N40	Z3.；	Z 向快速接近工件
N50	M08；	切削液开
N60	Z-17.；	快速定位至螺纹加工循环起点
N70	G92 X22.85 Z-54. F1.5；	螺纹车削循环第一刀，切深 0.8mm，从小径 22.05mm 算起
N80	X23.35；	第二刀，切深 0.5mm
N90	X23.85；	第三刀，切深 0.5mm
N100	X24.；	第四刀，切深 0.15mm
N110	X24.；	第五刀，光刀
N120	G00 Z100.；	Z 向退刀至换刀点
N130	X100.；	X 向退刀至换刀
N140	M30；	程序结束

表 13-9 参考程序（五）

程序号 O1305；（粗、精车件 1 右端外圆）		
程序段号	程序内容	说明
N10	G97 G99 M03 S800 F0.3；	主轴正转，转速为 800r/min，刀具进给量为 0.3mm/r
N20	T0101；	换 1 号外圆车刀
N30	G00 X52. Z2. M08；	快速定位至循环起点，切削液开
N40	G71 U2.0 R0.5；	粗车循环，背吃刀量为 2.0mm，退刀量为 0.5mm
N50	G71 P60 Q140 U0.6 W0.05；	精车路线由 N60～N140 决定，X 向精车余量为 0.6mm，Z 向精车余量为 0.05mm
N60	G00 G42 X0 S1400 F0.1；	精车，主轴正转，转速为 1400r/min，进给量为 0.1mm/r
N70	G1 Z0；	精车路线
N80	X34.；	
N90	X36. W-1.；	
N100	Z-17.；	
N110	X43.；	
N120	X45. W-1.；	
N130	Z-36.；	
N140	G40 X52.；	
N150	G70 P60 Q140；	精车循环
N160	G00 X100. Z100.；	快速退刀至换刀点
N170	M30；	程序结束

表 13-10 参考程序（六）

程序号 O1306；(粗、精车件 1 左端外圆)

程序段号	程序内容	说明
N10	G97 G99 M03 S800 F0.3；	主轴正转，转速为 800r/min，刀具进给量为 0.3mm/r
N20	T0101；	换 1 号外圆车刀
N30	G00 X52. Z2. M08；	快速定位至循环起点，切削液开
N40	G71 U2.0 R0.5；	粗车循环，背吃刀量为 2.0mm，退刀量为 0.5mm
N50	G71 P60 Q140 U0.6 W0.05；	精车路线由 N60 ~ N140 决定，X 向精车余量为 0.6mm，Z 向精车余量为 0.05mm
N60	G00 G42 X0 S1400 F0.1；	精车路线第一段，精车，主轴转速为 1400r/min，进给量为 0.1mm/r
N70	G1 Z0；	
N80	X21.85；	
N90	X23.85 W－1.；	
N100	Z－22.；	
N110	X26.；	
N120	X40. W－20.；	
N130	X51.；	
N140	G40 X52.；	精车路线最后一段
N150	G70 P60 Q140；	精车循环
N160	G00 X100. Z100.；	快速退刀至换刀点
N170	M30；	程序结束

表 13-11 参考程序（七）

程序号 O1307；(车件 1 退刀槽)

程序段号	程序内容	说明
N10	G97 G99 M03 S350 F0.05；	主轴正转，转速为 350r/min，刀具进给量为 0.05mm/r
N20	T0303；	换 3 号车槽刀
N30	M08；	切削液开
N40	G00 Z－22.；	Z 向进刀至车槽起点
N50	X28.0；	X 向进刀至车槽起点
N60	G01 X20.0；	车槽
N70	G04 X3.；	暂停 3s
N80	G01 X28. F0.2；	X 向退刀
N90	G00 X100. Z100.；	快速退刀至换刀点
N100	M30；	程序结束

表 13-12 参考程序（八）

程序号 O1308；(车件 1 外螺纹)

程序段号	程序内容	说明
N10	G97 G99 M03 S700；	主轴正转，转速为 700r/min
N20	T0404；	换 4 号内螺纹车刀
N30	G00 X26. Z3. M08；	快速定位至螺纹加工循环起点，切削液开
N40	G92 X23.2 Z－20. F1.5；	螺纹车削循环第一刀，切深 0.8mm，螺距为 1.5mm
N50	X22.7；	第二刀，切深 0.5mm
N60	X22.2；	第三刀，切深 0.5mm
N70	X22.05；	第四刀，切深 0.15mm
N80	X22.05；	第五刀，光刀
N90	G00 X100. Z100.；	退刀至换刀点
N100	M30；	程序结束

任务三 加工与检验

知识准备

1. 锥度的检测方法

进行圆锥涂色检验要合理分析。检验内锥孔时，首先在塞规表面顺着圆锥素线用显示剂均匀涂上三条线（相互间隔120°），然后将塞规插入内锥孔，转动1/4周，抽出塞规，根据塞规表面显示剂的擦拭痕迹来判断内圆锥是否合格。如果显示剂擦去均匀，说明锥度接触良好。如果大端擦去、小端没擦去，说明锥角小了；反之说明锥角大了。一般用标准量规检验，锥度接触面要求在70%以上，接触面积越大，锥度就越接近标准值。涂色法只能用于精加工表面。

2. 螺纹的检验方法

螺纹量规分为环规和塞规两种，分别用来检验外螺纹和内螺纹。螺纹量规使用前应经相关检验计量机构检验计量合格后，方可投入生产现场使用。使用时应注意螺纹量规标识的公差等级、偏差代号要与被测螺纹的公差等级及偏差代号相同。

螺纹量规使用完毕后，应及时清理干净测量部位的附着物，存放在规定的量具盒内。在生产现场，螺纹量规应摆放在指定位置，轻拿轻放，以防止因磕碰损坏测量螺纹表面。严禁将塞规强制旋入螺纹，避免造成早期磨损，确保量规的准确性。螺纹量规长时间不使用，应涂上防锈油。

任务实施

1. 工件的加工

按操作步骤完成工件的加工，见表13-13。

表13-13 加工轴套的操作步骤

实训项目	加工配合件	设备编号	
		设备名称	
操作步骤	操作内容	操作要点	
准备工作	检查机床，准备好工具、量具、刀具和毛坯	机床动作应正确，量具校对准确，刀具高度调整好	
装夹毛坯和刀具	装夹毛坯，安装刀具	毛坯伸出长度应合适并找正夹牢；刀具安装角度应准确	
试切对刀	按加工要求，依次用试切法对好各刀具	检查对刀的准确性，可通过MDI方式执行刀补，检查刀尖位置与坐标显示是否一致	
输入程序	在编辑状态下完成程序的输入	注意程序的代码和指令格式，输入完成后对照原程序检查一遍	
空运行检查	在自动方式下将机床锁住，进入空运行状态，调出图形窗口，设置好图形参数，开始执行	检查刀具轨迹与编程轮廓是否一致，结束空运行后，注意机床回参考点	

（续）

操作步骤	操作内容	操作要点
输入磨耗值	在相应的刀具号上，根据情况输入磨耗值	X方向的磨耗为直径值，外轮廓为正值，内轮廓为负值
单段运行	自动加工开始前，先按下单段键，然后按循环启动键	单段循环开始时，进给和快速倍率由低到高，运行中检查刀尖位置和走刀轨迹是否准确
自动连续加工	关闭单段循环，执行连续加工	注意监控机床的运行，若发现异常，应按下循环停止按钮，处理完成后，恢复加工
通过磨耗调整尺寸	精车后测量工件尺寸，根据实测尺寸通过磨耗进行尺寸修正	外轮廓实际测量尺寸大了多少，就在磨耗中减掉多少，内轮廓实际尺寸小了多少，就在磨耗中加上多少，直至尺寸合格
结束工作	清理、维护机床，关机并填写操作记录	对需润滑的部位加润滑油，先关闭系统电源，再关闭车床总电源

2. 工件的检验

按下列步骤对配合件进行检验。

1）检测件1各部分尺寸。

2）检测件2各部分尺寸。

3）将件1和件2配合后，检验配合尺寸，包括螺纹配合、圆锥配合、配合间隙和配合长度。

项目评估

学生、教师按要求分别填写项目评估卡，见表13-14。

表13-14 加工配合件项目评估卡

班级		姓名		学号		日期	
项目名称		加工配合件					
基本检查		序号	检查项目	配分	学生自评	教师评分	
	编程	1	加工工艺制订正确	2			
		2	切削用量选用合理	2			
		3	程序正确、简单、规范	3			
	操作	4	操作正确，维护保养规范	3			
		5	服从安排，安全、文明生产	3			
	纪律	6	不迟到、不早退、不旷课	2			
基本检查结果总计				15			

（续）

	序号	图样尺寸	偏差	量具	配分	实际尺寸		分数
						学生自测	教师检测	
精度检测	件一	外圆 ϕ36mm	$^{0}_{-0.03}$mm	外径千分尺	5			
		外圆 ϕ45mm	$^{0}_{-0.03}$mm	外径千分尺	5			
		长 17mm		游标卡尺	2			
		长 18mm		游标卡尺	2			
		长 20mm		游标卡尺	2			
		长 77mm	±0.05	外径千分尺	5			
		M24×1.5	5g6g	环规	6			
		4mm×2mm 槽		游标卡尺	3			
		*C*1 倒角 3 处		游标卡尺	3			
		表面粗糙度值	*Ra*1.6μm、*Ra*3.2μm	粗糙度样板	3			
	件二	外圆 ϕ35mm	$^{0}_{-0.03}$mm	外径千分尺	5			
		外圆 ϕ45mm	$^{0}_{-0.03}$mm	外径 千分尺	5			
		长 23mm		游标卡尺	2			
		长 20mm		游标卡尺	2			
		长 52mm	±0.05mm	外径千分尺	5			
		M24×1.5	6H	塞规	6			
		表面粗糙度值	*Ra*1.6μm、*Ra*3.2μm	粗糙度样板	3			
		*C*1 倒角 3 处		游标卡尺	3			
	配合	螺纹配合	松紧适度		3			
		锥配合	大于 70%	涂色检验	10			
		配合间隙	1±0.05mm	塞尺	3			
		配合长度	88±0.1mm	游标卡尺	2			
精度检测结果总计					85			
基本检查结果		精度检测结果			总成绩			

学生签字：　　　　　　　　　　　　实习指导教师签字：

知识拓展

高速切削技术

高速切削的切削速度比常规切削速度高 5～10 倍以上。高速切削技术体系是机床、刀具、工件、加工工艺、切削过程监控和切削机理等诸多方面的有机集成。

1. 高速切削技术的特点

1）切削力随着切削速度的提高而下降。

2）切削产生的热量绝大部分被切屑带走。

3）加工表面质量提高。

4）在高速切削范围内，机床的激振频率远离工艺系统的固有频率范围。

2. 高速切削技术的优点

1）有利于提高生产率。

2）有利于改善工件的加工精度和表面质量。

3）有利于减少模具加工中的手工抛光。

4）有利于减小工件变形。

5）有利于使用小直径刀具。

6）有利于加工薄壁零件和脆性材料。

7）有利于加工较大零部件。

3. 应用高速切削加工的材料

适于高速切削加工的工件材料包括铝合金、钢、铸铁、铅、铜及铜合金，此外还包括模具钢、钛合金、不锈钢、镍基合金、纤维增强合成树脂等难加工材料，各种材料的高速切削速度见表 13-15。

表 13-15　工件材料及其高速切削速度

工 件 材 料	高速切削速度	超高速切削速度
纤维增强塑料	1000～8000	>8000
铝合金	1000～7000	>7000
铜合金	900～5000	>5000
灰铸铁	800～3000	>3000
钢	500～2000	>2000
钛合金	100～1000	>1000

4. 高速切削技术的应用范围

目前，高速切削技术主要应用于车削和铣削工艺，今后将涵盖所有的传统加工范畴，从粗加工到精加工，从车削、铣削到镗削、钻削、拉削、铰削、攻螺纹和滚齿等。

航空制造业、模具制造业和汽车制造业等行业均已积极采用高速切削技术。

技能训练

1. 在数控车床上完成如图 13-2 所示配合件的加工。
2. 在数控车床上完成如图 13-3 所示配合件的加工。
3. 在数控车床上完成如图 13-4 所示配合件的加工。

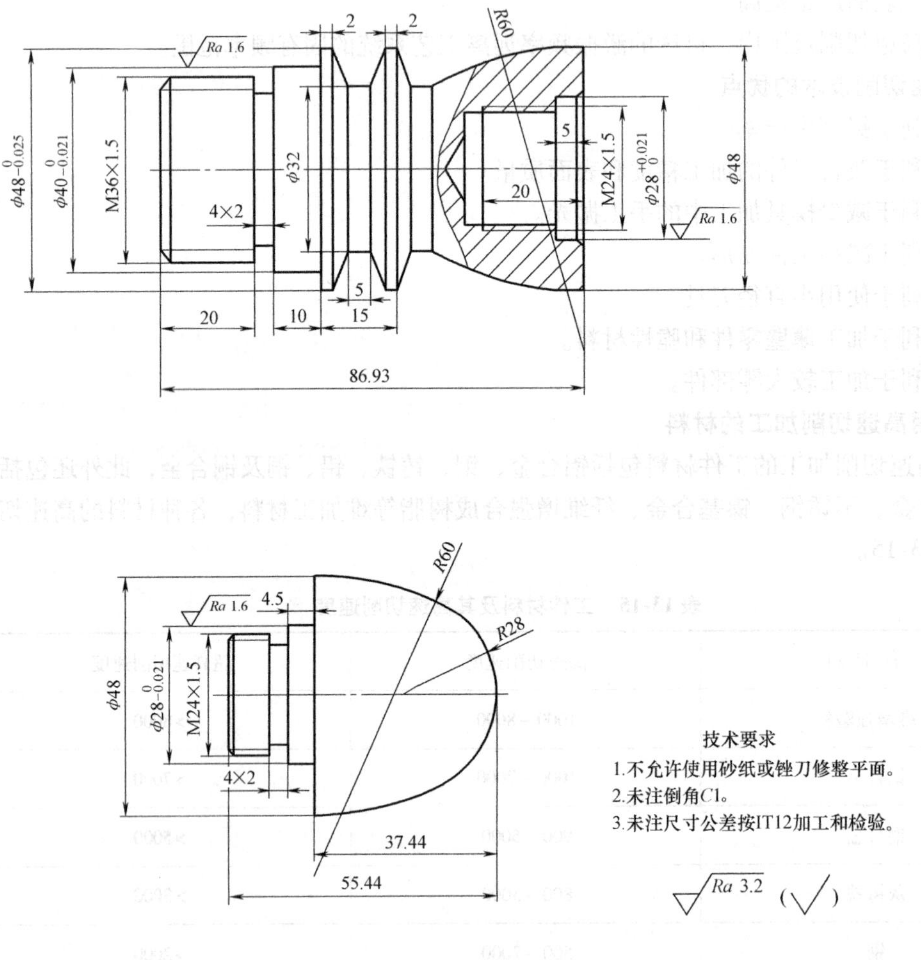

实训名称	零件材料	毛坯尺寸	实训时间	零件图号
配合件的加工	45钢	φ50棒料	180min	SC13−1

图 13-2 题 1 图

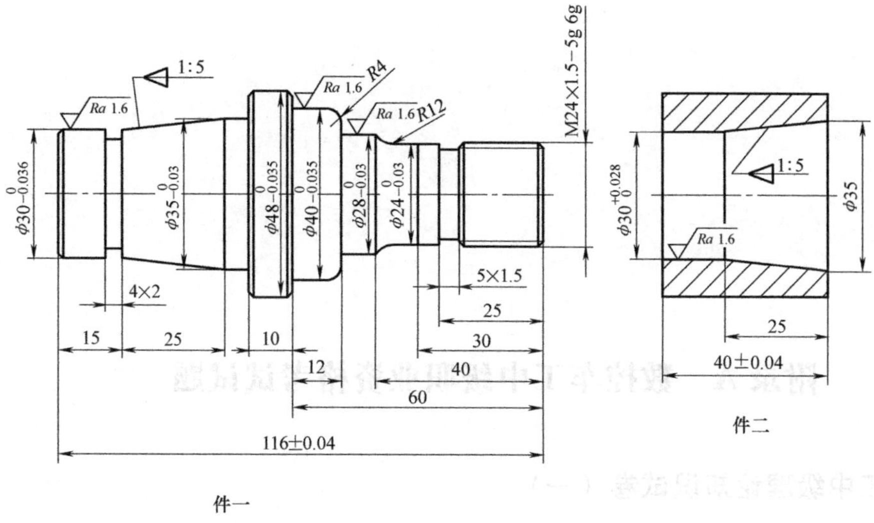

技术要求

1.不允许使用砂纸或锉刀修整平面。

2.未注倒角C1。

3.未注尺寸公差按IT12加工和检验。

4.涂色检查互配部分接触面积不得小于60%。

Ra 3.2 (√)

实训名称	零件材料	毛坯尺寸	实训时间	零件图号
配合件的加工	45钢	ϕ50棒料	180min	SC13−2

图 13-3 题 2 图

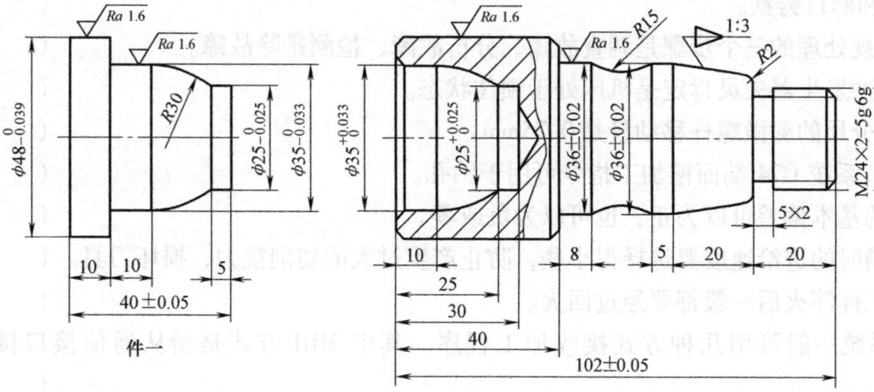

技术要求

1.不允许使用砂纸或锉刀修整平面。

2.未注倒角C2，锐边倒角C0.5。

3.未注尺寸公差按IT12加工和检验。

4.涂色检查互配部分接触面积不得小于60%。

Ra 3.2 (√)

实训名称	零件材料	毛坯尺寸	实训时间	零件图号
配合件的加工	45钢	ϕ50棒料	180min	SC13−3

图 13-4 题 3 图

附录

附录A 数控车工中级职业资格考试试题

数控车工中级理论知识试卷（一）

一、判断题（每题1分，共20分）

1. 合理划分加工阶段，有利于合理利用设备并提高生产率。（ ）

2. 几何精度是指机床在不运转时部件间相互位置精度和主要零件的形状精度、位置精度。（ ）

3. 可转位数控螺纹车刀每种规格的刀片只能加工一个固定螺距。（ ）

4. 数控机床的日常维护记录档案应由操作人员负责填写。（ ）

5. 欠定位不能保证加工质量，往往会产生废品，因此是绝对不允许的。（ ）

6. 根据碳在铸铁中存在的形式不同，铸铁分为白口铸铁、灰铸铁、可锻铸铁、球墨铸铁、蠕墨铸铁和麻口铸铁。（ ）

7. 故障常规处理的三个步骤是调查故障、分析故障、检测排除故障。（ ）

8. 手摇脉冲发生器失灵肯定是机床处于锁住状态。（ ）

9. 深度千分尺的测微螺杆移动量是0.75mm。（ ）

10. FANUC系统G74端面槽加工指令可用于钻孔。（ ）

11. 零件的基本偏差可以为正，也可以为负或零。（ ）

12. 车沟槽时的进给速度要选择得小些，防止产生过大的切削抗力，损坏刀具。（ ）

13. 钢铁工件淬火后一般都要经过回火。（ ）

14. CNC系统一般可用几种方式接收加工程序，其中MDI方式是指从通信接口接收程序。（ ）

15. 车内圆锥时，刀尖高于工件轴线，车出的锥面用塞规检验时，会出现两端显示剂被擦去的现象。（ ）

16. 用塞尺可以直接测量出孔的实际尺寸。（ ）

17. 百分表和量块是检验一般精度轴向尺寸的主要量具。（ ）

18. 刀具补偿寄存器内只允许存入正值。（ ）

19. 外径千分尺的测量精度可达0.001mm。（ ）

20. 省略一切标注的剖视图，说明它的剖切平面不通过机件的对称平面。（ ）

二、选择题（每题1分，共80分）

21. 刀尖圆弧半径补偿存储器中需要输入刀具（　　）值。

A. 刀尖的半径　B. 刀尖的直径　C. 刀尖的半径和刀尖的位置　D. 刀具的长度

22. 普通车床下列部件中（　　）是数控车床所没有的。

A. 主轴箱　B. 进给箱　C. 尾座　D. 床身

23. FANUC 系统中，M98 指令是（　　）指令。

A. 主轴低速范围　B. 调用子程序　C. 主轴高速范围　D. 子程序结束

24. 车削细长轴类零件，为减少 F_Y，主偏角 κ_r 选用（　　）为宜。

A. 30°外圆车刀　B. 45°弯头刀　C. 75°外圆车刀　D. 90°外圆车刀

25. 几何公差的基准符号不管处于什么方向，圆圈内的字母应（　　）书写。

A. 水平　B. 垂直　C. 45°倾斜　D. 任意

26. 加工软爪时，用于装夹工件处的直径须（　　）工件被夹部位尺寸。

A. 大于　B. 等于　C. 小于　D. 以上均可

27. 可转位车刀刀片尺寸大小的选择取决于（　　）。

A. 背吃刀量和主偏角　B. 进给量和前角

C. 切削速度和主偏角　D. 背吃刀量和前角

28. （　　）的说法属于禁语。

A. 问别人去　B. 请稍候　C. 抱歉　D. 同志

29. 牌号以字母 T 开头的碳钢是（　　）。

A. 普通碳素结构钢　B. 优质碳素结构钢　C. 碳素工具钢　D. 铸造碳钢

30. 切削脆性金属材料时，在刀具前角较小、切削厚度较大的情况下，容易产生（　　）。

A. 崩碎切屑　B. 节状切屑　C. 带状切屑　D. 粒状切屑

31. 当数控机床的手动脉冲发生器的选择开关位置在 ×100 时，通常手轮的进给单位是（　　）。

A. 0.1mm/格　B. 0.001mm/格　C. 0.01mm/格　D. 1mm/格

32. G21 指令表示程序中尺寸字的单位为（　　）。

A. m　B. in　C. mm　D. μm

33. G90 X50 Z－60 R－2 F0.1；完成的是（　　）的加工。

A. 圆柱面　B. 圆锥面　C. 圆弧面　D. 螺纹

34. 普通螺纹的牙型角为（　　）。

A. 30°　B. 40°　C. 55°　D. 60°

35. 材料强度低、硬度低，用小直径钻头加工时宜选用（　　）转速。

A. 很高　B. 较高　C. 很低　D. 较低

36. 普通车床光杠的旋转最终来源于（　　）。

A. 溜板箱　B. 进给箱　C. 主轴箱　D. 挂轮箱

37. 过定位是指定位时工件的同一（　　）被两个定位元件重复限制的定位状态。

A. 平面　B. 自由度　C. 圆柱面　D. 方向

38. 精车时为获得好的表面质量，应首先选择较大的（　　）。

A. 背吃刀量　B. 进给速度　C. 切削速度　D. 以上均不对

39. FANUC 系统中，指定恒线速度切削的指令是（　　）。

A. G94　　B. G95　　C. G96　　D. G97

40. 数控车（FANUC 系统）的 G74 Z－120 Q10 F0.3 程序段中，（　　）表示 Z 轴方向上的间断走刀长度。

A. 0.3　　B. 10　　C. －120　　D. 74

41. 液压传动是利用（　　）作为工作介质来进行能量传送的一种工作方式。

A. 油类　　B. 水　　C. 液体　　D. 空气

42. 框式水平仪的主水准泡上表面是（　　）的。

A. 水平　　B. 凹圆弧形　　C. 凸圆弧形　　D. 直线形

43. 铰削一般钢材时，切削液通常选用（　　）。

A. 水溶液　　B. 煤油　　C. 乳化液　　D. 极压乳化液

44. 在程序自动运行中，按下控制面板上的“（　　）”按钮，自动运行暂停。

A. 进给保持　　B. 电源　　C. 伺服　　D. 循环

45. FANUC 数控车床系统中 G92　X＿　Z＿　R＿　F＿是（　　）指令。

A. 圆柱车削循环　　B. 圆锥车削循环

C. 圆柱螺纹车削循环　　D. 圆锥螺纹车削循环

46. 润滑剂有润滑油、（　　）和固体润滑剂。

A. 液体润滑剂　　B. 润滑脂　　C. 切削液　　D. 润滑液

47. 为了防止换刀时刀具与工件发生干涉，换刀点应设在（　　）。

A. 机床原点　　B. 工件外部　　C. 工件原点　　D. 对刀点

48. 数控机床编辑状态时模式选择开关应放在（　　）。

A. JOG FEED　　B. PRGRM　　C. ZERO RETURN　　D. EDIT

49. 采用轮廓控制的数控机床是（　　）。

A. 数控钻床　　B. 数控铣床　　C. 数控注射机床　　D. 数控平面磨床

50. AutoCAD 在文字样式设置中不包括（　　）。

A. 颠倒　　B. 反向　　C. 垂直　　D. 向外

51. 下列因素中导致自激振动的是（　　）。

A. 转动着的工件不平衡　　B. 机床传动机构存在问题

C. 切削层沿着厚度方向的硬化不均匀　　D. 加工方法引起的振动

52. 显示相对坐标的对应软键为（　　）

A. ABS　　B. All　　C. REL　　D. HNDL

53. 爱岗敬业的具体要求是（　　）。

A. 看效益决定是否爱岗　　B. 转变择业观念

C. 提高职业技能　　D. 增强把握择业的机遇意识

54. 职业道德的内容不包括（　　）。

A. 职业道德意识　　B. 职业道德行为规范

C. 从业者享有的权利　　D. 职业守则

55. 细长轴零件上的（　　）在零件图中的画法是用移出端面图表示。

A. 外圆　　B. 螺纹　　C. 锥度　　D. 键槽

56. 不符合岗位质量要求的内容是（ ）。
A. 对各个岗位质量工作的具体要求　B. 体现在各岗位的作业指导书中
C. 企业的质量方向　D. 体现在工艺规程中
57. 不符合着装整洁、文明生产要求的是（ ）。
A. 按规定穿戴好防护用品　B. 遵守安全技术操作规程
C. 优化工作环境　D. 在工作中不吸烟
58. G70 P __ Q __指令格式中“P”的含义是（ ）。
A. 精加工路径的首段顺序号　B. 精加工路径的末段顺序号
C. 进给量　D. 退刀量
59. G75 指令结束后，切槽刀停在（ ）。
A. 终点　B. 机床原点　C. 工件原点　D. 起点
60. 基准孔的下极限偏差为（ ）。
A. 负值　B. 正值　C. 零　D. 任意正或负值
61. 扩孔精度一般可达（ ）。
A. IT5 ~ IT6　B. IT7 ~ IT8　C. IT8 ~ IT9　D. IT9 ~ IT10
62. 确定尺寸精度的标准公差等级共有（ ）级。
A. 12　B. 16　C. 18　D. 20
63. 辅助指令 M03 功能是主轴（ ）指令。
A. 反转　B. 启动　C. 正转　D. 停止
64. 在下列刀具材料中，热硬性最好的是（ ）。
A. 碳素工具钢　B. 普通高速钢　C. 硬质合金　D. 含钴高速钢
65. 根据基准功能不同，基准可以分为（ ）两大类。
A. 设计基准和工艺基准　B. 工序基准和定位基准
C. 测量基准和工序基准　D. 工序基准和装配基准
66. AutoCAD 用 Line 命令连续绘制封闭图形时，输入（ ）字母回车而自动封闭。
A. C　B. D　C. E　D. F
67. 定位套用于外圆定位，其中长套限制（ ）个自由度。
A. 6　B. 4　C. 3　D. 8
68. 在主轴加工中选用支承轴颈作为定位基准磨削锥孔，符合（ ）原则。
A. 基准统一　B. 基准重合　C. 自为基准　D. 互为基准
69. 机械制造中优先选用的孔公差带为（ ）。
A. H7　B. h7　C. D2　D. H2
70. 数控装置中电池的作用是（ ）。
A. 给系统的 CPU 运算提供能量
B. 在系统断电时，用它储存的能量来保持 RAM 中的数据
C. 为检测元件提供能量
D. 在突然断电时，为数控机床提供能量，使机床能暂时运行几分钟，以便退出刀具
71. 金属在交变应力循环作用下抵抗断裂的能力是钢的（ ）。
A. 强度和塑性　B. 韧性　C. 硬度　D. 疲劳强度

72. 切削的三要素是指进给量、背吃刀量和（　）。

A. 切削厚度　　B. 切削速度　　C. 进给速度　　D. 主轴转速

73. FANUC 车床螺纹加工单一循环程序段 N0025 G92 X50 Z－35 I2.5 F2；表示圆锥螺纹加工循环，螺纹大、小端半径差为（　）mm（直径编程）。

A. 5　　B. 1.25　　C. 2.5　　D. 2

74. 用于承受冲击、振动的零件和电动机机壳、齿轮箱等用（　）牌号的球墨铸铁。

A. QT400-18　　B. QT600-3　　C. QT700-2　　D. QT800-2

75. 工件坐标系的零点一般设在（　）。

A. 机床零点　　B. 换刀点　　C. 工件的端面　　D. 卡盘根

76. 数控系统中，（　）指令在加工过程中是模态的。

A. G01、F　　B. G27、G28　　C. G04　　D. M02

77. 对于“一般公差”“线性尺寸的未注公差”，下列说法中错误的是（　）。

A. 图样上未标注公差的尺寸，表示加工时没有公差要求及相关的加工技术要求

B. 零件上的某些部位在使用功能上无特殊要求时，可给出一般公差

C. 线性尺寸的一般公差是在车间普通工艺条件下，机床设备一般加工能力可保证的公差

D. 一般公差主要用于较低精度的非配合尺寸

78. 欲加工第一象限的斜线（起始点在坐标原点），用逐点比较法直线插补，若偏差函数大于零，说明加工点在（　）。

A. 坐标原点　　B. 斜线上方　　C. 斜线下方　　D. 斜线上

79. 碳素工具钢的牌号由“T＋数字”组成，其中 T 表示（　）。

A. 碳　　B. 钛　　C. 锰　　D. 硫

80. 刀具磨损补偿应输入到系统（　）中去。

A. 程序　　B. 刀具坐标　　C. 刀具参数　　D. 坐标系

81. 企业标准是由（　）制定的标准。

A. 国家　　B. 企业　　C. 行业　　D. 地方

82. 镗孔刀刀杆的伸出长度应尽可能（　）。

A. 短　　B. 长　　C. 不要求　　D. 均不对

83. 若未考虑车刀刀尖圆弧半径的补偿值，会影响车削工件的（　）精度。

A. 外径　　B. 内径　　C. 长度　　D. 锥度及圆弧

84. G00 是指令刀具以（　）移动方式，从当前位置运动并定位于目标位置的指令。

A. 点动　　B. 走刀　　C. 快速　　D. 标准

85. 数控机床上有一个机械原点，该点到机床坐标系零点在进给坐标轴方向上的距离可以在机床出厂时设定。该点称为（　）。

A. 工件零点　　B. 机床零点　　C. 机床参考点　　D. 限位点

86. 钨钴类硬质合金的刚性、可磨削性和导热性较好，一般用于切削（　）和非铁金属材料及其合金。

A. 碳钢　　B. 工具钢　　C. 合金钢　　D. 铸铁

87. 按 NC 控制机电源接通按钮 1～2s 后，荧光屏显示出（　）（准备好）字样，表

示控制机已进入正常工作状态。

A. ROAD　B. LEADY　C. READY　D. MEADY

88. 用螺纹千分尺可以测量外螺纹的（　）。

A. 大径　B. 小径　C. 中径　D. 螺距

89. （　）是一种以内孔为基准装夹达到相对位置精度的装夹方法。

A. 一夹一顶　B. 两顶尖　C. 机用平口钳　D. 心轴

90. 图样上机械零件的真实大小以（　）为依据。

A. 比例　B. 公差范围　C. 技术要求　D. 尺寸数值

91. 辅助指令 M01 表示（　）。

A. 选择停止　B. 程序暂停　C. 程序结束　D. 主程序结束

92. 螺纹加工时，主轴必须在（　）指令设置下进行。

A. G96　B. G97　C. M05　D. M30

93. 职业道德主要通过（　）的关系，增强企业的凝聚力。

A. 调节企业与市场　B. 调节市场之间　C. 协调职工与企业　D. 企业与消费者

94. 轴上的花键槽一般都放在外圆的半精车（　）进行。

A. 以前　B. 以后　C. 同时　D. 前或后

95. FANUC 0i 系统中程序段 M98 P2060 表示（　）。

A. 停止调用子程序　B. 调用 1 次子程序"O2060"

C. 调用两次子程序" O2060"　D. 返回主程序

96. 数控机床的精度中影响数控加工批量零件合格率的主要原因是（　）。

A. 定位精度　B. 几何精度　C. 重复定位精度　D. 主轴精度

97. 螺纹 M40×3 的中径尺寸是（　）mm。

A. 40　B. 36.75　C. 38.5　D. 38.05

98. 程序需暂停 5s 时，下列正确的指令段是（　）。

A. G04 P5000　B. G04 P500　C. G04 P50　D. G04 P5

99. 以半径样板测量工件凸圆弧，若仅两端接触，是因为工件的圆弧半径（　）。

A. 过大　B. 过小　C. 准确　D. 大、小不均匀

100. 三个支撑点对工件是平面定位，能限制（　）个自由度。

A. 2　B. 3　C. 4　D. 5

数控车工中级理论知识试卷（一）参考答案

1	2	3	4	5	6	7	8	9	10
√	√	×	√	√	×	√	×	×	√
11	12	13	14	15	16	17	18	19	20
√	√	√	√	×	×	×	×	√	×
21	22	23	24	25	26	27	28	29	30
C	B	B	D	A	B	A	A	C	A
31	32	33	34	35	36	37	38	39	40
A	C	B	D	B	C	B	C	C	B

（续）

41	42	43	44	45	46	47	48	49	50
C	C	C	A	D	B	B	D	B	D
51	52	53	54	55	56	57	58	59	60
C	C	C	C	D	C	D	A	D	C
61	62	63	64	65	66	67	68	69	70
D	D	C	C	A	C	B	B	A	B
71	72	73	74	75	76	77	78	79	80
D	B	C	A	C	A	A	B	A	C
81	82	83	84	85	86	87	88	89	90
B	A	D	C	C	D	C	C	D	D
91	92	93	94	95	96	97	98	99	100
A	B	C	B	B	C	D	A	A	B

数控车工中级理论知识试卷（二）

一、判断题（每题1分，共20分）

1. 故障诊断是在系统运用中或基本不拆卸的情况下，查明产生故障的部位和原因，或预知系统的异常和故障的动向，采取必要的措施和对策的技术。（　）

2. 参考点是机床上的一个固定点，与加工程序无关。（　）

3. 电动机按结构及工作原理可分为异步电动机和同步电动机。（　）

4. 用设计基准作为定位基准，可以避免基准不重合引起的误差。（　）

5. RAM是随机存储器，断电后数据不会丢失。（　）

6. 按下与超程方向相同的电动按钮，使机床脱离极限位置，回到工作区间。（　）

7. 刀具补偿寄存器内只允许存入正值。（　）

8. 机床精度调整时首先要精调机床床身的水平。（　）

9. 用锥度塞规检查内锥孔时，如果大端接触而小端未接触，说明内锥孔锥角过大。（　）

10. 钻孔时由于横刃第二次不参加切削，故可采用较大的进给量，使生产率得到提高。（　）

11. 删除键“DELETE”在编程时用于删除已输入的字，不能删除在CNC中存在的程序。（　）

12. 錾削是钳工用来加工平面的唯一方法。（　）

13. 积屑瘤是引起振动的因素。（　）

14. 在FANUC车削系统中，G92指令可以进行圆柱螺纹车削循环，但不能加工锥螺纹。（　）

15. 加工螺距为3mm的圆柱螺纹，牙深为1.949mm，其切削次数为7次。（　）

16. 功能字 M 代码主要用来控制机床主轴的开、停、切削液的开关和工件的夹紧与松开等辅助动作。（ ）

17. 薄壁外圆精车刀，$\kappa_r = 93°$时背向力最小，并可以减少摩擦和变形。（ ）

18. 铰孔的加工精度很高，能对粗加工后孔的尺寸和位置误差做精确的纠正。（ ）

19. 数控机床长期不使用，应该用于净布罩予以保护，切忌经常通电，以免损坏电器元件。（ ）

20. 具有竞争意识而没有团队合作精神的员工往往更容易获得成功的机会。（ ）

二、选择题（每题 1 分，共 80 分）

21. 百分表的分度值是（ ）mm。

A. 1　B. 0.1　C. 0.01　D. 0.001

22. 使工件与刀具产生相对运动以进行切削的最基本运动，称为（ ）。

A. 主运动　B. 进给运动　C. 辅助运动　D. 切削运动

23. 在切断时，背吃刀量 a_p（ ）刀头宽度。

A. 大于　B. 等于　C. 小于　D. 小于等于

24. 牌号为 Q235AF 中的 A 表示（ ）。

A. 高级优质钢　B. 优质钢　C. 质量等级　D. 工具钢

25. 金属抵抗永久变形和断裂的能力称为钢的（ ）。

A. 强度　B. 韧性　C. 硬度　D. 疲劳强度

26. 使用百分表时，为了保持一定的起始测量力，测头与工件接触时测杆应有（ ）的压缩量。

A. 0.1～0.3mm　B. 0.3～1mm　C. 1～1.5mm　D. 1.5～2.0mm

27. 可选用（ ）来测量孔的深度是否合格。

A. 游标卡尺　B. 深度千分尺　C. 杠杆百分表　D. 内径塞规

28. 数控机床使用环境条件中对数控系统影响最大的是（ ）。

A. 电源　B. 温度　C. 基础　D. 灰尘

29. 下列定位方式中（ ）是生产中不允许使用的。

A. 完全定位　B. 不完全　C. 欠定位　D. 过定位

30. 在 CRT/MDI 面板的功能键中刀具参数显示设定的键是（ ）。

A. OFFSET　B. PARAM　C. PRGAM　D. DGNOS

31. 牌号为 T12A 的材料是指平均碳的质量分数为（ ）的碳素工具钢。

A. 1.2%　B. 12%　C. 0.12%　D. 2.2%

32. 机械加工选择刀具时一般优先采用（ ）。

A. 标准刀具　B. 专用刀具　C. 复合刀具　D. 都可以

33. $\phi35H9/f9$ 组成了（ ）配合。

A. 基孔制间隙配合　B. 基轴制间隙配合

C. 基孔制过渡配合　D. 基孔制过盈配合

34. 数控车恒线速度功能可在加工直径变化的零件时（ ）。

A. 提高尺寸精度　B. 保持表面粗糙度一致

C. 增大表面粗糙度值　D. 提高形状精度

35. 指令 G28 X100.0 Z50.0；其中 X100.0 Z50.0 是指返回路线（　）点坐标值。

A. 参考点　B. 中间点　C. 起始点　D. 换刀点

36. 在 FANUC 0i 系统中，G73 指令第一行中 R 的含义是（　）。

A. X 向退刀量　B. 锥比　C. Z 向回退量　D. 走刀次数

37. 职业道德是（　）。

A. 社会主义道德体系的重要组成部分　B. 保障从业者利益的前提

C. 劳动合同订立的基础　D. 劳动者的日常行为规则

38. 螺纹 M30×1.5 的小径应车至（　）mm。

A. 27　B. 28.05　C. 29　D. 30

39. 自激振动约占切削加工中振动的（　）%。

A. 65　B. 20　C. 30　D. 50

40. 一般数控系统由（　）组成。

A. 输入装置、顺序处理装置　B. 数控装置、伺服系统、反馈系统

C. 控制面板和显示　D. 数据柜、驱动柜

41. 游标万能角度尺按其游标读数值可分为 2′和（　）两种。

A. 4′　B. 8′　C. 6′　D. 5′

42. 下列量具中（　）可用于测量沟槽直径。

A. 外径千分尺　B. 钢直尺　C. 深度游标尺　D. 弯脚游标卡尺

43. 数控车床实现刀尖圆弧半径补偿需要的参数有偏移方向、半径数值和（　）。

A. X 轴位置补偿值　B. Z 轴位置补偿值　C. 车床形式　D. 刀尖方位号

44. 主轴毛坯锻造后需进行（　）热处理，以改善可加工性。

A. 正火　B. 调质　C. 淬火　D. 退火

45. 最大实体尺寸指（　）。

A. 孔和轴的上极限尺寸　B. 孔和轴的下极限尺寸

C. 孔的上极限尺寸和轴的下极限尺寸　D. 孔的下极限尺寸和轴的上极限尺寸

46. 分析零件图的视图时，根据视图布局，首先找出（　）。

A. 主视图　B. 后视图　C. 俯视图　D. 前视图

47. 钻头直径为 10mm，以 960r/min 的转速钻孔时切削速度是（　）。

A. 100m/min　B. 20m/min　C. 50m/min　D. 30m/min

48. 切削用量对刀具寿命的影响，主要是通过切削温度的高低实现，所以影响刀具寿命最大的是（　）。

A. 背吃刀量　B. 进给量　C. 切削速度　D. 进给速度

49. 在齿轮的画法中，齿顶圆用（　）表示。

A. 粗实线　B. 细实线　C. 细点画线　D. 虚线

50. 如在同一程序段中指定了多个属于同一组的 G 代码时，只有（　）面那个 G 代码有效。

A. 最前　B. 中间　C. 最后　D. 左

51. 零件图的（　）的投射方向应能最明显地反映零件的内外结构及形状特征。

A. 俯视图　B. 主视图　C. 左视图　D. 右视图

52. 已知刀具沿一直线方向加工的起点坐标为（X20.，Z－10.），终点坐标为（X10.，Z20.），则其程序是（　　）。

A. G01 X20. Z－10. F100　　B. G01 X－10. Z20. F100

C. G01 X10. W30. F100　　D. G01 U30. W－10. F100

53. 退火是将钢加热到一定温度保温后，（　　）冷却的热处理工艺。

A. 随炉缓慢　　B. 出炉快速　　C. 出炉空气　　D. 在热水中

54. 凡是绘制了视图、编制了（　　）的图纸称为图样。

A. 标题栏　　B. 技术要求　　C. 尺寸　　D. 图号

55. 应用（　　）装夹薄壁零件不易产生变形。

A. 自定心卡盘　　B. 一夹一顶　　C. 机用平口钳　　D. 心轴

56. 计算机辅助设计的英文缩写是（　　）。

A. CAD　　B. CAM　　C. CAE　　D. CAT

57. 刃磨硬质合金车刀应采用（　　）砂轮。

A. 刚玉系　　B. 碳化硅系　　C. 人造金刚石　　D. 立方氮化硼

58. 决定长丝杠转速的是（　　）。

A. 溜板箱　　B. 进给箱　　C. 主轴箱　　D. 挂轮箱

59. 平行度、同轴度同属于（　　）公差。

A. 尺寸　　B. 形状　　C. 位置　　D. 垂直度

60. 下列不属于优质碳素结构钢的牌号为（　　）。

A. 45　　B. 40Mn　　C. 08F　　D. T7

61. 在数控机床上，考虑工件的加工精度要求、刚度和变形等因素，可按（　　）加工。

A. 粗、精加工　　B. 所有刀具　　C. 定位方式　　D. 加工部位

62. 加工时用来确定工件在机床上或夹具中占有正确位置所使用的基准为（　　）。

A. 定位基准　　B. 测量基准　　C. 装配基准　　D. 工艺基准

63. 选择粗基准时，重点考虑如何保证各加工表面（　　）。

A. 对刀方便　　B. 可加工性好　　C. 进/退刀方便　　D. 有足够的余量

64. 应用插补原理的方法有多种，其中（　　）最常用。

A. 逐点比较法　　B. 数字积分法　　C. 单步追踪法　　D. 有限元法

65. 数控车床主轴以 800r/min 的转速正转时，其指令应是（　　）。

A. M03 S800　　B. M04 S800　　C. M05 S800　　D. S800

66. 黄铜是由（　　）合成的。

A. 铜和铝　　B. 铜和硅　　C. 铜和锌　　D. 铜和镍

67. 程序段 N0045 G32 U－36 F4 车削双线螺纹，使用平移方法加工第二条螺旋线时，相对第一条螺旋线，起点的 Z 方向应该平移（　　）。

A. 4mm　　B. －4mm　　C. 2mm　　D. 0

68. 职业道德的实质内容是（　　）。

A. 树立新的世界观　　B. 树立新的就业观

C. 增强竞争意识　　D. 树立全新的社会主义劳动态度

69. 插补过程可分为四个步骤：偏差判别、坐标（　　）、偏差计算和终点判别。

A. 进给　　B. 判别　　C. 设置　　D. 变换

70. 操作系统中采用缓冲技术的目的是增强系统（　　）的能力。

A. 串行操作　　B. 控制操作　　C. 重执操作　　D. 并行操作

71. 当刀具的副偏角（　）时，在车削凹轮廓面时会产生过切现象。

A. 大　　B. 过大　　C. 过小　　D. 以上均不对

72. 切削刃选定点相对于工件主运动的瞬时速度为（　）。

A. 切削速度　　B. 进给量　　C. 工作速度　　D. 背吃刀量

73. 当零件尺寸为链连接（相对尺寸）标注时，适宜用（　　）编程。

A. 绝对值编程　　B. 增量值编程

C. 两者混合　　D. 先绝对值再相对值编程

74. 镗孔精度一般可达（　　）。

A. IT5 ~ IT6　　B. IT7 ~ IT8　　C. IT8 ~ IT9　　D. IT9 ~ IT10

75. 磨削加工时，增大砂轮粒度号，可使加工表面粗糙度值（　　）。

A. 变大　　B. 变小　　C. 不变　　D. 不一定

76. 石墨以片状存在的铸铁称为（　　）。

A. 灰铸铁　　B. 可锻铸铁　　C. 球墨铸铁　　D. 蠕墨铸铁

77. 对于锻造成形的工件，最适合采用的固定循环指令为（　　）。

A. G71　　B. G72　　C. G73　　D. G74

78. 在 G71 P（ns）Q(nf) U(Δu) W(Δw) S500 程序格式中，（　　）表示 Z 轴方向上的精加工余量。

A. Δu　　B. Δw　　C. ns　　D. nf

79. 敬业就是以一种严肃认真的态度对待工作，下列不符合的是（　　）。

A. 工作勤奋努力　　B. 工作精益求精

C. 工作以自我为中心　　D. 工作尽心尽力

80. 用一夹一顶或两顶尖装夹轴类零件时，如果后顶尖与主轴轴线不重合，工件会产生（　）误差。

A. 圆度　　B. 跳动　　C. 圆柱度　　D. 同轴度

81. 数控机床上快速夹紧工件的卡盘大多采用（　）。

A. 普通自定心卡盘　B. 液压卡盘　　C. 电动卡盘　　D. 单动卡盘

82. G00 代码功能是快速定位，它属于（　　）指令。

A. 模态　　B. 非模态　　C. 标准　　D. ISO

83. 手动使用夹具装夹造成工件尺寸一致性差的主要原因是（　　）。

A. 夹具制造误差　B. 夹紧力一致性差　C. 热变形　　D. 工件余量不同

84. 孔轴配合的配合代号由（　　）组成。

A. 公称尺寸与公差带代号　　B. 孔的公差带代号与轴的公差带代号

C. 公称尺寸与孔的公差带代号　　D. 公称尺寸与轴的公差带代号

85. 工艺基准包括（　）。

A. 设计基准、粗基准、精基准　　B. 设计基准、定位基准、精基准

C. 定位基准、测量基准、装配基准　　D. 测量基准、粗基准、精基准

86. 遵守法律法规要求（　　）。

A. 积极工作　　B. 加强劳动协作

C. 自觉加班　　D. 遵守安全操作规程

87. 按断口颜色不同，铸铁可分为（　　）。

A. 灰铸铁、白口铸铁、麻口铸铁　　B. 灰铸铁、白口铸铁、可锻铸铁

C. 灰铸铁、球墨铸铁、可锻铸铁　　D. 普通铸铁、合金铸铁

88. 对于内径千分尺的使用方法描述不正确的是（　　）。

A. 测量内孔时，固定测头不动

B. 使用前应检查零位

C. 接长杆数量越少越好

D. 测量两平行面间的距离时，活动测头来回移动，测出的最大值即为准确结果

89. 切削过程中，工件与刀具的相对运动按其所起的作用可分为（　　）。

A. 主运动和进给运动　　B. 主运动和辅助运动

C. 辅助运动和进给运动　　D. 主轴转动和刀具运动

90. （　　）不是切削液的用途。

A. 冷却　　B. 润滑　　C. 提高切削速度　　D. 清洗

91. 能进行螺纹加工的数控车床，一定安装了（　　）。

A. 测速发动机　　B. 主轴脉冲编码器　　C. 温度检测器　　D. 旋转变压器

92. 已知一圆锥体，$D=60$mm，$d=50$mm，$L=100$mm，它的锥度是（　　）。

A. 1:5　　B. 1:10　　C. 1:20　　D. 1:7

93. 位置检测装置安装在数控机床的伺服电动机上属于（　　）。

A. 开环控制系统　　B. 半闭环控制系统

C. 闭环控制系统　　D. 安装位置与控制类型无关

94. 球墨铸铁 QT400-18 的组织是（　　）。

A. 铁素体　　B. 铁素体＋珠光体　　C. 球光体　　D. 马氏体

95. 加工如齿轮形的盘形零件时，精加工时应以（　　）为基准。

A. 外形　　B. 内孔　　C. 端面　　D. 以上均不可能

96. V 形块用于工件外圆定位，其中短 V 形块限制（　　）个自由度。

A. 6　　B. 2　　C. 3　　D. 8

97. 比较不同尺寸的精度，取决于（　　）。

A. 偏差值的大小　　B. 公差值的大小　　C. 公差等级大小　　D. 公差单位的大小

98. 夹紧时，应保证工件的（　　）正确。

A. 定位　　B. 形状　　C. 几何精度　　D. 位置

99. 数控车床车削螺纹防止乱牙的措施是（　　）。

A. 选择正确的螺纹刀具　　B. 正确安装螺纹刀具

C. 选择合理的切削参数　　D. 每次在同一个 Z 轴位置开始切削

100. T0305 的前两位数字 03 的含义是（　　）。

A. 刀具号　　B. 刀偏号　　C. 刀具长度补偿　　D. 刀补号

数控车工中级理论知识试卷（二）参考答案

1	2	3	4	5	6	7	8	9	10
√	√	×	√	×	×	×	√	×	×
11	12	13	14	15	16	17	18	19	20
×	×	√	×	√	√	√	×	×	×
21	22	23	24	25	26	27	28	29	30
C	A	B	C	A	B	B	A	C	A
31	32	33	34	35	36	37	38	39	40
A	A	A	B	B	D	A	B	A	B
41	42	43	44	45	46	47	48	49	50
D	D	D	D	D	A	D	C	A	C
51	52	53	54	55	56	57	58	59	60
B	C	A	B	D	A	B	B	C	D
61	62	63	64	65	66	67	68	69	70
A	A	D	A	C	C	D	D	A	D
71	72	73	74	75	76	77	78	79	80
C	A	B	B	B	A	C	B	C	C
81	82	83	84	85	86	87	88	89	90
B	A	B	B	C	D	A	D	A	C
91	92	93	94	95	96	97	98	99	100
B	B	B	A	B	B	C	D	D	A

数控车工中级技能操作试卷（一）

考件编号：________姓名：________准考证号：________单位：________

（1）本题分值：100 分。

（2）考核时间：120min

（3）毛坯尺寸：$\phi45\text{mm}\times100\text{mm}$。

（4）具体考核要求：按图 A-1 所示工件图完成加工操作。

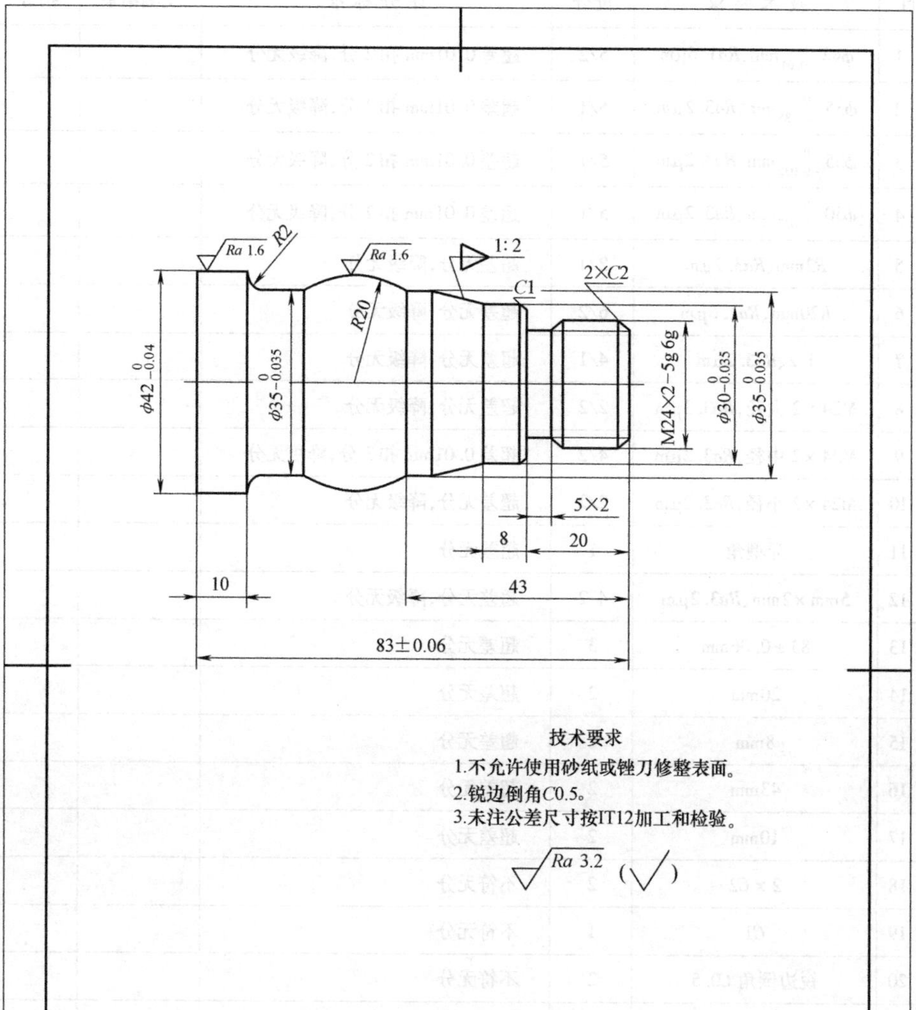

图 A-1 数控车工中级技能操作试卷（一）零件图

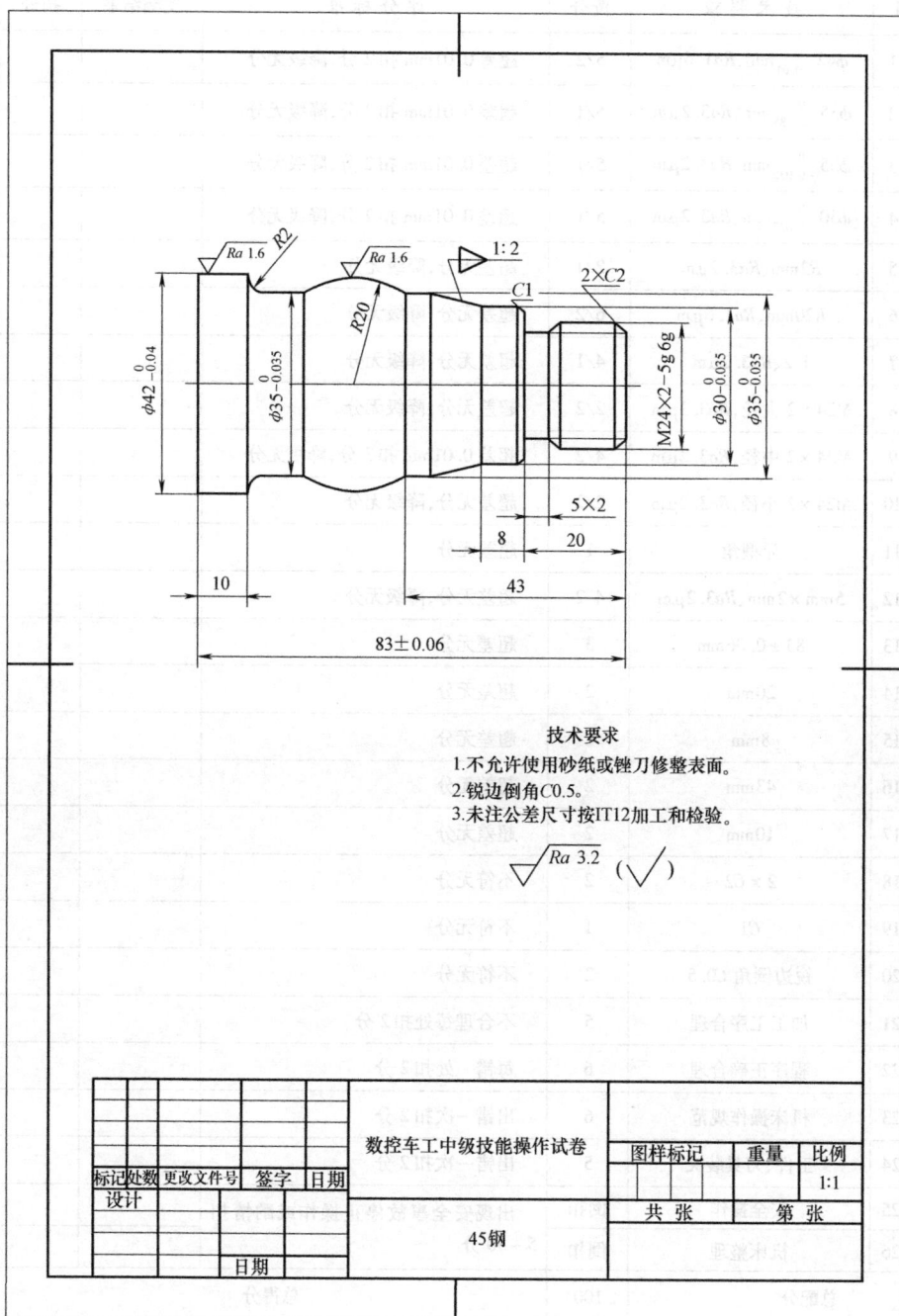

数控车工中级技能操作考核评分记录表

考件编号：________姓名：________准考证号：________单位：________________

检验项目		技术要求	配分	评分标准	实测结果	扣分	得分
外圆	1	$\phi42_{-0.04}^{0}$mm、$Ra1.6\mu m$	5/2	超差0.01mm扣2分，降级无分			
	2	$\phi35_{-0.035}^{0}$mm、$Ra3.2\mu m$	5/1	超差0.01mm扣2分，降级无分			
	3	$\phi35_{-0.035}^{0}$mm、$Ra3.2\mu m$	5/1	超差0.01mm扣2分，降级无分			
	4	$\phi30_{-0.035}^{0}$mm、$Ra3.2\mu m$	5/1	超差0.01mm扣2分，降级无分			
圆弧	5	$R2$mm、$Ra3.2\mu m$	2/1	超差无分，降级无分			
	6	$R20$mm、$Ra1.6\mu m$	6/2	超差无分，降级无分			
锥度	7	1:2、$Ra3.2\mu m$	4/1	超差无分，降级无分			
螺纹	8	M24×2大径，$Ra3.2\mu m$	2/2	超差无分，降级无分			
	9	M24×2中径，$Ra3.2\mu m$	4/2	超差0.01mm扣3分，降级无分			
	10	M24×2小径，$Ra3.2\mu m$	2/2	超差无分，降级无分			
	11	牙型角	1	超差无分			
沟槽	12	5mm×2mm、$Ra3.2\mu m$	4/2	超差无分，降级无分			
长度	13	83±0.06mm	3	超差无分			
	14	20mm	2	超差无分			
	15	8mm	2	超差无分			
	16	43mm	2	超差无分			
	17	10mm	2	超差无分			
其他	18	2×$C2$	2	不符无分			
	19	$C1$	1	不符无分			
	20	锐边倒角$C0.5$	2	不符无分			
	21	加工工序合理	5	不合理每处扣2分			
	22	程序正确合理	6	每错一处扣2分			
	23	机床操作规范	6	出错一次扣2分			
	24	工件、刀具装夹	5	出错一次扣2分			
	25	安全操作	倒扣	出现安全事故停止操作或酌情扣5~30分			
	26	机床整理	倒扣				
总配分			100	总得分			

加工开始时间		停工时间		加工时间	120min	加工日期	
加工结束时间		停工原因		实际用时		鉴定单位	
监考		检测		评分		审核	

数控车工中级技能操作试卷（二）

考件编号：________姓名：________准考证号：________单位：________

（1）本题分值：100 分。

（2）考核时间：180min。

（3）毛坯尺寸：ϕ45mm × 100mm，已钻出 ϕ20 的预孔。

（4）具体考核要求：按附图 A-2 所示工件图完成加工操作。

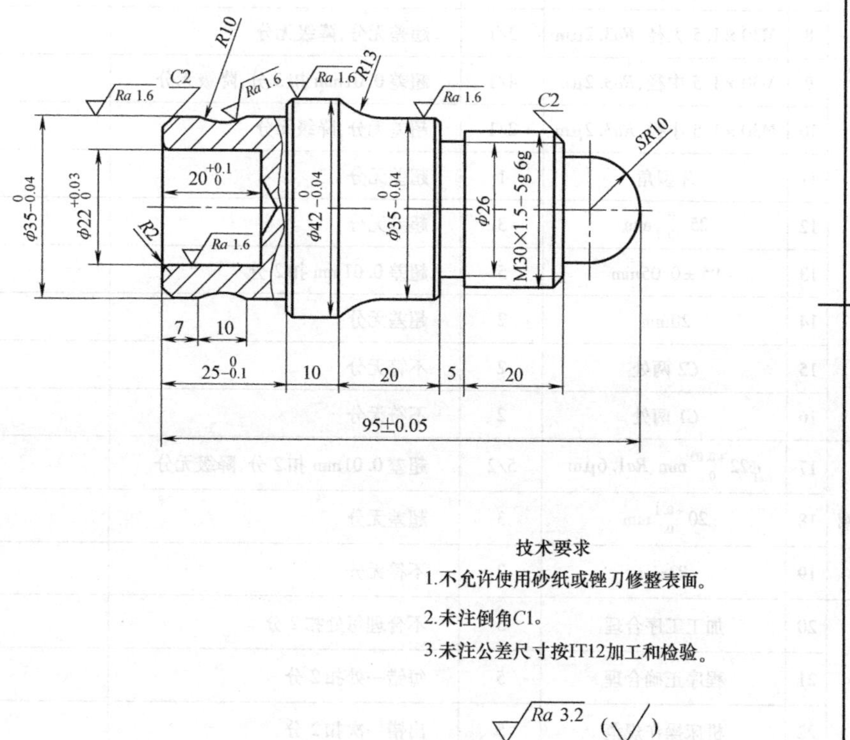

					数控车工中级技能操作试卷	图样标记	重量	比例
标记	处数	更改文件号	签字	日期				1:1
设计						共 张		第 张
		日期			45钢			

图 A-2 数控车工中级技能操作试卷（二）零件图

数控车工中级技能操作考核评分记录表

考件编号：________姓名：________准考证号：________单位：________________

检验项目		技术要求	配分	评分标准	实测结果	扣分	得分
外形轮廓	1	$\phi35_{-0.04}^{0}$mm、*Ra*1.6μm	5/2	超差0.01mm扣2分，降级无分			
	2	$\phi42_{-0.04}^{0}$mm、*Ra*1.6μm	5/2	超差0.01mm扣2分，降级无分			
	3	$\phi35_{-0.04}^{0}$mm、*Ra*1.6μm	5/2	超差0.01mm扣2分，降级无分			
	4	*R*10mm、*Ra*1.6μm	4/2	超差无分，降级无分			
	5	*R*13mm、*Ra*3.2μm	2/1	超差无分，降级无分			
	6	*SR*10mm、*Ra*3.2μm	4/2	超差无分，降级无分			
	7	槽5mm×ϕ26mm、*Ra*3.2μm	5/1	超差无分，降级无分			
	8	M30×1.5大径，*Ra*3.2μm	2/1	超差无分，降级无分			
	9	M30×1.5中径，*Ra*3.2μm	4/1	超差0.01mm扣3分，降级无分			
	10	M30×1.5小径，*Ra*3.2μm	2/1	超差无分，降级无分			
	11	牙型角	1	超差无分			
	12	$25_{-0.1}^{0}$mm	3	超差无分			
	13	95±0.05mm	5	超差0.01mm扣2分			
	14	20mm	2	超差无分			
	15	*C*2两处	2	不符无分			
	16	*C*1两处	2	不符无分			
内轮廓	17	$\phi22_{0}^{+0.03}$mm、*Ra*1.6μm	5/2	超差0.01mm扣2分，降级无分			
	18	$20_{0}^{+0.1}$mm	3	超差无分			
	19	*R*2mm	2	不符无分			
	20	加工工序合理	5	不合理每处扣2分			
	21	程序正确合理	5	每错一处扣2分			
	22	机床操作规范	5	出错一次扣2分			
	23	工件、刀具装夹	5	出错一次扣2分			
	24	安全操作	倒扣分	出现安全事故停止操作或酌情扣5~30分			
	25	机床整理	倒扣分				
总配分			100	总得分			

加工开始时间		停工时间		加工时间	180min	加工日期	
加工结束时间		停工原因		实际用时		鉴定单位	
监考		检测		评分		审核	

附录B 华中世纪星车床数控系统（HNC-21/22T）编程说明

表B-1 指令字符一览表

机 能	地 址	意 义
零件程序号	%	程序编号:%0001～9999
程序段号	N	程序段编号:N0～4294967295
准备机能	G	指令动作方式(直线、圆弧等),G00～99
尺寸字	X、Y、Z A、B、C U、V、W	坐标轴的移动命令 ±99999.999
	R	圆弧的半径,固定循环的参数
	I、J、K	圆心相对于起点的坐标,固定循环的参数
进给速度	F	进给速度的指定,F0～36000
主轴机能	S	主轴旋转速度的指定,S0～9999
刀具机能	T	刀具号、刀具补偿号的指定,T0000～9999
辅助机能	M	机床侧开/关控制的指定,M0～99
补偿号	D	刀尖圆弧半径补偿号的指定,00～99
暂停	P	暂停时间的指定,秒
程序号的指定	P	子程序号的指定,P0001～9999
重复次数	L	子程序的重复次数,固定循环的重复次数
参数	P、Q、R、U、W、I、K、C、A	车削复合循环参数
倒角控制	C、R、RL=、RC=	直线后倒角或圆弧后倒角参数

表B-2 M代码及功能一览表

代码	模态	功 能 说 明	代码	模态	功 能 说 明
M00	非模态	程序停止	M03	模态	主轴正转启动
M01	非模态	选择停止	M04	模态	主轴反转启动
M02	非模态	程序结束	M05	模态	主轴停止转动
M30	非模态	程序结束并返回程序起点	M06	非模态	换刀
M98	非模态	调用子程序	M07	模态	切削液打开
M99	非模态	子程序结束并返回主程序	M09	模态	切削液关闭

表B-3 准备功能一览表

G代码	组	功 能	参数(后续地址字)
G00 ►G01 G02 G03	01	快速定位 直线插补 顺圆插补 逆圆插补	X,Z 同上 X,Z,I,K,R 同上
G04	00	暂停	P

（续）

G代码	组	功　能	参数(后续地址字)
G20 ▶G21	08	英寸输入 毫米输入	
G28 G29	00	返回到参考点 由参考点返回	X,Z 同上
G32		螺纹切削	X,Z,R,E,P,F
▶G36 G37	17	直径编程 半径编程	
▶G40 G41 G42	09	刀尖圆弧半径补偿取消 左刀补 右刀补	 T T
G53	00	直接机床坐标系编程	X,Z
G54 G55 G56 G57 G58 G59	11	坐标系选择	
G71 G72 G73 G76 G80 G81 G82	06	外径/内径车削复合循环 端面车削复合循环 闭环车削复合循环 螺纹切削复合循环 外径/内径车削固定循环 端面车削固定循环 螺纹切削固定循环	X,Z,U,W, C, P, Q,R,E, X,Z,I,K, C, P, R,E,
▶G90 G91	13	绝对编程 相对编程	
G92	00	工件坐标系设定	X,Z
▶G94 G95	14	每分钟进给 每转进给	
G96 ▶G97	16	恒线速度切削 取消恒线速度，指定主轴转速	S

注：1. 00组的G代码是非模态的，其他组的G代码是模态的。

2. ▶标记者为默认值。

参 考 文 献

[1] 王姬，徐敏. 数控车床编程与加工技术［M］. 北京：清华大学出版社，2009.

[2] 高枫，肖卫宁. 数控车削编程与操作训练［M］. 北京：高等教育出版社，2005.

[3] 沈建峰. 数控车床编程与操作实训［M］. 北京：国防工业出版社，2008.

[4] 数控技能教材编写组. 数控车床编程与操作［M］. 上海：复旦大学出版社，2006.

[5] 葛金印，陈宁娟. 数控车削实训与考级［M］. 北京：高等教育出版社，2008.